本书为国家社会科学基金一般项目(编号：11BJY011)成果，并受贵州省哲学社会科学创新团队项目资助

西部生态屏障建设与经济增长极的培育

ON THE APPROACHES TO ECONOMIC GROWTH OF
WEST CHINA PROVINCES WITH ECO-SUPPORT

肖良武◎著

人民出版社

序

当前,我国生态环境恶化的趋势初步得到了遏制,部分地区生态环境有所改善,但环境形势依然相当严峻,不容乐观。我们要推进生态文明建设,就必须要树立尊重自然、顺应自然、保护自然的生态文明理念,坚持节约资源和保护环境的基本国策。为此,我们需要进一步加大生态系统和环境保护力度,着力推进绿色发展、循环发展、低碳发展,增强生态产品的生产能力,扩大森林绿地、湖泊、湿地面积,保护生物多样性,实现中华民族永续发展。为了实现这一发展目标,破解发展难题,厚植发展优势,就必须牢固树立并切实贯彻"创新、协调、绿色、开放、共享"的发展理念。

西部地区是国家生态屏障建设的重要区域,也是经济欠发达、贫困区集中地区及亟须深入开发的地区,是国家实现区域均衡发展战略及打赢脱贫攻坚战的重点区域。

本书正是基于生态安全屏障建设下加速经济发展、提升经济发展质量、加快经济结构转型升级的现实需求,综合利用经济学、生态学、环境学及哲学等多学科理论,合理运用规范研究与实证研究、定性研究与定量研究相结合的研究方法,在对国内外关于生态经济协调发展的理论进行系统梳理和归纳的基础上,借鉴世界发达国家经济增长与生态环境保护并行不悖的成功经验,从西部地区生态环境建设和经济社会发展面临的困境及存在的矛盾分析入手,指出:在新一轮大开发中,西部地区需要承担生态建设和经济发展的双重任务,既要加强生态屏障建设,保障本区域甚至全国的生态安全,又要培育省域经济增长极;既要促进区域经济持续、快速、健康发展，又要缩小与东部地区的发展差距，实现与全国同步奔小康的发展目标。

同时，西部地区如何实现经济发展与生态环境保护协调推进的具体路径是至关重要的。本书指出，一方面，西部地区切实需要根据国家总体规划，结合自身生态环境资源条件，科学合理地做出区域功能定位，探寻生态安全屏障建设的具体路径；另一方面，西部地区要想保持近几年以来这种经济增长速度领跑全国的强劲态势，就必须培育省域经济增长极，寻找新的经济增长点。在此基础上，最终目的是积极探寻保护生态环境与发展经济之间的平衡点，最终实现生态环境保护与经济发展协调推进。

本书不仅是肖良武教授现阶段的研究成果，也是他多年心血的凝聚。透过这本著作，体现出作者有着严谨的治学态度：在理论演进梳理方面，作者查阅了大量文献资料；在现实问题分析方面，作者开展了大量的实地调查、考察工作，收集了大量翔实的数据。透过这本著作，还体现出作者有着大胆的创新精神，本书研究的着眼点不仅局限于区域资源开发、严峻生态形势的揭示和生态环境保护工程的方案设计，而且对西部欠发达地区经济增长极培育与生态屏障建设之间的关系问题进行了有效的阐释，尤其是在经济区构建和生态屏障构建之间的博弈关系方面做了详尽地分析和大胆的尝试。作者在分析的基础上，还精心设计出一套犹如"指挥棒"的较为系统的考评机制，引导生态环境保护与经济活动行为朝着健康方向发展。同时，还指出，西部地区为了实现经济平稳发展、资源合理高效利用及生态环境状况保持一种良好有序的状态，必须建立一套能适应且能促进"经济—生态环境"系统协调发展的机制等，为区域经济增长极的培育与生态屏障共建提出了新思路、新见解。

贵州省社科联作为省党委和省政府联系广大社科工作者的桥梁和纽带，一直充分发挥职能作用，着力营造育才、引才、聚才、用才的良好环境，通过开展社科评奖、智库论坛，创办《贵州咨政》杂志、举办贵州省理论创新课题研讨等多种丰富的形式、内容和载体,积极为各类社科人才开展学术研究创造有利条件,为他们施展才华提供广阔舞台。

谨以此序对此书的出版表示衷心的祝贺,希望肖良武教授在未来的学术道路上不断进取,出版更多更好的学术成果。

贵州省社会科学界联合会

包御琨

目　录

第一章 绪 论

第一节 研究背景与意义

党的十八大报告提出:加大自然生态系统和环境保护力度。增强生态产品生产能力,扩大森林、湖泊、湿地面积,保护生物多样性。把生态文明建设放在突出地位,实现中华民族永续发展。在生态环境的压力下,要坚持节约资源和保护环境的基本国策,着力推进绿色发展、循环发展、低碳发展。因此,坚持生态环境保护与经济社会协调发展,已经成为我国长期发展的基本国策。

西部地区自然条件复杂,地形地貌类型多样,山地、丘陵、台地、平原和高原分别占西部地区国土面积的 49.7%、14.9%、1.7%、17.1% 和 16.6%,且沙漠、戈壁、岩石等难以利用的土地面积广大。西部地区既是野生动植物资源非常丰富的地区,又是生态脆弱区和环境敏感区的集中地。目前,该地区生态环境状况虽然局部有所改善,但总体情况不容乐观,甚至仍然处于恶化之中。西部地区是我国长江、黄河、珠江等大江大河的发源地和水源涵养区,属于国家重要的生态安全屏障区域,其自然生态环境状况恶化俨然已经威胁到当地居民的生存和发展与国家的经济和社会发展,也将对国家安全构成威胁。同时,我国西部地区地域辽阔,包括:陕西、甘肃、宁夏、青海、新疆、内蒙古、重庆、四川、贵州、云南、广西、西藏等 12 个省、自治区、直辖市,面积 687 万平方公里,约占全国国土总面积的 71.6%,人口 3.38 亿人,约占全国总人口的 25.07%,是我国少数民族的聚居地区。因此,西部地区生态环境保护的意义涉及本区域以外,还关系到全国经济和社会的发展。加强西部地区生态环境建设是国家的重大战略决策,是实施西部大开发战略的重要切入点,是根治长江、黄河等流域水旱灾害、水土流失的治本之策。

西部地区也是我国能源和资源的战略要地,是经济欠发达、贫困区集中的地区。西部地区的经济发展水平远远落后于东部发达地区,是需要深入开发的地区。西部地区的贫困人口过多,占全国贫困人口总数的50%以上,且多数为少数民族。长期以来,不合理的产业结构和粗放式的经济增长方式对西部生态系统造成了极大的压力,严重破坏了区域生态环境。2010年召开的新一轮西部大开发工作会议在充分肯定了西部大开发取得的巨大成就基础上,指出西部地区与东部地区存在发展水平差距巨大的现实问题。可以说,我国全面建成小康社会、实现现代化的难点和重点依然在西部。

当前,西部地区经济增长速度领跑全国,但要想在相当长时期内保持这种强劲的经济增长势头,必须增强紧迫感,培育新的增长点。西部地区迫切需要培育滇中、黔中、西江上游、宁夏沿黄、西藏"一江三河"等重要经济区,培育一批具有强大辐射力和带动力的中心城市,并以这些经济区、中心城市为发展引擎,实行整体推进和重点突破相结合的战略,提高经济发展效益和发展质量,形成对周边地区具有辐射和带动作用的战略新高地。探寻西部地区经济增长极构建、区域经济发展之路径。同时,西部地区如何在工业化、城市化的进程中恢复生态功能,构筑生态安全屏障,已经成为实践中亟待解决的重大难题。本研究成果希望能为各级政府在制定经济社会发展规划和相机决策时提供参考,为实现省域经济增长极与生态屏障共建提供一种现实依据。

在新一轮西部大开发中,西部地区承担着生态建设和经济发展的双重任务,区域生态建设与经济增长协调发展问题显得甚为重要。我们知道,经济发展水平越低的地方,越倾向于相信环境是不可能获利的,这就形成了要发展经济就不可避免会破坏生态环境的错误观念。目前,西部地区正面临着发展经济与保护生态环境的两难选择。面对这种两难选择,西部地区如何积极地将生态环境与经济增长矛盾双方之间的对立转化为统一,追求区域生态环境系统和区域经济系统之间的平衡,建立起协调型的西部区域生态经济系统,是当前研究者急需探讨的重大课题。

2013年4月,西部大开发战略环评着眼于正确处理经济社会发展空间布局与生态安全格局、结构规模与资源环境承载能力这两大矛盾,为从源头防范布局性环境风险构建了重要平台,探索了破解区域资源环境约束的有效途径。当然,我们完全可以借鉴世界上发达国家的成功经验:发达国家设立的各类环保基金已经证明,经济增长与生态环境保护能够并行不悖,我们要努力实现生态环境保护与经济协调发展。

第二节　概念厘定及研究区域

一、西部生态屏障与省域经济增长极的界定

"屏"具有"遮挡"的意思,"屏障"指像屏风那样遮挡着的东西(多指山岭、岛屿等)。生态屏障实质上是指以生物质资源为物质基础,筑成一道道牢固的堡垒,在一定程度上减少或避免流域下游与风向下游区域遭受自然灾变及为其提供较为稳定的水源。生态屏障包括五个主要子系统,即森林生态系统、草地生态系统、农田生态系统、城市生态系统、河流生态系统。生态屏障从构成上看可以分为两种:从广义上讲,生态屏障是由青山绿水、生态工业园区、生态社区、生态村庄、绿色学校、绿色医院、生态家园等构成;从狭义上讲,生态屏障主要由森林、草地、湿地等构成。生态屏障从种类上可以分为多种,如果按照地理范围分类的话,可以区分:西部高原生态屏障、东北森林屏障、长江流域生态屏障、黄河流域生态屏障、珠江流域生态屏障、中小河流及库区生态屏障;如果按土地使用性质分类,则可以区分为:平原农区生态屏障,城市森林生态屏障等。[1]国家林业局调查规划设计院的专家根据区域的生态区位重要性和中国生态屏障确立的基本原则,综合考虑中国国情,提出中国生态屏障格局包括四横(阿尔泰山、中国北部、中部和南部生态屏障带)、两环(东部平原和沿海生态屏障带)、一纵(长江中下游生态屏障带),总面积达 317.6 平方公里。[2]

---

① 杨冬生:《论建设长江上游生态屏障》,《四川林业科技》2002 年第 1 期。
② 周洁敏、寇文正:《中国生态屏障格局分析与评价》,《南京林业大学学报(自然科学版)》2009 年第 5 期。

增长极概念的提出始自 20 世纪 50 年代,当时是由法国经济学家弗郎索瓦·佩鲁(Francois Perroux)提出来的。而运用于经济学研究之中的"增长极"概念,则是从物理学的"磁极"概念引申而来。之所以将增长极概念运用于经济领域,是因为人们认为受力场的经济空间中存在着若干个中心或极,这个经济空间不断产生类似"磁极"作用的各种向心力和离心力,而且经济空间中的每一个中心吸引力和排斥力都产生相互交汇的一定范围的"场"。佩鲁增长极理论则指出,如果一个有支配效应发生的经济空间极被定义为力场的话,那么位于这个力场中的推动单位就能被定义为增长极。一个与周围环境相联系的推动性单位可能是工厂,也可能是一组工厂,或者可能是有相互关联性的工厂的集合。当增长极是一组起主导推动作用的产业时,这种产业就具有较强的创新能力和增长能力,可以通过极化效应、扩展效应等来带动其他产业的增长。法国另一位经济学家布代维尔认为,增长极是指城市中不断扩大的工业综合体,它能在影响范围内引导经济活动进一步发展。此后,区域科学研究者们关于增长极的概念有进一步的讨论,不过主要集中在产业含义和空间含义的区分上。他们沿着这种思路,将增长极进一步理解为相关产业的空间聚集体。

增长极可以区分为产业增长极与城市增长极,产业增长极表现为点,城市增长极表现为面,点面协调发展共同发挥作用是增长极发展的理想状态。我们在此讨论的省域经济增长极是指以城市为中心形成的增长极。当然,城市增长极由一系列产业增长极构成。城市增长极从层级上又分为国家层面、区域层面、省域层面、市县层面等多层级。省域经济增长极是指能带动全省发展的核心增长极,通常指由中心城市、周边城镇群及经济主轴带等层级构成的有机体系。

二、研究区域的设定

西部地区是我国急需快速发展的重要区域和最重要的生态屏障建设区域。近年来,西部地区经济区域的构建已经初有成效。早在 20 世纪 90 年代末期,中央政府就出台了西部大开发的发展战略。为使这些战略能够更好地落到实处,产生更大的成效,中央政府批复成立成渝经济区、广西北部湾经济区、"关中—天水"经济区、柴达木循环经济试验区、"喀什—霍尔果斯"经济开发区、滇中经济区、黔中经济区等经济区域,并批复在西部地区成立国家级新区。到目前为止,全国共设立 10 个国家级新区,其中西部地区共设有:重庆两江新区、甘肃兰州新区、陕西西咸新区、贵州贵安新区、四川天府新区、云南滇中新区共 6 个。这些经济区域的构建,为区域经济增长极的培育提供了重要条件。

在全国十大生态屏障建设中,西部地区有:西部高原生态屏障、长江流域生态屏障、黄河流域生态屏障、珠江流域生态屏障、北方防风固沙屏障和城市森林生态屏障。其建设范围覆盖西部主要的生态重点地区和生态脆弱地区,建设内容包括森林、湿地、荒漠等主要生态系统,构成了西部地区生态安全体系的基本框架。新一轮西部大开发中"五大重点生态区"的目标就是:推动西北草原荒漠化防治区、黄土高原水土保持区、青藏高原江河水源涵养区、西南石漠化防治区和重要森林生态功能区的综合治理。西部地区建设生态屏障需要按照多个层级进行,并经若干年以后逐步形成生态屏障网络。我们在构建生态屏障网络之际,如果按照功能性来划分的话,可以将西部生态屏障分为三个层级:一级以防风固沙保护土壤为主要目的,二级以保护大江大河水系主干等为主要目的,三级以保护城市生态系统为目的;如果按照区域范围来划分的话,可以将西部生态屏障分为四个层级:一级为西部区域级生态屏障,二级为省域级生态屏障,三级为县域级生态屏障,基层级为村域级生态屏障。各个层级生态屏障功能既具有较大差异性,也具有较大互补性,如果能够合理地构建联动机制,在充分发挥各级生态屏障功能的基础上构建生态屏障网络的话,那么就可以保障西部地区生态环境及经济建设协调进行。

本书选择贵州省和青海省作为研究的重点区域,着重研究以贵阳为中心的黔中地区和以西宁为中心的青东地区。其中,黔中地区包括贵阳市全部和遵义市、毕节市、安顺市、黔东南州、黔南州部分地区,面积约 150 平方公里,人口约 2000 万人。青东地区包括:西宁市 4 区 3 县,海东地区 6 县,海南藏族自治州贵德县,黄南藏族自治州同仁县、尖扎县,共 16 个县(区),面积约 3.04

万平方公里,人口约 390.7 万。

选择贵州省和青海省作为研究的重点区域,主要基于以下几个因素:

1. 典型的生态脆弱区与生态屏障建设重要区域

相关研究成果表明,中国主要有五大典型的生态脆弱区。[①] 贵州省与青海省均属于中国重点防治的典型生态脆弱区,不仅脆弱区面积广,而且脆弱性强。贵州省是西南石漠化防治区最具有代表性的省份。到 2011 年底,全国石漠化地区总面积为 12 万平方公里,其中贵州省石漠化土地面积最大,达到 3 万平方公里,占石漠化土地总面积的 1/4。[②] 贵州省石漠化地区达到中度、重度以上的土地面积大[③],形势非常严峻,是国家石漠化监测的重点区域。青海省属于西北高寒海拔生态脆弱区,脆弱区面积大,脆弱度高[④]。余伯华、吕昌河的研究成果表明,青藏高原高寒海拔生态脆弱区面积广大,其中中度脆弱面积为 65.2 万平方公里,占总面积的 1/4 强,集中分布在藏北高原的中北部和青藏高原中东部的河源区;重度和极度脆弱区 127.2 万平方公里,占总面积的近一半,两者均集中分布于黄河源区、柴达木盆地和阿里高原往东的北纬 32°线附近的带状区域。[⑤]

按照国家区域功能规划,贵州省与青海省主要属于国家层面的重点生态

---

① 五大生态脆弱区是指:(1)北方半干旱农牧交错带,范围包括东起科尔沁草原经鄂尔多斯高原南部和黄土高原北部、西至河西走廊东端的 52 个县(市)共约 25 万平方公里的地区;(2)北方干旱绿洲边缘带,范围包括甘肃、新疆的 61 个县(市),面积约 59 万平方公里的地区;(3)西南干热河谷地区,主要包括由一系列高山峻岭和金沙江、澜沧江、怒江等紧密排列的岭谷相间地区的横断山区以及四川盆地和云贵高原为主体的自然环境最为多样化的广大地域;(4)南方石灰岩山地地区,主要包括贵州、广西的 76 个县(市),共约 17 万平方公里的地区;(5)青藏高原地区,面积共约 250 万平方公里,属于高寒海拔生态脆弱区。参见刘颖琦:《西部生态脆弱贫困区优势产业培育》,科学出版社 2010 年版,第 4 页。

② 《中国石漠化状况公报》,《中国绿色时报》2012 年 6 月 18 日。

③ 按照国家林业局对石漠化程度进行划分,共分为无明显石漠化、潜在石漠化、轻度石漠化、中度石漠化、重度石漠化、极度石漠化共六个等级。贵州省中度石漠化面积 10518 平方公里,强度石漠化面积 2669 平方公里。另外,尚有 43714 平方公里的土地有潜在石漠化趋势。

④ 高寒海拔生态脆弱区脆弱度可以划分为微度、轻度、中度、重度、极度共五个等级。

⑤ 余伯华、吕昌河:《青藏高原高寒区生态脆弱性评价》,《地理研究》2011 年第 12 期。

功能区①与禁止开发区。贵州省的重点生态功能区主要涉及桂、黔、滇喀斯特石漠化防治生态功能区与武陵山区生物多样性及水土保持生态功能区;青海省的重点生态功能区主要涉及三江源草原草甸湿地生态功能区与三江平原湿地生态功能区。此外,青海省还是被称为"生态工程世界之最"的我国"三北"防护林重要区域。可见,贵州省与青海省属于西部生态屏障建设的重要区域。

2. 地处直接影响下游生态环境质量的流域上游区

贵州省地处长江流域、珠江流域上游,青海省地处长江、黄河、澜沧江三江源头区。贵州、青海两省的生态环境建设与经济社会活动直接影响流域下游的生态环境质量,甚至直接影响流域下游的生产、消费活动,改革开放以来尤其是近几年以来所发生的一切已经证明了这一点。因此,关注、研究诸如贵州、青海等江河上游区的生态环境建设与经济发展方式具有重大战略意义。

3. 工业化与城镇化快速推进的区域

贵州省、青海省作为经济欠发达的省份,也是工业化快速发展的省份。2011—2015 年的五年间,贵州省规模以上工业增加值增长速度分别为21.0%、16.2%、13.1%、11.3%、9.9%;青海省的增长速度分别为 19.0%、15.0%、12.6%、8.8%、7.4%。虽然两省工业增长速度已经处于放缓状态,但从总体上看增速仍然是非常快的。正是随着工业化的深入推进,城镇化已进入快速稳步推进期。2011—2015 年的五年间,贵州省城镇化分别为 35.0%、36.4%、37.8%、40.0%、42.0%;青海省为 46.2%、47.4%、48.5%、49.8%、50.3%。同时,贵州省与青海省都处于经济结构转型、城镇化快速发展的关键期。如何推进这两省的工业改革、促进工业结构优化,推进城镇化快速健康发展以适应工业化的需要是值得我们深入研究的问题。

4. 亟须培育经济增长极的重点省份

贵州、青海两省都属于西部地区经济欠发达的省份,省内缺少有影响力的增长极,缺少拉动全省经济的发动机。贵州省省会贵阳市 2015 年地区生产总

---

① 国家重点生态功能区分为:水源涵养型、水土保持型、防风固沙型和生物多样性维护型共四种类型。

值为 2692 亿元,在全国所有城市排名中仅列为 77 位;青海省省会西宁市 2015 年地区生产总值仅为 1132 亿元。以贵阳市为中心的黔中经济区和以西宁市为中心的青东地区,分别作为贵州省、青海省的经济增长极,一方面远发挥不了强大的经济辐射作用与带动作用;另一方面这两大经济区又是其他人口高度聚集区和各省适宜城市规模化推进区。这就是说,黔中经济区与青东地区作为贵州省与青海省的经济增长极培育是必需的和可行的。

第三节　研究现状

一、关于经济增长极的研究

1950 年法国经济学家弗郎索瓦·佩鲁(Francois Perroux)在法国经济学季刊上发表《经济空间:理论与应用》一文,文中首次提出"发展极",并在发展经济学家对区域均衡增长和非均衡增长激烈讨论的基础上提出了经济增长极理论。佩鲁严格区分了经济空间和地理空间,却忽视了增长极在区域上应用的地理空间。针对佩鲁增长极概念的局限性,法国经济学家布代维尔(J.B. Boudeville)将增长极概念的内涵拓展到区域范围,提出了"区域发展极"概念,逐渐发展成为著名的区域增长极理论。布代维尔认为,经济空间是经济在地理空间之中或之上的运用,借此将区域相应区分为计划区域、极化区域和匀质区域。布代维尔空间增长极概念,强调了空间集聚地理方面的特性,有着完全脱离产业概念的危险。瑞典经济学家缪尔达尔(Gurmar Myrdal)提出"地理上的二元经济结构"是区域增长极的"回波效应"和"扩散效应"互相作用的结果,形成了地理意义上的区域增长极理论。在缪尔达尔看来,"回波效应"和"扩散效应"两种效应的作用整体上是不平衡的,"回波效应"的作用通常是大于"扩散效应"的,区域增长极的"回波效应"是可以控制的。1958 年,美国经济学家阿尔伯特·赫希曼(Albert Otto Hirschman)出版了《经济发展战略》一书,作者在该书中阐释了极化效应和扩散效应的概念问题,形成了城市意义上的区域增长极理论。赫希曼指出,经济进步不会同时出现在所有的地方,经济进步一旦出现,那么富有各种资源优势的经济增长必将集中于中心点附近的地域。可见,赫希曼的增长理论有机地将产业与空间、时间因素结合起来,使得该理论在实用性方面的运用有了进一步的发展。1966 年美国约翰·弗里德曼(John.Fried man)提出了著名的"核心—边缘"理论,集中分析了中心地发展与外围地发展之间的关系,提出中心地域产生的极化效应将会导致发展状态的不平衡,但经过一个阶段的发展以后,又会逐渐向平衡发展状态转变,形成了空间结构意义上的区域增长极理论。20 世纪 80 年代末 90 年代初,区域增长极理论得到了新的发展。美国著名学者迈克尔·波特(Michael E. Porter)提出了产业集群理论,这种理论后来发展成为新产业空间理论。继之,新经济地理理论和新贸易理论产生。

增长极理论的实质在于强化增长极或增长中心的经济实力,并通过增长极发展而引致宏大的体量及示范效应,从而带动周边地区、整个区域甚至整个国家的经济发展。

自 20 世纪 70 年代末 80 年代初以后,区域经济学的研究在我国逐渐得到重视。学者们纷纷从增长极理论视角出发研究我国区域经济发展问题。陆大道院士曾提出进行沿"陇海—兰新线"开发,并将其作为全国经济发展和国土开发的一级轴线;国家发展和改革委员会专家提出了区域经济发展空间推进的点线面结合理论;张培刚提出了中部崛起的"牛肚子"战略;陆玉麒提出了区域增长极的空间结构及其空间互动的"双核结构"理论;魏后凯对点轴开发理论又做了拓展和延伸,并提出了网络开发理论;王缉慈从纯经济学、社会学及技术经济学三个不同角度分析了产业集群的空间集聚优势。此外,高长春等以佩鲁提出的"三个条件"为基础,提出了以"四个条件"为基准作为增长极的形成条件,并以此为依据分析了长三角的优势增长极地位;吴敬华等对我国东部"三大增长极"进行比较研究,探寻了我国区域经济协调发展的一般规律及其发展趋势。

总体而言,增长极成长是以发达的市场经济为前提,依赖成熟的技术、高水平的市场、发达的基础设施及完善的工业体系等因素能完成的,有关增长极理论的研究仍有很大的空间。

二、关于生态环境保护与经济发展关系的研究

关于外部性是否是导致生态环境问题的根本原因的问题研究,1920 年英国经济学家阿瑟·塞西尔·庇古(Arthur Cecil Pigou)出版的《福利经济学》一书给了我们一个较好的解释。庇古主张,运用税收和补贴等经济手段可以有效地解决环境外部性问题。随着经济社会的发展及研究的进一步深入,到 20世纪中期,过去经典经济增长方式遭到人们的反思与批判。俄裔美国经济学家西蒙·史密斯·库兹涅茨(Simon Smith Kuznets)通过大量样本的研究,于1955 年发现了收入差距与经济增长之间呈现为倒 U 型关系。后来人们将这种相关性的曲线称为库兹涅茨曲线。

被人们当作人类关心环境问题开始的成果是美国学者莱切尔·卡逊(Rachel Carson)于 1962 年发表的《寂静的春天》一书。而关于"生态经济学"概念的提出,则可以倒推到 1968 年,由美国经济学家肯尼斯·鲍尔丁(Kenneth Boulding)在《一门科学——生态经济学》一文中首次正式提出的。鲍尔丁不但阐明了生态经济学的研究对象,而且首次提出了"生态经济协调理论"。生态经济协调理论的提出,是鲍尔丁对传统经济学反思、批判的结果。

有关经济增长与环境保护之间的关系研究,曾经出现了两种截然不同的观点。丹尼斯·米都斯(Dennis L.Meadows)1972 年在《增长的极限》一书中提出了"零增长"理论。在米都斯看来,为了走向可持续的未来,就必须实现经济的零增长。米都斯等人的观点引起西方学术界广泛而激烈的争论,并形成了两种对立观点。1972 年,联合国召开了斯德哥尔摩人类环境会议,会议有一项意义非凡的成果——发表了《人类环境宣言》一书,正式掀起了人类研究环境和经济发展关系问题的新篇章。

其后,关于经济发展与环境污染之间关系的研究,出现了大量的成果。20世纪 90 年代初,美国的经济学家格鲁斯曼(Gene Grossman)和艾伦·克鲁格(Alan B.Krueger)通过大量的实证研究,探索出了环境质量指标与收入之间的相关性。他们发现经济发展与环境污染具有阶段性,即经济发展初期环境污

染程度小,随着收入的增加污染程度趋于严重,一旦收入达到较高水平以后,环境污染程度则呈相反方向发展。这验证了著名的"环境库兹涅茨曲线"的合理性。1992 年,联合国在巴西里约热内卢召开的"环境与发展会议"上提出了以"可持续发展"作为世界环境保护与人类经济社会共同发展的正确指导思想。此后,可持续发展理论、贸易与环境等问题一直成为世界各国理论界探讨的热点问题。有关生态环境保护与经济增长之间关系问题的研究,还形成了三个不同的派别,即:以"罗马俱乐部"为代表的"悲观派",以美国的赫尔曼·康恩、朱利安·西蒙等人为代表的"乐观派"和以世界未来学会主席柯尼什和德·儒弗内尔和艾伦·科特奈尔等为代表的"中间派"。

我国社会各界关于经济增长与环境保护问题的研究,虽然起步较晚,但仍然涌现出了一大批研究成果。著名经济地理学家陆大道院士指出,从"环境决定论——环境可能论——人类征服环境论——可持续发展观"的逻辑,反映了西方关于"人地关系"的观点及其演化。吴跃明、郎东锋、张子珩等坚持可持续发展理念,利用系统工程多目标优化思想,建立了一种新型"环境—经济"系统协调度模型。邓玲等从方法论上对长江上游生态屏障构建进行了深入的探寻,在此基础上提出了一些解决问题的方案。陈文晖则对欠发达地区的生态可持续发展战略进行了探讨。任保平、陈丹丹认为西部地区生态环境的脆弱性决定了西部地区在工业化过程中不能走"先污染、后治理"的发展模式,而应该强化经济与生态环境的互动发展。袁文倩在其博士论文中,从制度视角对西部地区经济增长方式与生态环境的保护等方面问题进行了研究。

近两年来,有关生态屏障建设与经济增长之间关系的研究视角更为微观,研究成果对于解决实际问题具有更强的针对性。如韩劲以京津冀区域一体化发展作为实验田和突破口,提出对山脉自然延伸区域实施专门整合的公共管理,即以网络信息化为引领,以技术应用和制度创新的有机结合为手段,对提高政府行政效率和公共服务水平为核心机制的山区进行整合治理。陈国阶通过对生态屏障建设的理解和分析,针对四川省生态屏障建设面临的挑战提出了对策建议。刘影、聂宇一、胡启林等对鄱阳湖生态经济区的生态资源类型和重点生态屏障区进行细分,并针对不同生态资源类型提出了相应的建设对策。

　　这些成果为后来学者的深入研究提供了丰富的资料和有价值的启示。但是,这些研究成果均存在一定局限性,特别是忽略了经济区构建和生态屏障构建之间的博弈关系,缺乏相应的实证分析,缺乏将城镇空间布局、产业发展融合于生态屏障建设中的思考。但是,有关这方面的研究恰恰是解决西部经济发展与生态环境保护之间矛盾的关键,是实现区域科学发展的基础。

第二章　西部生态屏障建设与省域经济增长极培育的提出

从国际社会的发展情形来看,经济发展已经不再是单一目标,经济、社会、生态环境协调发展才是最高目标。如何实现这个最高目标已成为当前十分重要的课题。西部地区相关政府部门一方面提出建设生态屏障,保障本区域乃至全国的生态安全的目标;另一方面,提出加快省域经济增长极培育,促进区域经济持续、快速、健康发展,缩小与东部地区经济发展的差距,从而实现与全国同步奔小康的发展目标。

第一节　西部生态屏障建设的提出

西部地区是我国资源富集地和能源战略后备基地。数十年以来,人们习惯将西部地区的资源视作中东部地区发展经济的"原材料和初级产品",将西部大开发等同于资源的开发,导致人们对西部资源的随意索取和过度消耗。西部地区自身的工业化与城镇化则进一步加重了这一发展趋势。西部地区生态脆弱,自然植被一旦遭到破坏恢复难度极大,自然生产力将大大降低。从20世纪80年代特别是90年代以来,沙尘暴、黄河中下游断流、长江洪灾等自然灾害频发,人们不得不开始反思西部生态位的重要性,并提出建设西部生态屏障的战略目标。西部地区生态屏障建设工程正在并将长期实施,主要基于以下基本因素。

一、"江河源""生态源"区域

面积广大的西部地区是我国最重要的江河源地和生态源地,它的生态环境保护与建设事关重大,我们必须引起高度重视。

(一)西部地区是我国最重要的江河源区

我们所讲的江河源区,是指一条或多条江或河的发源地区。世界上最高最年轻的高原——青藏高原总面积约占我国大陆面积的近 1/4,地域范围包括西藏、青海、四川西部、云南西北部与新疆南部等广大地区。青藏高原是我国也是亚洲许多大江大河,如黄河、长江、澜沧江、怒江、雅鲁藏布江等的发源地。其中,长江、黄河和澜沧江三江源,冰川、河流和湖泊三种形式组成的水资源,源源不断地滋润着我国及周边各国的广大土地,素有"亚洲水塔"之称。黄河水量的 49%、长江水量的 26%、澜沧江水量的 16% 和黑河水量的 40% 都源于江河源。

西部地区湿地面积广大,类型以沼泽湿地为主,主要包括云贵高原湿地区、西北干旱湿地区以及青藏高寒湿地区等三大湿地保护类型区域。云贵高原湿地区,主要分布在云南、贵州、四川三省的高山与高原冰(雪)蚀湖盆、高原断陷湖盆、河谷盆地及山麓缓坡等地区。西北干旱湿地区有高山草甸沼泽、芦苇沼泽以及若尔盖高原的泥炭沼泽等,也有博斯腾湖、赛里木湖等。青藏高原湿地有众多湖泊、沼泽、湿草甸,著名的湖泊有青海湖、扎陵湖、鄂陵湖、纳木错湖等湖泊。青海湖是中国最大的内陆咸水湖,总面积达到 4583 平方公里,是维系青藏高原东北部生态安全的重要水体。

(二)西部地区是我国重要的生态源区域

在西部地区,蕴藏着十分丰富的生物种类。据研究结果表明,"哺乳动物约占全国的 52%,爬行动物占近 1/3,两栖动物占 50%,动物特有种约占全国特有种数的 50%—80%。"[①]西部地区分布有共计 49 种国家 I 类保护哺乳动物中的 45 种,其中 33 种仅在西部地区有分布,诸如我国所特产的大熊猫、金丝猴、白唇鹿、普氏原羚等。在西部地区,还分布着 13 种猫科动物中的 12 种,灵长类 19 种中的 17 种,洞角科 19 种中的 15 种。植物种类则更多,在全国占有

---

① 陈克林:《西部地区生态保护需要可持续发展视角》,中国发展门户网,2006 年 2 月 6 日。

十分突出的地位,仅苔藓植物就占全国的近1/2,特有种占全国的1/4。在《中国生物多样性国情研究报告》中所列的243种中国被子植物特有属代表种中,西部地区分布有199种,其中仅在西部地区有分布的约有58%。

处于西北季风的发源地、上风口的西部地区,其生态环境好坏对国内其他地区的生态环境有着极大的跨区域影响。因此,我们完全可以说,西部地区生态环境的变化直接影响到全国范围内的生态环境变化,乃至对整个东亚地区的生态环境都影响重大。

二、生态文明建设需要

生态文明实际上是一种后工业文明,是人类社会迄今为止最高的文明形态。生态文明的核心理念是统筹人与自然、人与社会的和谐发展。[①]

生态文明建设需要发展生态经济,建成一大批生态城市。因为人类经历的工业文明是一种"以人为中心"、过分强调人的主体地位而轻视人与自然关系和谐相处的文明形态。在这种文明形态下的人类活动,只可能造成城市中人与自然生态关系的失衡问题,不可能有效地解决城市的生态环境问题。为此,西方一些学者开始提出"生态城市"的观点,并对相应问题进行研究。20世纪60年代以后,《增长的极限》一书的出版,"较为系统地阐述了专家们对世界工业化、城市化与全球环境恶化的担忧,推动了经济与生态均衡发展的研究"[②],并使生态文明建设研究进入一个大发展阶段。

国内有关生态城市的研究始自20世纪70年代,生态城市建设实践活动始自20世纪80年代。[③] 实际上,国内众多城市根据自身的实际情况,或早或晚地陆续提出了生态文明城市或生态城市建设的目标。各地还相继研究制定出一系列生态文明城市建设的指标体系,以便指导、规范城市建设。如,厦门

---

① 肖良武:《在青山绿水中发展经济》,《贵阳学院学报(社会科学版)》2012年第4期。

② [美]德内拉·梅多斯、乔根·兰德斯、丹尼斯·梅多斯:《增长的极限》,李涛、王智勇译,机械工业出版社2006年版,"前言"第X—XXⅢ页。

③ 鞠美庭、王勇、孟伟庆等:《生态城市建设的理论与实践》,化学工业出版社2007年版,第5—8页。

市历时 3 年研制并推出包含 30 个指标的生态文明建设(城镇)指标体系①。贵阳市发布了《贵阳市建设生态文明城市指标体系及监测方法》,选取了 33 项指标作为贵阳市建设生态文明城市的具体指标。② 同时,贵州省还制定了《贵州省生态示范乡镇建设试点实施指标》,从社会经济发展、区域生态环境保护、农村环境保护、城镇环境保护及参考指标 5 个方面,选取了 26 个指标作为全省建设生态乡镇的具体指标(见表 2.1)。

表 2.1　贵州省生态示范乡镇建设试点实施指标

参考指标	适用乡镇		
	三类	二类	一类
社会经济发展 农民年均纯收入(元)	≥1600	≥1800	≥2000
城镇单位 GDP 能耗(吨/万元)	<1.5	<1.4	<1.3
人口自然增长率(‰)	符合国家有关政策		
村镇饮用水卫生合格率(%)	≥60	≥70	≥80
环保投资占 GDP 比例(%)	0.50	0.70	1.00
单位 GDP 耗水(立方/万元)	<600	<400	<200
区域生态环境保护 森林覆盖率(%)	≥40	≥45	≥50
退化土地治理率(%)	≥60	≥70	≥80
受保护地区面积(%)	>5	>8	>10
矿山地复垦率(%)	>30	>40	>50

①　厦门市构建的生态文明建设(城镇)指标体系中有反映各地区发展生态经济、资源有效利用的努力程度的单位 GDP 能耗、清洁能源使用率、工业用水重复利用率等指标,有反映各地强化生态治理、维护生态安全努力程度的区域环境噪声平均值、绿色运营车辆占有率等指标,还有对生态意识提高和生态制度保障等方面给出具体衡量指标,如政府绿色采购率、生态环境教育课时比、环境指标纳入党政干部政绩考核、恩格尔系数以及生态环境议案、提案、建议比例等。

②　《贵阳市建设生态文明城市指标体系及监测方法》,中国·贵阳政务网,2008 年 10 月 26 日。

续表

参考指标		适用乡镇		
		三类	二类	一类
农村环境保护	秸秆综合利用率(%)	>70	>80	>95
	畜禽粪便处理(资源化)率(%)	>80(30)	>90(40)	100(50)
	化肥施用强度(折纯,公斤/公顷)	≤360	≤320	≤280
	农林病虫害综合防治率(%)	>30	>50	>70
	农用薄膜回收率(%)	>70	>80	>90
	受保护基本农田面积(%)	>80	>85	>90
	沼气普及率(%)	>30	>40	>50
城镇环境保护	城镇大气环境质量	达功能区标准(达二类功能区二类标准)		
	水环境质量	达功能区标准(具时参考)		
	城镇噪声环境质量	达功能区标准(二类功能区要求)		
	城镇固体废物处理率(%)	达卫生城镇标准		
	城镇人均公共绿地面积(m²)	>4	>6	>8
	卫生厕所普及率(%)	>40	>50	>60
	城镇生活清洁能源(%)	>30	>40	>50
	城镇污水处理率(%)	>10	>20	>30
	旅游环境达标率(%)	>50	>80	>90

资料来源:根据 2008 年贵阳市委、市政府数据整理《贵阳市建设生态文明城市指标体系及监测方法》。
说明:①本指标的制定主要参考了国家级生态示范区实施指标和考核指标体系,并结合贵州省乡镇的实际情况制定,指标制定的基准年为 2001 年。②一类:经济发达和生态环境质量较好的乡镇;二类:中等经济水平和生态环境质量一般的乡镇;三类:经济落后、群众生活贫困和生态环境较差的乡镇。

随着生态示范乡镇建设试点实施指标的制定,贵州省生态文明建设不断向纵深方向拓展。2004 年 9 月 24 日,贵州省第十届人民代表大会常务委员会第十次会议批准《贵阳市建设循环经济生态城市条例》。2007 年,贵阳市提出建设"生态文明城市"的战略目标。2010 年 7 月 19 日,国家发展和改革委员会确定选择广东、辽宁、湖北、陕西、云南等七个省和直辖市,深圳、厦门、杭州、南昌、贵阳、保定八市作为试点区域。自此,贵阳市成为全国首批低碳试点城市。此后编制的《贵阳市低碳发展行动计划纲要(2010—2020)》,明确提出了低碳发展目标,确保到 2020 年全市范围内单位 GDP 二氧化碳排放强度下降 40%,力争下降 45%。

青海省也积极推进生态文明建设,增强可持续发展能力。1999 年 3 月,青海省政府颁布了《青海省生态环境建设规划》,将此作为全省经济、社会、生态环境可持续发展的重要指导性文件。在此基础上,青海省政府还结合地域特点将全省治理区域划分为:五个片区①,八个重点治理区②,以便于科学、合理地实施生态环境保护规划。2008 年,青海省首次提出了"生态立省战略",全面推进生态保护,加快生态经济和生态文化建设。2011 年 11 月,国务院批准实施《青海三江源国家生态保护综合实验区总体方案》,标志着三江源生态保护和建设进入系统化、大规模实施的国家战略阶段。

根据相关研究成果表明,全国生态文明建设水平十分不均衡,西部地区的建设水平明显滞后,但其进步速度总体是比较快的。北京林业大学生态文明研究中心建立了生态文明建设评价指标体系(简称为 ECCI),包括一级指标四个:生态活力、环境质量、社会发展、协调程度③,确定权重分别为:30%、25%、15%、30%。根据评价指标体系对全国各地生态文明建设进行测试,得出生态文明指数(简称为 ECI)。2015 年的 ECI 显示,全国生态文明指数的最高分海南省为 95.62 分,最低分河北省为 58.29 分;西部地区最高分西藏为 88.21 分,最低分甘肃为 66.41 分。④

---

① 五个片区是指黄河源头及上游地区、长江源头及上游地区、草原区、"三北"风沙综合防治区、青藏高原冻融区。

② 八个重点治理区是指黄河源头涵养重点治理区、龙羊峡库区暨共和盆地风沙和水土流失重点治理区、青海东部黄土丘陵水土流失重点治理区、青南高寒草地治理区、环青海湖菜地治理区、柴达木盆地荒漠化重点防治区、高原自然保护区。

③ 这里所说的协调程度主要通过四个指标体现出来,即淡水抽取量占内部资源的比重、获得经过改善的卫生设施人口比重、能源消耗变化效应、二氧化碳变化效应。

④ 严耕、林震、杨志华等:《中国省域生态文明建设评价报告(ECI 2010)》,社会科学文献出版社 2010 年版,第 1—4 页。

表 2.2　西部地区各省区市生态文明指数(ECI 2015)及排名

地别	ECI	西部排名	全国排名	地别	ECI	西部排名	全国排名
西藏	88.21	1	4	贵州	76.05	7	20
广西	86.58	2	6	内蒙古	75.43	8	21
四川	85.53	3	7	新疆	75.28	9	22
云南	84.35	4	8	陕西	74.83	10	23
青海	81.76	5	11	宁夏	71.91	11	25
重庆	78.24	6	18	甘肃	66.41	12	28

资料来源:严耕:《中国省域生态文明建设评价报告》,社会科学文献出版社 2015 年版。
说明:ECI 2015 基于各省 2014 年数据计算得出。

　　生态文明指数差别较大的原因大体分为两种情况:一种情况是,一些省份社会发展程度较高,经济总量和人均国内生产总值居全国前列,经济规模较大,对城镇化、教育发展、农村改水等各项社会事业投入力度较大,现代化程度较高,而且产业结构已经开始转型升级,正向较高程度的协调发展方向迈进;另外一种情况是,一些省份由于生态环境较好,生物资源的生产力水平较高,生态资源基础雄厚。生态文明指数较低的省份则大部分位居内陆,相对而言,这些省份尚不具备发展生态保护经济的区位优势。同时,有些省属于农业大省或能源大省,产业结构不太合理,现代化程度不高,生态环境比较脆弱,面临的生态保护压力较大。西部地区各省份生态文明指数排名总体靠后,只有西藏、广西、四川、云南等少数几个省例外。这反映出西部地区经济社会发展程度偏低,生态环境比较脆弱。

　　诚然,生态文明指数排名只是省际相对比较的结果,对各省的生态文明建设仅具有参考价值。生态文明建设年度进步率则是对各省生态文明建设情况实际变化的客观反映,而且,从另一角度看,生态文明建设进步率较生态文明指数排名更有价值。

表 2.3　2013—2014 年西部地区各省区市生态文明建设进步指数及排名

（单位:%）

地别	生态文明建设进步指数	西部排名	全国排名	地别	生态文明建设进步指数	西部排名	全国排名
西藏	18.78	1	1	青海	2.23	7	10
宁夏	15.69	2	2	四川	1.45	8	12
重庆	13.79	3	3	陕西	0.67	9	16
贵州	7.71	4	5	甘肃	-0.11	10	18
新疆	4.98	5	7	广西	-0.44	11	19
云南	3.73	6	9	内蒙古	-4.49	12	29

资料来源:严耕:《中国省域生态文明建设评价报告》,社会科学文献出版社 2015 年版。
说明:表中数据均是 2013—2014 年度进步指数。

西部地区生态文明建设进步较快,且在国内排名靠前的省份逐渐增加。到 2015 年,西部地区各省份生态文明建设进步率在全国处于前十位的有西藏、宁夏、重庆、贵州、新疆、云南、青海等省市。但是,仍有甘肃、广西、内蒙古三省份的进步率为负值,特别是内蒙古的进步率不但为负值,而且在全国排名倒数第三。

西部地区要想与全国其他地区一道建成生态文明,仍需继续努力,尤其需要加大生态建设力度,促进社会发展,实现经济、生态、社会协调推进。

三、实现不同功能的需要

长期以来,区域规划基础理论指导着我国的区域规划工作。这些区域规划理论主要包括区域资源禀赋差异与分工协作理论、区域产业结构的关联和地域生产综合体理论、产业空间布局的古典区位理论、现代区域空间结构理论、空间扩散理论和现代区域相互作用理论、区域发展的空间组织理论以及可持续发展理论。其中,区域资源禀赋差异与分工协作理论在区域规划中确定区域发展方向及合理的产业结构方面具有直接的指导意义。究其原因在于,我国是一个地域辽阔、生态类型多种多样、生物多样性十分丰富的国家,同时又是一个生态脆弱区域面积大、脆弱因素复杂的国家①。经济发展规律表明，在大面积生态脆弱区内，不能开展高强度的工业化、城镇化开发，这种开发方式只能在非常有限的区域进行②。

2011年6月，国务院颁布的《全国主体功能区规划》，将主体功能区划分为：优化开发区域、重点开发区域、限制开发区域和禁止开发区域，③把实现主体功能区主要目标的时间设定为2020年，强调推进主体功能区形成的基本理念为：

第一，区分主体功能的理念。任何一个国家或一个地区的国土空间都具有多种功能，其中有一种为主体功能。如果从提供产品的角度进行划分，可以区分为3种，即以提供工业品和服务产品为主体者，以提供农产品为主体者及

①　全国范围内中度以上生态脆弱区域占全国陆地国土空间的一半以上，其中极度脆弱区域占9.7%，重度脆弱区域占19.8%，中度脆弱区域占25.5%。

②　国务院：《全国主体功能区规划》，国发〔2010〕46号，2010年12月21日。

③　国务院基于不同区域的资源环境承载能力、现有开发强度和未来发展潜力，统筹谋划人口分布、经济布局、国土利用，以是否适宜或如何进行大规模高强度工业化城镇化开发为基准，将全国主体功能区划分为四大类：优化开发区域是指经济比较发达、人口比较密集、开发强度较高、资源环境问题更加突出，从而应该优化进行工业化城镇化的城市化地区。重点开发区域是指有一定经济基础、资源环境承载能力较强、发展潜力较大、集聚人口和经济的条件较好，从而应该重点进行工业化城镇化的城市化地区。优化开发和重点开发区域都属于城市化地区，开发内容总体上相同，开发强度和开发方式不同。限制开发区域分为两类：一类是农产品主产区，即耕地较多、农业发展条件较好，尽管也适宜工业化城镇化开发，但从保障国家农产品安全以及中华民族永续发展的需要出发，必须把增强农业综合生产能力作为发展的首要任务，从而应该限制进行大规模高强度工业化城镇化的地区；另一类是重点生态功能区，即生态系统脆弱或生态功能重要，资源环境承载能力较低，不具备大规模高强度工业化城镇化的条件，必须把增强生态产品生产能力作为首要任务，从而应该限制进行大规模高强度工业化城镇化的地区。国家"十一五"规划纲要确定的22个限制开发区域中，有18个与西部地区有关，其中15个完全在西部地区范围内。禁止开发区域是指依法设立的各级各类自然文化资源保护区域，以及其他禁止进行工业化城镇化开发、需要特殊保护的重点生态功能区。国家层面禁止开发区域，包括国家级自然保护区、世界文化自然遗产、国家级风景名胜区、国家森林公园和国家地质公园。西部地区也有相当一部分国家层面的禁止开发区。省级层面的禁止开发区域，包括省级及以下各级各类自然文化资源保护区域、重要水源地以及其他省级人民政府根据需要确定的禁止开发区域。各类主体功能区，在全国经济社会发展中具有同等重要的地位，只是主体功能不同，开发方式不同，保护内容不同，发展首要任务不同，国家支持重点不同。对城市化地区主要支持其集聚人口和经济，对农产品主产区主要支持其增强农业综合生产能力，对重点生态功能区主要支持其保护和修复生态环境。

以提供生态产品为主体者。主体功能的区分便于确定开发的主体内容和发展的主要任务。

第二,依据自然资源及生态环境条件适宜开发的理念。我国国土纬度跨度大,地形复杂,气候条件差别大,自然资源与生态环境千差万别。对于那些高海拔区、高寒地区、地形复杂区以及其他生态脆弱区或重要生态功能区而言,并不适宜进行大规模高密度的工业化、城镇化开发,甚至不适宜发展高密度农牧业。

第三,依据人口承载力大小开发的理念。不同国土空间的人口承载力、经济承载力及生态环境承载力是完全不同的。生态功能区和农产品主产区不适宜进行大规模高强度工业化、城镇化的开发,这些地区要想承载较多的消费人口是十分困难的。加之,区域承载力大小是一个综合因素作用的结果。因此,在工业化及城镇化过程中,区域承载中的"短板"因素才是决定性的因素,只有据此才能合理确定是否进行区域开发或开发强度大小。

第四,依据区域空间结构开发的理念。根据社会实践经验可知,经济发展方式及资源配置效率怎样在相当程度上决定于城市空间、农业空间、生态空间的结构及其变化状况。目前,我国城市和农村各类建成区及各类经济区的总面积已非常庞大,但空间结构大多不甚合理,空间综合利用效率较低。因此,在国土规划以及将来国土空间开发的着力点必须从粗放式的"圈地为主模式"逐渐转变为"调整和优化空间结构、提高空间利用效率模式"上来。只有这样,才能真正提高区域经济效能,才能发挥区域生态功能的作用。

因此,推进形成主体功能区,就是为了区域协调发展和科学发展提供支撑,就是为了从源头上控制生态恶化趋势,实现中华民族永续发展。

四、生态屏障建设的提出

1. 生态屏障的功能

从学术领域看,生态屏障的功能与作用涉及多个方面:(1)筛选过滤功能。从系统外进入或从系统内流出的物质经过森林系统的处理,就起到一定的筛选过滤作用。在农耕区,农田及沟渠两岸的森林草地具有减少农药、化肥对污染区的污染范围,降低污染程度的作用。在工业区,如果有了大面积的防护林带,生产排放的"三废"则可以通过森林植被的降解,在一定程度上得到净化。(2)缓冲功能。来自系统外界或系统内部的干扰一旦经过森林生态系统的处理,就能降低流动速度,起到缓冲作用,确保生态系统的相对稳定性。一般而言,具有乔木、灌木与草地合理结构的成熟森林系统,其表层构造面粗糙度较大,能减缓水流速度,增加雨水渗透时间,降低林中流出水的数量及泥沙含量。据权威部门测定,"在降雨量同为 346 毫米的情况下,林地每亩冲刷量仅为 4 公斤,草地为 6.2 公斤,农耕地为 238 公斤,而农闲地则为 450 公斤。"①另根据相关研究表明,其他条件相同,天然降水要将地表 18 厘米厚表土全部冲走的话,裸露地仅仅只需要 18 年时间,农耕地需要 46 年,而森林地则需要 57 万年。可见,森林系统在保持水土流失方面能够发挥重大的作用。在西部这种多坡地耕种区域,构建森林生态屏障,可以起到保持水土、减少河床淤塞的作用;对于降低风力速度,减少风沙、沙尘暴发生及扩散的风险也有重要作用。(3)水源涵养功能。如果森林生态系统结构良好,粗糙的地面可阻挡地表水直接外流,地表水顺着有着松软而发达的、团粒结构渗水性能优的土壤缝隙慢慢渗入,将大大增加地下水的数量,减少水流速度,使得过剩的雨水能慢慢地流出。这样,从森林地面直接流出的水量减少,大雨过后雨水汇入河流的时间将会推延,汇集水量就会减少,河流水流量通常情况下则可以保持相对平稳。根据四川省林科院研究成果表明,在正常情况下,盆中丘陵区桤柏混交林地下 30 厘米厚的表土层,每公顷可以蓄水 500 立方米至 2000 立方米,按此标准计算,每万公顷类似林地能够储藏的水量,相当于一座容积为 500 万立方米至 2000 万立方米的水库。② 在贵州荔波拉桥、洞落、比巴至洞多一带,存在着一种特殊形式的沼泽地——喀斯特森林沼泽。它是森林滞留水的表现形式之一,由于森林植物根系的机械破坏及分解的植物残余物和腐殖质所产

---

① 王宏祥、张健民:《关于建立森里生态效益补偿制度的研究》,《中国林业报》1995 年 9 月 2 日。

② 杨冬生:《论发展四川林业和治理长江水患的关系》,《四川林业科技》1999 年第 2 期。

生的有机酸、游离二氧化碳而使水中含有大量碳酸和有机酸,两者的共同作用,促使喀斯特森林中部分地表裂隙发育,而裂隙又不断被枯枝落叶垫积、堵塞,促使大气降水不能迅速全部下渗,停留在裂隙和枯枝落叶层的孔隙中形成森林滞留水,并在平缓低洼的地貌部位停积,甚至积水成塘而形成沼泽。因此,在此地区加强生态保护,不仅能更好地调节河流水量的季节性配置,满足本地生产生活用水的需求,而且能调节、保障河流中下游用水的稳定性需求。[①] 西南地区处于亚热带地区,常年降水充足,但分布极不均衡,经常容易出现涝灾与旱灾,工程性缺水较为明显。如果森林生态系统保持完好,则能长期提供稳定的水源,在一定程度上缓解缺水问题。(4)隔板功能与固化功能。生态系统界面对生物的流动、甚至物质信息交流会起到类似细胞膜的隔板作用。成熟森林中植物根系发达,在土层中形成浅、中、深多层次盘根错节的网络根系,这些发达的根系加上其上方的茎、叶,起着固化松散土壤防止风吹、雨打、水推走的作用;这些根系及堆积的枯落物起着加速岩石风化与土壤形成进程的作用。我国西南喀斯特地区石漠化现象、西北地区沙漠化现象十分严重,在这些区域建设生态屏障意义巨大。(5)庇护所与改良土壤功能。森林及其周围地带属于生物的聚集地,主要原因在于此域能为人类、动物、植物和微生物提供生存环境和食物,故森林生态系统具有作为物种基因库的功能。一个成熟的森林生态系统,对于改良土壤结构、保持土壤肥力也具有重要功能。(6)调节与协调功能。完整的生态系统能够在一定程度上延缓洪水汇流成洪峰的时间,降低洪涝灾害发生的风险,平衡水源供应结构。相关研究成果表明:在汛期,多林流域比少林流域径流量减少 30% 以上;在旱期,径流量则增

---

① 云南省降水充沛,干湿分明且分布不均。全省大部分地区年降水量为 1100 毫米,但降水量在季节上和地域上的分配是极不均匀的。降水量最多的是 6—8 月三个月,约占全年降水量的 60%。11 月至次年 4 月的冬春季节为旱季,降水量只占全年的 10%—20%,甚至更少。旱季和雨季过于集中,分布不均,经常伴随有涝灾、旱灾。贵州省常年雨量充沛,时空分布不均。全省大部分地区多年平均年降水量在 1100—1300 毫米之间,最多值接近 1600 毫米,最少值约为 850 毫米。年降水量的地区分布趋势是南部多于北部,东部多于西部。对全省绝大部分地区而言,多数年份的雨量是充沛的。从降水的季节分布看,一年中的大多数雨量集中在夏季,但下半年降水量的年际变率大,常有干旱发生。

加 25%—78%。① （7）其他功能。一个成熟的森林系统具有巨大的阳离子释放及旅游、休憩、科普教育等方面的功能。近几年以来,西部地区森林覆盖率有了一定提高,但距离建成国家级生态屏障的要求仍存在较大差距,因此,当前西部地区关键是保护现有森林面积不减少,甚至增加森林、绿地的数量,充分发掘森林功能和作用。②

2.生态屏障建设的提出

改革开放以来尤其是进入 21 世纪以后,国家在加强区域经济规划与建设的同时,也非常重视生态环境的保护和改善,不断探索生态环境保护与建设的路径,提出了区域经济发展的两大战略。规划提出,从长期来看,需要构建"两横三纵"为主体的城市化战略格局③;将环渤海、长江三角洲、珠江三角洲地区作为优化开发区进行深度开发,着力培育 3 个特大城市群;对哈长、江淮、海峡西岸、中原、长江中游、北部湾、成渝、关中—天水等地区进行重点开发,打造若干新的大城市群和区域性城市群。同时,还提出构建"七区二十三带"为主体的农业战略格局④。

为了保障这两大战略格局的顺利实施,实现经济社会生态的可持续发展,专家学者不断加强对生态环境保护与建设的研究,提出了在全国范围内建设"四横"、"两环"、"一纵"的生态屏障战略⑤。在这种格局的生态屏障中,"四横"、"一纵"均起自西部地区。在此基础上,中央政府从战略的高度进一步提出了构建生态屏障的建设目标。一方面,提出了构建"两屏三带"为主体的生

---

① 杨冬生:《论发展四川林业和治理长江水患的关系》,《四川林业科技》1999 年第 2 期。

② 潘开文、吴宁、潘开忠、陈庆恒:《关于建设长江上游生态屏障的若干问题的讨论》,《生态学报》2004 年第 3 期。

③ "两横三纵"战略格局的具体构想是:构建以陆桥通道、沿长江通道为两条横轴,以沿海、京哈京广、包昆通道为三条纵轴,以国家优化开发和重点开发的城市化地区为主要支撑,以轴线上其他城市化地区为重要组成的城市化战略格局。

④ "七区二十三带"战略格局的具体构想是:构建以东北平原、黄淮海平原、长江流域、汾渭平原、河套灌区、华南和甘肃新疆等农产品主产区为主体,以基本农田为基础,以其他农业地区为重要组成的农业战略格局。

⑤ "四横"是指阿尔泰山、中国北部、中部和南部生态屏障带;"两环"是指东部平原和沿海生态屏障带;"一纵"是指长江中下游生态屏障带。参见周洁敏、寇文正:《中国生态屏障格局分析与评价》,《南京林业大学学报(自然科学版)》2009 年第 5 期。

态安全战略格局①。另一方面,明确提出了"十二五"期间建设全国十大生态屏障②。十大生态安全屏障构成了国家生态安全体系的基本框架。经过多年努力,我国生态安全屏障框架已基本构建起来了。

我国生态屏障建设的重点区域始终在西部地区。因此,确定西部地区生态屏障建设的重点及建设步骤尤为重要。科技部和国家环境保护总局对西部生态系统进行了综合评估,并发布了研究成果报告。报告显示,西部地区生态环境承载力有限,生态环境建设的重点是生态恢复。报告提出,西部地区未来50年生态建设大体可分三个阶段进行,第一阶段(2001—2015年),力求生态环境恶化的趋势得到基本遏制,经济运行进入良性循环。第二阶段(2016—2030年),西北地区的治理大见成效,生态环境明显改观,西南地区的生态环境步入良性发展轨道。第三阶段(2031—2050年),西北地区适宜治理的地区得到全面整治,基本实现《全国生态环境建设规划》提出的目标。③

第二节　西部省域经济增长极培育的提出

西部地区既是国家生态屏障建设的重要区域,又是国家实现区域均衡发展战略及打赢脱贫攻坚战的重点区域。经济增长在所有地方同时出现是不可

---

① "两屏三带"为主体的生态安全战略格局的具体构想是:构建以青藏高原生态屏障、黄土高原—川滇生态屏障、东北森林带、北方防沙带和南方丘陵山地带以及大江大河重要水系为骨架,以其他国家重点生态功能区为重要支撑,以点状分布的国家禁止开发区域为重要组成的生态安全战略格局。其中,青藏高原生态屏障建设的重点是保护多样、独特的生态系统,发挥涵养大江大河水源和调节气候的作用;黄土高原—川滇生态屏障建设的重点是加强水土流失防治和天然植被保护,发挥保障长江、黄河中下游地区生态安全的作用;东北森林带建设的重点是保护好森林资源和生物多样性,发挥东北平原生态安全屏障的作用;北方防沙带建设的重点是加强防护林建设、草原保护和防风固沙,对暂不具备治理条件的沙化土地实行封禁保护,发挥"三北"地区生态安全屏障的作用;南方丘陵山地地带建设的重点是加强植被修复和水土流失防治,发挥华南和西南地区生态安全屏障的作用。

② 十大国土生态屏障包括东北森林屏障、北方防风固沙屏障、东部沿海防护林屏障、西部高原生态屏障、长江流域生态屏障、黄河流域生态屏障、珠江流域生态屏障、中小河流及库区生态屏障、平原农区生态屏障和城市森林生态屏障。参见《"十二五"期间我国将构建十大生态屏障》,2011年1月6日。

③ 《中国提出西部生态建设未来五十年三阶段目标》,中国新闻网,2005年3月31日。

能的,只可能以不同的强度发生在某些增长极或增长点上,通过增长极的辐射作用向外扩散,对周边经济产生影响。可见,培育经济增长极已经成为推动区域经济发展的必要途径。因此,在西部地区,为了推动经济实现又好又快发展,构建省域经济增长极已经成为重要战略。西部地区许多省市也纷纷提出建设省级区域经济中心,将中心城市的辐射力向周边区域扩散,最终促进区域经济发展。

一、经济增长极的功能

增长极理论认为,增长极是围绕着规模大的经济单元的主导部门发展起来的,并聚集在一起形成产业群。在区域经济发展过程中,占支配地位的企业起着关键的推动作用,起作用的方向为:关键性的企业通过产业之间的连锁效应把经济效率扩散到各个企业,收入分配的均衡或降低收入分配的不均衡性就可能最终实现。人们相信,经济进步的最主要因素在于企业家的创新,这也是所有经济单元实现利润最大化的根本途径,通过主导产业及其相关联的产业群的发展,更好地推动创新和发展。

赫希曼(A.O.Hischman)将增长极对周边腹地经济的影响区分为两种,正效应的影响称为"涓滴效应",负效应的影响称为"极化效应"。增长极规模愈小稳定性愈差,涓滴效应和极化效应在不同地区的表现是具有差异性的。增长极在规模尚未壮大之前,极化效应大于扩散效应。只有当增长极规模足够大之际,扩散效应才大于极化效应。实践证明,经济发展程度越高的地区,增长极的涓滴效应越强;相反,经济发展水平越低的地区,增长极的极化效应越强。

一个增长极或增长中心的形成是城市聚集优势和其他多种功能综合作用的结果。城市处于经济中心,具有作为经济增长发动机的功能,有利于推动周围的主导产业和创新行业及其关联产业的集聚。增长刺激遵循中心地等级扩散原理,也就是我们通常所说的增长极是从高一级中心城市逐渐向低一级中心城市扩散的。

二、促进西部经济大发展的新要求

改革开放以来,我国通过增长极培育带动经济发展的成效已经初步显现。增长极的影响范围除了与其规模大小相关以外,还与空间距离相关,距离增长极越远,所接受到的影响越小。边缘地区、特别是中西部地区,由于远离三大经济增长极,接受到的经济影响非常有限。为了克服数量非常少的增长极影响力的局限性,实现区域经济均衡发展,应该在全国范围内尤其在中西部地区,培育更多规模更大的增长极,以多个增长极的发展协同带动中西部地区经济甚至全国整体经济发展。

随着东部地区资源环境承载能力有限性加剧,经济增长速度趋缓,经济增长需要寻找新的空间,这就需要扩大西部地区城市建设和工业园区建设空间。地域面积广大的"欠发达、欠开发"的西部地区恰好能为此提供足够的发展空间。可以预见的是,我国经济增长将逐渐呈现多极化趋势。

从区域经济发展水平来看,西部地区经济发展与东中部地区还有很大差距,且仍处于全国最低水平。根据经济发展趋势来分析,我国中西部经济增长速度将继续超过东部,区域经济增长的重心将继续中移和西移。西部地区经济发展目前甚至相当长一段时期将处于追赶状态,也将逐渐缩小与东部地区经济发展水平的差距。

表 2.4　2013 年中国各区域经济发展水平比较表　　（单位:元)

指标	全国	东部地区	中部地区	东北地区	西部地区
人均地区生产总值	38499	62405	35357	49606	34491
城镇居民可支配收入	26955	32472	22736	22875	22710
农村居民人均纯收入	8896	12052	8377	9909	6834

资料来源:《中国区域经济统计年鉴》,中国统计出版社 2014 年版。

不过,我们必须清醒地认识到,西部地区增长速度虽然目前处于全国领先水平,但是,如果在没有其他增长点出现的情况下,西部地区要想保持这种高速度增长状态,是十分困难的。

西部地区缺少具有强大带动力的增长极,如果要保持快速发展的势头,就需要培育具有创新功能的新增长点,培育具有强大带动力的增长极。西部大开发的 战略重点已经由前十年以基础设施建设和改善经济发展初始条件为主,逐渐转向后十年以重点经济区率先突破和改善民生为主,重点发展具有巨大潜力的六大经济区,即呼包银经济区、兰西格经济区、兰白经济区、陕甘宁经济区、新疆天山北坡经济区、黔中经济区。

培育省域经济增长极必将成为西部地区重要经济增长点。省域经济增长极是指能带动全省发展的核心增长极,通常由中心城市、周边城镇群及经济主轴带等层级构成的有机体系。城市是一个区域的核心和重点,往往被看作周围腹地的中心地。城市要想发展成为区域的增长极或增长中心,离不开对资源的聚集优势等多种功能。城市增长极具备创新聚集或扩散资源要素的优势,在一定程度上引导和支配外围区,同时通过多核心区的形成和区域经济、区域市场的整合,最终走向区域经济一体化。城市增长极功能的发挥,离不开多级增长极的构建。构建多级增长极网络的目标在于:把握好纵向和横向联合的结合点,"明确各增长极层级之间的产业分工、发展定位、发展方向和发展规模,促进区域内产业结构的有机耦合和更新升级,"[①]利用点的优势发展进而形成区域产业集群,并实现优势互补,实现多极网络发展战略。

当然,对于西部地区发展而言,选准核心增长极、构建增长极层级网络、建立核心增长极的区际经济传递机制十分重要。通过建立区际经济传递机制,促进要素合理流动和产业合理转移,充分发挥增长极的涓滴效应和极化效应,促进西部区域经济协调发展。

三、省域经济增长级培育的提出

西部大开发战略实施以来,区域经济一体化趋势日益明显。在现代交通网络不断完善和紧密产业关联的促进下,西部地区城镇化水平和城市发展水

---

① 明星:《基于层级增长极理论的中部区域发展模式设计》,《现代商贸工业》2014 年第24 期。

平不断提高,城市经济带实现了快速发展,涉及的城市数量越来越多,规模越来越大。成(成都)渝(重庆)经济带、西(西安)宝(宝鸡)经济带、兰(兰州)白(白银)经济带、昆(昆明)筑(贵阳)邕(南宁)经济带、包(包头)鄂(鄂尔多斯)呼(呼和浩特)经济带等逐渐建立起来。经济带除了对西部区域经济格局的稳定和均衡发展起到重大作用以外,还能将区域经济发展主导区的增长极与承载区域经济发展的整个经济区域衔接起来。

尽管如此,目前,西部地区区域经济整体水平依然落后,可以成长为区域增长极的城市非常少,这些城市很难担当起带动省域经济乃至整个西部地区经济快速发展的重任。因此,培育经济增长极的任务十分迫切而艰巨。2010年召开的西部大开发会议明确提出,为了提高西部大开发的综合效益,拟重点发展重要经济区,将成(成都)渝(重庆)、关(关中)天(天水)和北部湾等经济区发展成为在全国具有一定影响力的增长极,将滇中、黔中、西江上游、宁夏沿黄、西藏"一江三河"等经济区建成省域经济增长点。[①]

第三节　西部经济发展与生态屏障
建设的目标与任务

西部大发展,不仅承担着经济建设的重担,而且承担着生态屏障建设的重任。西部省域在充分发挥后发优势实现快速发展之际,需要积极稳妥解决区域发展中的"环保与发展"的矛盾问题,努力寻求经济发展与生态环境保护的两全之策。

一、经济建设目标与任务

西部地区的经济建设要取得实质性突破,首先,应该立足本区域的自然资源、产业基础、城镇规模以及科教水平等发展基础,充分利用新一轮开发的历史机遇,加大改革开放力度,充分发挥比较优势和后发优势,实现跨越式发展

---

① 黄烨、智慧:《黔中经济区发展规划获批》,《国际金融报》2012年9月20日。

和后发赶超。其次,应该科学合理地做好城市空间布局、城乡发展、产业发展、生态建设和环境保护等规划,制定推动产业优势互补错位发展、城乡区域之间公共服务对接、生态环境保护区域联建联防联治等政策措施。

1.经济建设目标

从西部发展需要的实际情况出发,科学合理规划经济区近期与远期的发展目标。为此,到 2020 年,西部地区每一个省市需要建成一个以上省域经济增长极,建成少数几个西部经济增长极,培育国内重要增长极;到 2030 年,将有条件的省域经济增长极培育成西部经济增长极,努力打造几个国内综合实力较强的重要增长极,使其成为国内综合实力最强的区域之一。

2.经济建设具体任务

第一,扩大经济分量。2007 年以来,西部地区经济增长速度首次超过东部地区,前者持续保持普遍高位运行态势。地区经济增长速度在各大区域中继续保持最快。2012 年,西部地区虽然共有 18 家企业顺利实现 IPO,不少企业成功实现上市。但从整体上看,西部地区上市资源还是偏少,成功上市的企业数量更少。2014 年西部地区共实现地区生产总值 138073.5 亿元,比上年增长 9.06%,分别比东部地区、中部地区高出 1.1 个和 0.64 个百分点,比全国平均水平高出 0.77 个百分点,增速连续 8 年在全国保持领先。生产总值占全国 GDP 的比重达到 20.18%,与 2014 年相比提高了 0.17 个百分点,进一步缩小了与东部地区的经济落差;对中国经济增长的贡献率为 21.9%。[①] 尽管如此,西部地区的经济发展规模依然严重偏小,与其人口规模、国土空间相比,显得极不对称。

第二,提升经济质量。西部地区的经济发展质量与东部地区相较也存在很大差距。根据国资委商业科技质量中心研究员、中国城市战略中心执行主任罗天昊的研究结果表明,2014 年全国各省市发展质量排名为:上海、北京、天津、广东、江苏、浙江、福建、辽宁、山东、内蒙古、重庆、湖南、河南、海南、吉

---

① 姜楠:《2014 年西部地区 GDP138073.5 亿元 继续领跑全国》,中国资本证券网,2015 年 9 月 14 日。

林、河北、湖北、黑龙江、四川、陕西、宁夏、山西、广西、江西、云南、新疆、贵州、安徽、甘肃、青海。[①] 全国各省市经济发展质量说明：沿海地区 GDP 质量最高，西部地区 GDP 质量最低。

当然，我们在追求 GDP 数量增长时，更应该不断追求 GDP 理性高效增长，减少资源能源消耗与"三废"排放，减少对生态环境的破坏，生产更多具有低生态环境成本、低生产成本、低社会成本和低制度成本的高品质 GDP。

第三，实现区域协调发展。西部地区要充分利用大开发的机会，吸引区域外更多的生产要素进入西部产业领域；要积极推进市场化改革，实现要素的市场化配置，缩小市场化进程。西部地区需要充分发挥后发优势，积极引进新技术，使用新技术提高生产效率，需要利用有利的空间因素与资源优势，承接国内外产业转移，开发各种资源。西部地区产业发展不但要积极参与全国产业发展的区域分工，也需要积极参与与其他区域的合作，追求区域利益的帕累托改进(Pareto Improvement)，从而使经济全面、协调发展。

二、生态屏障建设目标与任务

生态屏障建设是西部大开发的又一项重要任务，尤其是对于生态功能区而言，则成为首要任务。

1. 生态屏障建设目标

1999 年，国务院常务会议讨论通过的《全国生态环境建设规划》，为生态环境建设提供了方向与依据。以此规划，结合西部地区生态实际，我们拟对西部生态环境建设划分建设阶段，提出总体建设目标。第一阶段，2011—2030年，建立健全相关机制，初步控制西部生态环境恶化的趋势；第二阶段，2031—2050 年，利用政府与市场两种手段，严格实施治理与保护措施，使得西部生态环境明显改善。具体而言，通过建立与完善生态环境保护机制，为生态屏障建设提供制度保障。利用生态学原理，尊重自然生态的科学要求，将生态屏障建

[①] 罗天昊：《2014 年中国省市发展质量排名：沿海地区质量最高》，《投资时报》2014 年 12 月 29 日。

设划分为重点区域、一般区域,分层次、分级别稳步推进,为经济社会发展提供生态保障。生态屏障建设虽然需要政府的重视及投入,但仍然可以合理地利用市场手段解决问题,使市场在生态建设中发挥更大作用。

通过两个阶段的建设,完成这样的具体目标:第一,建成更多防护林地、固沙地(地衣的培养)、自然保护区、水源涵养地,使得水土流失、沙漠化、石漠化得到控制。第二,建成黄河流域、长江流域等流域生态屏障。第三,建成西部城市生态屏障。保障西部地区在经济社会快速发展的同时,建设生态环境优美的家园,确保西部地区生态安全、国家生态安全,保障人类生态文明建设顺利进展。

2. 生态屏障建设任务

随着我国粮食生产重心的北移,作为我国林草植被最稀缺、生态环境最脆弱的三北(西北、华北、东北)地区能源、矿产开发和工业建设也在加速,这对三北地区生态保护与建设提出了更高要求。因此,加强三北防护林工程建设,事关国家战略性的生态安全。① 西南地区防护林建设同样显得重要。自 1998 至 2013 年,四川省天保工程试点期(1998—1999 年)、一期(2000—2010 年)、二期(2011—2020 年)共实施营造林 9601.56 万亩,其中人工造林 1997.51 万亩、封山育林 5272.42 万亩、飞播造林 1066.5 万亩、森林抚育 1216.13 万亩、人工促进天然更新 49.0 万亩,完成中央预算内投资 68.56 亿元。云南省天然林资源保护工程二期从 2011 年起开始实施,到 2020 年将实现森林资源从恢复性增长向质量提升转变。按照规划,到 2015 年,云南省森林覆盖率将达到55%以上。2012 年国发 2 号文件对贵州生态环境建设提出了总体目标,"到2015 年,全省生态环境质量总体保持稳定,使得石漠化扩展趋势初步得到扭

---

① 三北防护林工程是我国最早实施的一项西部"生态建设"工程,该工程号称"世界生态工程之最"。按照总体规划,三北工程的建设范围包括陕西、甘肃、宁夏、青海、新疆、山西、河北、北京、天津、内蒙古、辽宁、吉林、黑龙江 13 个省、区、市的 551 个县。工程建设东西长 4480 公里,南北宽 560—1460 公里,总面积 407 万平方公里。规划到 2050 年,三北地区的森林覆盖率将由1977 年的 5.05%提高到 14.95%,有效控制风沙危害和水土流失,有效治理沙地,沙化面积不再扩大,生态环境和生产生活条件从根本上得到改善。参见清华大学生态环境保护研究中心:《西部生态现状与因应策略》,《中国发展观察》2010 年第 11 期。

转,森林覆盖率增加到45%;到2020年,石漠化扩展势头得到根本遏制,森林覆盖率提高到50%,生态环境质量良好。"①天然林资源保护工程将为西南地区生态林业、民生林业及经济建设,为长江上游生态屏障由基本建成向全面建成跨越做出重要贡献。

---

① 国务院:《国务院关于进一步促进贵州经济社会又好又快发展的若干意见》(国发〔2012〕2号),2012年1月12日。

第三章　西部生态屏障建设与经济增长：一个分析基础

西部大开发承担着生态屏障建设和区域经济发展的双重任务。但是,生态屏障建设与经济社会发展之间究竟是一个什么样的关系呢？如何正确处理这二者的关系,实现生态环境保护与区域经济社会发展协调推进,是当前急需要解决的问题。

第一节　相关理论支撑

我们在讨论生态屏障建设与经济增长极培育问题之际,必须对该领域的相关理论进行梳理、分析,在此基础上,才能深入分析并解决当前实践中的相关问题。

一、经济增长极理论

现在我们所讨论的增长极理论,是建立在佩鲁的思想基础上,后来经过数十年、数量众多的经济学家如布代维尔、弗里德曼、缪尔达尔、赫希曼等发展而成的。在佩鲁看来,所谓增长极理论实质上就是一种非均衡发展理论,并且增长极是产生于极化空间之中的。这种空间"由若干个中心（或极焦点）所组成,各种离心力或向心力分别指向或发自这些中心。每一个中心的吸引力和排斥力都拥有同样的场,并与其他中心的场相互交汇"①。增长中心通过具有

---

① 引自 Perroux,"Economic Space:Theory and Applications",Quarterly Journal of Economic,Vol.64(2)。

推动性的企业与其他相关企业展开前向、后向、侧向联系,带动相关产业发展。布代维尔将区域划为计划区域、极化区域和匀质区域,其中极化区域是地理空间的连续异质区域,主要体现的是要素的相互依存性。赫希曼认为,经济增长首先必定在一个或几个区域中心发展,"增长极"或"增长点"对区域经济增长的影响成了城市中心对周围腹地影响。赫希曼将增长极对周边腹地经济的影响区分为有利的"涓滴效应"和不利的"极化效应"两种,这与之前瑞典经济学者缪尔达尔所提出的"扩展效应"与"回流效应"非常类似。只是缪尔达尔比较悲观,认为回流效应总是远大于扩展效应,而赫希曼则较为乐观,认为涓滴效应是长期的,而极化效应只是暂时的,从长时段来看,增长极的正效应完全可以缩小地区间的差距。

增长极理论出现后,许多国家和地区特别是发展中国家和欠发达地区曾视其为圭臬,并在实施发展战略和区域规划中作为指导理论。但由于各地在自然资源禀赋、经济社会发展状况及人文历史教育等方面存在很大差异,增长极理论的应用效果则明显不同。

二、生态—经济关系理论

有关生态环境保护与经济增长之间的关系理论成果较为丰富,最具有代表性的成果当属环境库茨涅茨曲线理论。20世纪50年代中期,美国诺贝尔经济学奖获得者西蒙·库兹涅茨在研究人均财富差异与人均财富增长之间关系时,首次提出了库兹涅茨曲线(KC)[1]。[2] 1996年,经济学家帕纳尤多(Panayotou)借用库兹涅茨曲线,首次提出环境库兹涅茨曲线(EKC);该曲线描述出环境质量与人均收入变化之间的关系,说明一个国家或地区在工业化起飞阶段即工业高速发展之际,总会伴随着一定程度的生态环境恶化现象的出现;

---

[1] 公平与发展遵循倒 U 型曲线规律,即随着人均财富的增加,人均财富差异逐渐增大,当差异达到临界最大值之后,再随着人均财富的增加,则人均财富差异呈现逐渐下降趋势,整个变化过程呈现倒 U 型曲线的特征,这一现象被称之为库兹涅茨曲线(KC)。

[2] 引自 Kurnets, Economic Growth and income inequality, American Economic Review, 1955, Vol. 45(1)。

但是，当经济发展到一定程度以后，通常会增加保护生态环境投入，生态环境改善随之出现，也就是环境库兹涅茨曲线。环境库兹涅茨曲线假说提出来以后，学术界从各个不同的角度对经济发展与环境保护之间的关系问题进行研究。美国经济学家格鲁斯曼（Gene Grossman）和克鲁格（Alan B.Krugeger）通过实证研究以后提出，"如果以人均收入代表经济增长水平作为横轴，以排污量代表环境退化水平作为纵轴，就可以同样得到一条倒 U 型的曲线，据此提出用环境库兹涅茨曲线来说明环境与经济增长的实际关系。"[1]

环境库兹涅茨曲线假说的提出，使得人们能更好地认识到经济发展过程中出现的生态环境遭到破坏的问题，其意义是双重的。一方面，为各国政府对生态环境恶化提供了很好的解释借口。在过去二百多年里，西方发达国家经济增长过程中出现过"先污染、后治理"产业发展之路，而环境库兹涅茨曲线假说正好为这些国家产业发展模式提供良好的解释理由。另一方面，也为负责任的我国政府在发展经济过程中避免生态环境恶化提供理论指导。当前，西部地区的经济增长与生态环境恶化关系正处于 EKC 曲线的上升阶段，必须尽快转变发展方式，选择可持续发展方式，走产业生态化之路，扭转"环境库兹涅茨倒 U 型曲线"的左侧态势，加速通过临界点并转向环境总体变优的右侧，减少环境损失，实现经济、环境协调发展。

三、耦合与协调性理论

耦合概念最初来源于物理学，它反映两个（或两个以上的）体系或运动形式之间通过各种相互作用而彼此影响的现象。协调性是形式逻辑系统中的重要性质，当它用于实际生产过程中时，是指其各阶段、各环节在品种、数量、进度和投入产出等方面都协调配合，紧密衔接。耦合作用与协调程度决定了系统在达到临界区域时走向何种秩序与结构，也就是决定了系统由无序走向有序的趋势。生态系统和经济系统两个子系统的耦合元素相互影响程度即生

---

[1]　引自 G.M.Grossman and A.B.Krueger, Economic Growth and the Environment. Quarterly, Journal of Economics, 1995, Vol.110。

态—经济耦合度的大小则反映出生态—经济系统的协调程度。

协调性发展涉及区域协调、城乡协调、经济社会协调、人类活动与生态环境协调等方面,协调发展是现代社会发展的新路径。在协调发展中,人类便于找出发展的短板,挖掘发展的新潜力,增强发展的后劲。我们必须牢记的是:人类社会必须尊重自然、顺应自然、保护自然,在合理范围内和合适程度上利用自然资源为自己谋福祉,绝不滥采资源、透支资源,目标是建成资源节约、环境友好型社会,形成人与自然和谐相处的现代社会新格局。

随着人们对经济社会发展规律认识的逐渐深化,新的发展理念逐渐成为引领发展的新方向。过去,我国提出以经济建设为中心,突出发展才是硬道理,过多地强调以人为中心,以经济发展为目标。现在,则渐渐转变到坚持科学发展、全面协调发展,到"五位一体"总体布局,坚持经济、社会、生态协调发展。这种发展理念的转变,充分肯定经济增长与生态环境保护完全可以实现协调一致。

四、可持续发展理论

可持续发展理论形成可以溯源到 20 世纪 70、80 年代,当时,理论界开始出版一些有关经济与环境可持续发展之间关系的文章。1987 年,世界环境发展大会提出了可持续发展的概念①,并于 1992 年首次将可持续发展战略列为全球的共同行动。在大会的重要成果之一《21 世纪议程》中,提出了生活质量提高、自然资源有效利用、全球公共财富保护、人类居住区管理、废物管理和可持续的经济增长共 6 个主题。之后,召开的世界人口和发展会议将可持续发展列为重要议题,并提出了战略构想。

国内探索建立可持续发展战略始自 20 世纪 80 年代。1992 年,《中国 21 世纪议程》提出了可持续发展的行动纲领,且将可持续发展列为国家发展战略。作为负责任的大国——中国政府为此战略目标,进一步提出了 21 世纪三

---

① 可持续发展就是指既满足当代人的需求,又不对后代人满足自身需求的能力构成危害的发展。

个"零增长"："到 2030 年,基本实现人口自然增长率的零增长;2040 年,基本实现能源和资源消耗速率的零增长;2050 年,基本实现生态环境退化速率的零增长。"①经过 50 年的发展,全面达到中等发达国家的可持续发展水平。

可持续发展内容涉及经济、生态环境和社会发展三个方面,强调两个基本观点:一是人类尤其是穷人要发展;二是发展需要有限度。可持续发展作为一种全新的发展理念,涉及以下几个方面内容:(1)可持续发展的根本点是保护自然资源和生态环境,可持续发展强调经济社会发展必须控制在资源环境承载力阈值之内。(2)可持续发展的基本条件是经济发展,是低能耗、低排放、高效益及高质量的发展。(3)可持续发展的目标是改善和提高人类生活质量,促进社会文明进步。(4)可持续发展的特点是承认、体现生态环境资源价值。(5)可持续发展的前提是发展,核心是可持续。可持续发展把环境保护作为追求目标之一,体现在以资源利用和环境保护为主的资源环境领域和经济与社会生活领域中。可持续发展的核心是"公平性",经济的可持续发展则强调以经济协调发展为核心。可持续发展的目标是保证人类的长久生存和发展。

第二节　生态环境保护与经济增长的关系分析

人类经济发展的轨迹表明,经济高速增长阶段,经济与生态环境之间存在着深刻的内在矛盾,而这对矛盾如何化解成为十分重要的课题。目前,我国中西部地区正处于工业化中期阶段,经济增长与生态环境保护之间的矛盾正好处于紧张期。两者之间的矛盾主要表现在两个方面:一方面,经济快速增长,势必消耗大量自然资源,给生态环境带来一定压力;另一方面,在西部很多地区因为脆弱的生态环境束缚了地区经济建设的手脚,为了生态建设荒废了生态脆弱区的经济开发。众所周知,单纯重视生态建设而轻视经济建设,其实并不是实现生态环境保护的最佳选择,只有把生态建设同经济发展结合起来,将

---

①　中国科学院:《中国科学发展报告(2010)》,2010 年 7 月 28 日。

生态建设上升到生态产业的高度,才是发展战略的上策,才能真正消灭这个摆在生态环境脆弱区人们面前的最大敌人——贫困,才能真正实现生态脆弱地区的可持续发展。

一、生态环境保护与经济增长关系的哲学分析

生态是一种重要资源,环境也是一种重要资源,生态环境对于生产力发展具有重大意义。这就说明,自然资源的内在价值与工具价值是内在统一的。人作为一种生命存在,存在就需要从其所生存的空间获取必需生存物资。人类只有依靠自然才能生存,人类应该尊重自然。但是,仅仅单纯尊重自然的价值是不够的。人类必须在遵循生态系统、环境系统维持规律的基础上,开发、实现自然的价值。

人类的经济社会活动不能无止境地开展,不能超出生态环境的承载力范围,否则,生态系统的恢复能力和环境的自净能力将受到破坏,势必引起生态环境问题,导致经济社会不能持续发展。

从某种意义上可以这样理解,保护生态环境就是保护生产力。当人类在利用资源发展经济的时候,在绿色理念引领下,发展绿色 GDP,经济发展与环境保护就会呈现出一种正回馈关系。也就是说,如果方法科学、合理与规范,则用于保护生态环境的投入与压力就会减少,保护成本就相应降低,用于经济建设的投入就相应增加,经济效益就能提升。因此,人类在处理生态环境保护与经济增长的关系时,完全可以做到二者兼顾和统一。

二、生态环境保护与经济增长关系的生态学分析

生态经济系统是由生态系统和经济系统两个子系统相互交织、相互作用、相互混合而成的统一复合系统。这一系统是通过技术中介以及人类劳动过程所构成的物质循环、能量转换和信息传递的有机统一整体。生态经济系统是一个开放的系统,它与更大的大自然和社会环境有着物质、能量、价值与信息的输入输出关系,这是整个生态经济系统协调发展的依据。系统通过不断地与外界进行物质、能量、信息、价值的交换,就可能使系统从原来的无序状态变

为一种在时间、空间和功能上的有序状态。这种有序的交换和循环使生态经济区域功能的发挥具有更高的效率。① 生态系统与经济系统之间也存在着物质、能量和信息的交换，同时，还存在着价值流沿交换链的循环与转换。

三、生态环境保护与经济增长关系的经济学分析

人类社会经济系统建立在自然生态系统的基础上，并且在依靠生态系统的同时也通过各种活动对其产生影响。人类对经济与环境之间关系问题的认识，经历了一个漫长的过程。关于这一问题可以从生态经济系统结构的演进逻辑中反映出来。第一层级，原始型生态经济系统。在原始型生态经济系统中，起中介作用的技术手段简单，不可能过多汲取生态系统中的能量与物质，加上人口数量稀少，此时，生态经济系统的演替速度慢，经济的发展在生态承载力阈值内，生态系统与经济系统是简单的协调。第二层级，掠夺型生态经济系统。随着人类生产生活方式的转变，经济系统开始利用较高的科技手段、使用掠夺的方式同生态系统进行结合，此时的生态经济系统与原始型具有明显的差异，它已经具有经济主导、大量能源消耗、生态破坏和环境污染的特征以及力图脱离生态环境系统束缚的倾向。在经济快速发展时期，经济系统和生态系统势必会产生尖锐的矛盾，生态经济系统处于失调、停滞状态。这时生态经济系统结构演进为第二层级。在这一阶段，工业文明引领社会文明，新的石化能源大量投入，加上强大机械化生产系统，大量的工业产品在短时间内迅速制造出来，物质财富快速积累，人们的生活水平得到迅速提高。随着这一强大示范效应的显现，西方主要资本主义国家纷纷实现了从传统农业社会向近代工业社会的转型，彻底改变了人类经济活动的方式。第三层级，协调型生态经济系统。当人类对生态环境保护与经济增长之间关系进行深刻反思和重新认识时，逐渐意识到经济系统和生态系统各要素之间是可以处于互补互促的协调状态，此时已进入生态经济系统结构演进的第三层级，也是最高层级的协调

---

① 肖良武、蔡锦松:《生态经济学教程》，西南财经大学出版社 2013 年版，第 20—21 页。

型生态经济系统的阶段。① 在这一阶段,生态文明在整个社会文明中起着引领作用。

当前,我国西部许多地区的生态经济系统结构正处于由第二层级向第三层级转型的关键时期,如果我们能够充分地认识到这一点,通过制定正确的行动纲领,并及时付诸实践,就可能顺利推进生态经济系统结构转型优化。为此,我们必须正确认识、合理解决以下三个不可回避的关于西部地区经济增长与生态环境保护的内在矛盾问题。

1. 生态环境保护与经济增长争抢资金资源

由于生态环境属于国家公共产品,生态环境建设应属于中央政府的事权。自 1994 年以来,由于实施分税制,中央为了平衡地方发展,实施了财政转移支付政策。数量巨大的财政转移支付资金在确保限制开发区域财政正常运行的基础上,为限制开发区域生态环境的修复提供了较好的资金支持。从 1998 年起,中央政府进一步增加了对中西部地区的财政支持,在增强中西部地区基层财政保障能力的基础上,用于生态保护经费的投入力度加大。但是,相对于生态环境保护所需的资金而言,国家财政投入部分仍然远远不能满足上述地区的实际需要。世界银行的研究成果表明,如果环境污染治理的投资资金占到 GDP 比重的 1%—1.5% 的时候,环境污染进一步恶化的趋势就能得到控制;当比重达到 2%—3% 的时候,环境质量就会有所改善。参照这个标准,我国环境总投资在 2010 年时达到占 GDP 比重的 1.66%,这意味着我国环境污染进一步恶化的趋势得到了初步控制,但距离改善环境质量的投入要求还是有一定差距。可喜的是,中央政府在未来的 10 年里,将把环保投入占 GDP 的比重提高到 2%—3%。届时,国内环境质量得以改善的资金支持就有了保障。

由于资金的稀缺性,中央政府与地方政府及地方政府之间在生态环境保护方面投入的博弈是耐人寻味的。中央政府通过区域规划确定生态功能区划分及评价方式,明确了与西部建设保护区及受益区之间的权利与义务。中央政府公共财政用于生态建设保护重点功能区的资金投入与补偿,按生态功能

---

① 胡宝清:《区域生态经济学理论方法与实践》,中国环境科学出版社 2005 年版,第 35 页。

的流域区划分拨付,使得流域区上下游的职能得到了明确,上游生态保护区能够得到下游受益地区的生态补偿。同时,中央政府和受益下游地区补偿上游重点功能区因生态重建与保护所造成的效益损失,各级政府在生态保护中也不得不按照相应的比例投入资金①。

西部实施的退牧还草与退耕还林还草工程是国家级改善生态环境的重大项目。按照规划要求,项目实施后的 10 年内生态恶化趋势得到初步遏制,到 2050 年争取再造一个生态环境优美的西部。该工程项目的实施,需要大量成本投入。这些成本主要由三个部分构成:(1)为退牧还草与退耕还林时补助农牧民的费用。(2)为植树造林、种草及保护所产生的成本。(3)主要用于生态移民搬迁的费用。国家发展改革委、农业部、财政部于 2011 年颁发的《关于完善退牧还草政策的意见》,对于那些实施退牧还草围栏的牧民,制定了新的政策性补助标准。②

地方政府投入用于补助生态移民的资金也是一笔不小的数字。"十二五"期间,青海生态保护区内将对 11.2 万户 53 万多牧民进行移民,③彻底改变了他们的生活方式。按照国家补贴标准计算,"十二五"期间仅青海省内生态移民政府投入就需要 179.2 亿元。贵州省生态移民规模更大,按照规划,自 2013 年起共用 9 年时间将全省 47.7 万户 204.3 万人自生态脆弱区搬迁安置

---

① 2000 年,国家计委在甘肃曾下达第一批重点地区生态环境建设综合治理工程项目任务:安排 21 个县,总投资 10120 万元,其中中央预算内专项资金为 9200 万元,地方配套资金 920 万元,要求地方政府配套 10%,但由于本区域的地方政府财政困难,很难筹集足够的资金。参见张平军:《西部生态建设是全国的生态安全屏障》,《未来与发展》2010 年第 5 期。青海省先后投入 70 多亿元进行生态环境综合治理,并建立了 15 处自然保护区,并且在对地方政府考核时推行区内不考核 GDP 的政策。参见孙发平:《青海转变经济发展方式探析》,《青海社会科学》2009 年第 1 期。

② 具体补助标准是:中央对青藏高原区围栏建设的投资补助由每亩 17.5 元提高到 20 元,其他地区由每亩 14 元提高到 16 元;中央投资补播草种费补助由每亩 10 元提高到 20 元;中央投资人工饲草地建设补助每亩 160 元;中央投资舍饲棚圈建设补助每户 3000 元。从 2011 年起,不再安排饲料粮补助,在工程区内全面实施草原生态保护补助奖励机制。对于那些实行禁牧封育的草原而言,中央财政给予牧民禁牧补助,补助标准是每亩每年 6 元,一个补助周期为 5 年;对于那些禁牧区域以外实行休牧、轮牧的草原,中央财政对未超载的牧民给予草畜平衡奖励,其标准是每亩每年 1.5 元。

③ 马生林:《三江源区生态移民后续产业发展研究》,《鄱阳湖学刊》2011 年第 3 期。

到条件相对较好的城镇、产业园区,计划总投资达到1600亿元。①

2.生态环境保护制约区域自然资源开发

国家区域规划限定了地方经济发展所需的资源开发。2010年,国务院颁布的《全国主体功能区规划》将我国国土空间分为四大主体功能区,其中,限制开发区域分为农产品主产区和重点生态功能区两类。

按照规划要求,农产品主产区的首要任务是增强农业综合生产能力,限制大规模高强度工业化、城镇化开发。我国农产品主产区主要包括:东北平原主产区、黄淮海平原主产区、长江流域主产区、汾渭平原主产区、河套灌区主产区、华南主产区、甘肃新疆主产区、其他农业地区②。在这些农产品主产区中,西部地区占有相当大一部分。

规划将全国划定为22个限制开发区域(重点生态功能区),这些区域基本内容见表3.1。

表 3.1　22个限制开发区域(重点生态功能区)功能定位及发展方向

区域名称	所属地区	区域功能定位及发展方向
大小兴安岭森林生态功能区	东北地区/西部地区	禁止非保护性采伐,植树造林,涵养水源,保护野生动物。
长白山森林生态功能区	东北地区	禁止林木采伐,植树造林,涵养水源,防止水土流失。
川滇森林生态及生物多样性功能区	西部地区	在已明确的保护区域保护生物多样性和多种珍稀动物基因库。
秦巴生物多样性功能区	西部地区/中部地区	适度开发水能,减少林木采伐,保护野生物种。

---

① 《贵州规划九年总投资1600亿 两百万农民将出大山》,贵阳网,2013年11月16日。

② 其他农业地区包括:西南和东北的小麦产业带,西南和东南的玉米产业带,南方的高蛋白及菜用大豆产业带,北方的油菜产业带,东北、华北、西北、西南和南方的马铃薯产业带,广西、云南、广东、海南的甘蔗产业带,海南、云南和广东的天然橡胶产业带,海南的热带农产品产业带,沿海的生猪产业带,西北的肉牛、肉羊产业带,京津沪郊区和西北的奶牛产业带,黄渤海的水产品产业带等。

续表

区域名称	所属地区	区域功能定位及发展方向
藏东南高原边缘森林生态功能区	西部地区	保护自然生态系统。
新疆阿尔泰山地森林生态功能区	西部地区	禁止非保护性采伐,合理更新林地。
青海三江源草原草甸湿地生态功能区	西部地区	封育草地,减少载畜量,扩大湿地,涵养水源,防治草原退化,实行生态移民。
新疆塔里木河荒漠生态功能区	西部地区	合理利用地表水和地下水,调整农牧业结构,加强药材开发管理。
新疆阿尔金草原荒漠生态功能区	西部地区	控制放牧和旅游区域范围,防范盗猎,减少人类活动干扰。
藏西北羌塘高原荒漠生态功能区	西部地区	保护荒漠生态系统,防范盗猎,保护野生动物。
东北三江平原湿地生态功能区	东北地区	扩大保护范围,降低农业开发和城市建设强度,改善湿地环境。
苏北沿海湿地生态功能区	东部地区	停止围垦,扩大湿地保护范围,保护鸟类南北迁徙通道。
四川若尔盖高原湿地生态功能区	西部地区	停止开垦,减少过度开发,保持湿地面积,保护珍稀动物。
甘南黄河重要水源补给生态功能区	西部地区	加强天然林、湿地和高原野生动植物保护,实行退耕还林还草、牧民定居和生态移民。
川滇干热河谷生态功能区	西部地区	退耕还林、还灌、还草,综合整治,防止水土流失,降低人口密度。
内蒙古呼伦贝尔草原沙漠化防治区	西部地区	禁止过度开垦、不适当樵采和超载放牧,退牧还草,防治草场退化沙化。
内蒙古科尔沁沙漠化防治区	西部地区	根据沙化程度采取针对性强的治理措施。
内蒙古浑善达克沙漠化防治区	西部地区	采取植物和工程措施,加强综合治理。
毛乌素沙漠化防治区	西部地区	恢复天然植被,防止沙丘活化和沙漠面积扩大。
黄土高原丘陵沟壑水土流失防治区	西部地区/中部地区	控制开发强度,以小流域为单元综合治理水土流失,建设淤地坝。
大别山土壤侵蚀防治区	中部地区/东部地区	实行生态移民,降低人口密度,恢复植被。
桂黔滇等喀斯特石漠化防治区	西部地区	封山育林育草,种草养畜,实行生态移民,改变耕作方式,发展生态产业和优势非农产业。

资料来源:2006 年《中华人民共和国国民经济和社会发展第十一个五年规划纲要》。

从表 3.1 可以看出,国家划定的 22 个重点生态功能区中的 18 个与西部地区有关,其中 15 个在西部地区范围内。按照规划,在限制开发区内,虽然一些地区有着许多优质的农业耕地及其他良好的农业发展资源能够为工业化、城镇化提供足够的空间及资源,但是由于规划及整体发展的需要,这些地区的工业化、城镇化开发受到极大的限制,重点生态功能区内的重要资源更不能为区域经济发展所利用,在一定程度上,确实约束了区域经济发展的自然资源开发。

禁止开发区域分为国家层面禁止区域和省级层面禁止区域。"国家层面禁止开发区域,包括国家级自然保护区、世界文化自然遗产、国家级风景名胜区、国家森林公园和国家地质公园。省级层面的禁止开发区域,包括省级及以下各级各类自然文化资源保护区域、重要水源地以及其他省级人民政府根据需要确定的禁止开发区域。"①

3. 生态环境保护限制经济增长时空

生态环境建设具有周期性,这种周期的时间长短取决于林地草地保护与建设的时间长短。通常而言,林业的生产周期,短者需要 20—30 年,长者需要 50—60 年,乃至更长时间。如果单纯从经济效益的角度进行分析的话,即便采用极低的社会贴现率和投资税收优惠乃至补贴,那么这种投资回报率也是缺乏吸引力的。况且,在相关制度尚未建立起来以前,有些绿地建设可能不会直接得到经济利益回报。因此,对于投资者而言,投资周期的长短,直接影响投资的热情。

国家在做区域规划时,要求重点生态功能区尽量不要开发,即便开发也是非常有限的。重点生态功能区开发的空间目标为:点状开发、面上保护,有效控制开发强度,确保绿色生态空间扩大。

生态环境保护限制一些产业的拓展,只有那些对生态系统功能不会起到破坏作用的适宜产业、特色产业和服务业才能得到发展,凡是那些能耗高、资源消耗大、碳排放量大的产业自然不能发展,需要在有限的产业发展中形成环

---

① 国务院:《全国主体功能区规划》(国发〔2010〕46 号),2010 年 12 月 21 日。

境友好型的产业结构。按照规划，"粮食主产区要建设一批基础条件好、生产效率高、调出量大的粮食生产核心区，并且在保护生态环境前提下，要建设一批资源有优势、增产有潜力的粮食生产后备区。"①同时，应严格限制农产品主产区开发的强度与规模，优化开发方式，发展农产品深加工业。

第三节　西部生态环境与经济协调发展的困境

长期以来，经济欠发达的江河源头地区承担着经济建设和生态环境保护的重要任务，当地政府与居民在如何做出经济发展与生态环境保护决策时往往难以抉择，甚至会增加生态环境保护的压力。国家区域规划中的"限制开发"和"禁止开发"政策限制了当地资源开发和经济发展，多重约束下的江河源头地区与流域下游区的经济社会发展水平差距不断拉大。但是，由于该地区生态环境具有高度的特殊性，这就决定了对该地区生态环境保护的研究具有特殊的意义。

一、生态脆弱性强且自我恢复能力极弱

1.生态脆弱性强

生态脆弱性是指生态系统在特定时空里相对于外界干扰所具有的敏感反应、抗干扰能力及恢复能力，体现生态的自然属性和人类活动行为的影响。我国现有面积广大的生态脆弱区的形成过程可以分为两大类。第一类，主要是由于自然条件恶劣加上人为高强度利用土地所使然。如，北方半干旱地带的农牧交错区和草原开垦的旱农区②。第二类，是自然条件较前地带优越，但由

---

① 国务院:《全国主体功能区规划》(国发〔2010〕46 号)，2010 年 12 月 21 日。
② 该脆弱地区包括两个脆弱带:第一脆弱带，东起吉林西部的白城地区经过内蒙古哲里木盟、赤峰市，河北的张家口、承德两地区北部，内蒙古的锡林郭勒盟南部、乌兰察布盟中南部、伊克昭盟，晋西北，陕北，西到宁夏的东南;第二脆弱带，即东起内蒙古哲里木盟的库伦旗南部，西至青海徨水中下游的黄土及黄土状堆积物地区。

于高密度的人口,高强度的开发利用,坡耕地①开垦破坏植被,加速扩大脆弱地带②。初步估算,全国生态脆弱带土地总面积达到148.3万平方公里。③

西部地区的生态脆弱区面积广、脆弱性强。从地理版图上可以看出,我国高寒、沙漠、黄土、喀斯特四大生态脆弱带,主要分布在西部地区。据赵跃龙、刘燕华运用脆弱生态环境成因指标将我国脆弱生态环境划定为7大区域④,其中北方半干旱—半湿润区、西北半干旱区、西南山地区、西南石灰岩山地区、青藏高原区5大区域均分布于西部。西部大部分省区位于生态环境脆弱区,脆弱区的面积约占全国生态环境脆弱区总面积的82%。"如果按照脆弱强度指标划分,西部12个省区市几乎全部位于极强和强度脆弱区,而极强脆弱的8个省区市,有7个是西部的省区,其中宁夏、西藏、青海、甘肃和贵州是全国生态最脆弱的5个省区。"⑤前文已经论及到,《西部生态脆弱贫困区优势产业培育》一书将我国生态脆弱区归纳为五大类。

中国科学院可持续发展研究组提取各区域脆弱生态因子,运用加重线性积累法,计算了全国各地的生态环境脆弱性。如果所列数值越大,那么表明该区域的生态环境越脆弱。从评价结果看,中东部各地除山西以外生态环境脆弱度均较弱,而西部各地区除广西生态环境脆弱度稍低(<0)以外,其余皆属于脆弱度较强的区域(>0)。在这些地区,生态环境脆弱、稳定性和抗干扰能力弱,一旦人类生产经济活动对其进行轻微袭扰就会产生生态环境破坏问题。

---

① 全国15°至25°坡耕地面积约1.9亿亩,25°以上的坡耕地约9100万亩,其中西部地区约占70%以上;以乌江流域为例,坡耕地占流域总面积的22.25%,但其侵蚀量却占全流域总侵蚀量的62.11%,而大于25°的坡耕地面积虽仅占流域总面积的6.96%,而其侵蚀量却占流域总侵蚀量的25.82%,由此可见陡坡耕种是加速石灰岩地区土壤强烈冲刷,地面石化的重要因素,这种环境退化过程在贵州、广西等石灰岩地区表现最为明显。参见朱震达:《中国的脆弱生态带与土地荒漠化》,《中国沙漠》1991年第4期。

② 该脆弱地区是指位于西南高原高山边缘的川、滇、黔丘陵山区和横断山脉中的干热及干旱河谷地区。

③ 朱震达:《中国的脆弱生态带与土地荒漠化》,《中国沙漠》1991年第4期。

④ 7大区域为:北方半干旱—半湿润区、西北半干旱区、华北平原区、南方丘陵地区、西南山地区、西南石灰岩山地区、青藏高原区。

⑤ 陈怀录、姚致祥、苏芳:《中国西部生态环境重建与城镇化关系研究》,《中国沙漠》2005年第3期。

表 3.2　中国各地区生态环境脆弱情况表

东部地区		中部地区		西部地区	
地别	脆弱度	地别	脆弱度	地别	脆弱度
北京	-0.3095	黑龙江	-0.4668	内蒙古	0.0780
天津	-0.5249	吉林	-0.3250	陕西	0.8070
河北	-0.0374	辽宁	-0.2207	宁夏	1.2364
山东	-02610	山西	0.6677	甘肃	0.8763
上海	-1.1740	河南	-0.1932	青海	1.2344
江苏	-0.4591	安徽	-0.4309	新疆	0.7147
浙江	-0.4655	江西	-0.4001	西藏	0.3244
福建	-0.3263	湖北	-0.1274	四川*	0.7060
广东	-0.4677	湖南	-0.3115	贵州	0.1744
海南	-0.5160			云南	0.4379
				广西	-0.2417

资料来源:中国科学院可持续发展研究组:《1999 中国可持续发展战略报告》,科学出版社 1999 年版。
说明:表中四川省包含重庆市。

　　此外,根据各省生态活力的评估,可以看出各地生态脆弱的相反的一面。根据研究结果表明,2015 年,我国各省生态活力四川为最高分 33.94 分,河北为最低分 20.57 分。排名前十位的省份为四川、黑龙江、辽宁、海南、吉林、广东、北京、福建、江西、重庆;排名后十位的是安徽、湖南、上海、贵州、新疆、甘肃、河南、宁夏、山西、河北。[①] 生态活力得分排名靠前的省份,都是生物资源丰富,森林覆盖率、建成区绿化覆盖率等相对较高的区域。生态活力得分排名相对靠后的省份,普遍存在着森林资源少,水资源匮乏的现象。

　　我们通过以上的具体数据可以看出,中西部地区生态环境相对脆弱。造成这种现象的原因,在很大程度上归咎于:西北地区的干旱,西南地区喀斯特地貌等。具体而言:

　　第一,特殊的地形地貌容易引起面积广大的生态脆弱区。西部地区位于

　　[①]　严耕:《中国省域生态文明建设评价报告(ECI 2015)》,社会科学文献出版社 2015 年版,第 8 页。

我国的第一阶梯与第二阶梯,地形以山地、高原、盆地为主,地面落差大,引致各地形成不同的气候特征。如,柴达木盆地因周围存在阿尔金山脉、祁连山脉、昆仑山脉,如今具有典型的大陆性荒漠气候特征。盆地植被十分稀疏,种类单一,自然景观为干旱荒漠。河湟谷地区地形起伏较大,气候干旱,降雨稀少,植被稀疏,生态系统具有高度的不稳定性和脆弱性。

西南喀斯特地区是典型的山区,山多坡陡,地形崎岖破碎,水土流失和石漠化现象极易形成;土壤中岩石风化不够且含量很大,黏合力低,土壤易于流失;云贵高原喀斯特生态环境的脆弱性极强,属于一种先天不稳定型即内生脆弱型的生态环境。喀斯特生态系统如果受到侵蚀,单纯依靠自然力量恢复的速度就非常慢,恢复难度非常大。①

第二,严重缺水引起西部地区广大区域生态脆弱性强。我国西部地区大多数省份水资源短缺,生态脆弱性强。西北地区大部分处于干旱、半干旱地区,终年干旱少雨,地表水和地下水径流量仅为全国总量的 10.07%,年平均降水量约为 235 毫米,而年平均蒸发量却高达 1200 毫米以上,水资源需求缺口很大,中等干旱年缺水率为 8.7%。而且,黄河中上游水资源浪费严重,在气候干旱和人为因素的双重压力之下,区域生态环境出现脆弱的现象难以避免。西南地区大部分虽然属于湿润区,年平均降水量很大,但由于地形复杂,石漠化得不到遏制,山地植被稀少,水土流失严重,水源涵养功能遭到破坏,加上区域性和季节性水资源短缺十分严重,加剧了生态的脆弱程度。据朱守谦的研究成果可知,"1994 年贵阳市花溪区各类石灰土,累计发生水分亏缺次数 4—21 次不等,持续时间多则 15—30 天,少则 5—8 天。土壤持水量概算表明,各类石灰土体内有效水只能维持 7—14 天。在自然情况下,土壤含水量未达田间持水量时,只能维持 5—10 天。"②

第三,特殊自然环境下生物生命的脆弱性。青海高原自然条件恶劣,高

---

① 王德炉:《喀斯特石漠化的形成过程及防治研究》,南京林业大学博士学位论文,2003 年。

② 朱守谦、祝小科、喻理正:《贵州喀斯特区植被恢复的理论和实践》,《贵州环保科技》2000 年第 1 期。

寒、缺氧现象十分严重,区域内生态人口稀少,大自然的生命既体现出顽强的一面,又体现出脆弱性的一面。生态的脆弱性决定了环境保护的艰难性,而且生态环境一旦遭到破坏,其复原难度极大甚至不可逆转,这就决定了某些生态资源不可开发与无法利用。

第四,过多的经济活动所引致。西部一部分地区人口密度远远超出土地、生态环境的承载力范围,人类的经济活动强度过大,造成河流上游及沿岸绿地植被减少,生态脆弱度加大。"近几十年来,由于气候变化和超载放牧等因素的叠加作用,青海省天然草场退化现象十分严重。全省共有中度以上退化草地面积约占全省草地面积的18%。"[1]

西部地区随着工业化、城镇化速度加快,生态脆弱带的环境退化相当普遍,表现为土地生产力迅速下降,一方面土地产出可利用生物数量越来越少;另一方面土地上产出物的质量越来越差。西部生态脆弱地区大多数是贫困人口集聚地。因为生态脆弱区经济活动方式往往以农牧业形式为主,土地成为这些地区发展的重要资源,当可利用的土地数量尤其是耕地数量大量减少,土地质量降低时,经济产出大受影响,贫困问题将进一步加剧。

2. 生态自我恢复能力极弱

西南喀斯特地区是我国黄土、荒漠、冻土、石灰岩四大生态环境脆弱带之一。喀斯特地区地貌的典型特征是石漠化,石漠化严重的地方基本看不见稍具规模的连片土地,通常能够看得到的只是一片片白花花的石头,许多地方寸草不生。石漠化地区水土流失现象特别严重,土壤重大量有机质和氮、磷、钾等伴随水土一起流失,故土壤中有机碳的含量很低,土地的生产力大幅削弱。

石漠化地区一旦形成,如果单纯依靠自然的力量则很难恢复。据研究表明,"石漠化地区的岩石需要花费1万年的时间才能风化成1厘米土层,一旦丧失土层,若想依靠自然力量恢复,则需要漫长的时间。因生态恢复难度大,石漠化被人们称为地球的癌症。"[2]

---

[1] 孙发平、张伟、丁忠兵:《青海转变经济发展方式思路、任务及对策》,《青海社会科学》2010年第2期。

[2] 《贵州广东等8省现石漠化现象 严重地区寸草不生》,央视网,2011年9月14日。

　　喻理飞等以"空间代替时间"的方法对贵州茂兰国家级自然保护区内的喀斯特地区进行了深入研究,通过研究,发现喀斯特地区植物群落恢复速度是较慢的,群落结构功能完全恢复非常困难。早期的群落恢复速度较慢,特别是恢复度从 0 提高到 0.1 时,高度、显著度、生物量需用 20—30 年,但群落组成、盖度却费时不多,约 2 年。到了中期阶段,恢复速度则较快,恢复度由 0.4 提高到 0.7 仅需 10—30 年。可是,到了后期阶段,群落恢复度开始放慢,特别是当恢复度从 0.9 提高至 0.999 时,需近 100 年,说明了群落结构功能完全恢复极为困难。[①]

表 3.3　　退化群落自然恢复速度表

群落特征指标	恢复时间(年)											
	10	20	30	40	50	60	70	80	90	100	110	120
高度(m)	0.040	0.046	0.089	0.148	0.195	0.189	0.138	0.079	0.041	0.019	0.009	0.004
显著度(cm^2/m^2)	0.048	0.045	0.079	0.025	0.266	0.174	0.145	0.097	0.058	0.031	0.016	0.008
实生株/总株(%)	0.169	0.085	0.109	0.125	0.126	0.113	0.090	0.065	0.044	0.028	0.018	0.011
盖度	0.330	0.365	0.218	0.067	0.016	0.003	0.001					
组成	0.198	0.106	0.133	0.142	0.130	0.103	0.073	0.047	0.028	0.017	0.010	0.006
生物量(t/hm^2)	0.020	0.023	0.048	0.093	0151	0.195	0.187	0.133	0.079	0.048	0.010	0.006
群落恢复度	0.165	0.071	0.091	0.105	0.111	0.108	0.094	0.056	0.077	0.040	0.028	0.019

资料来源:喻理飞、朱守谦、叶镜中等:《退化喀斯特森林自然恢复评价研究》,《林业科学》2000 年第 6 期。

说明:表中数字为每 10 年内提高的恢复度。

　　相对而言,青藏高原区的生态系统自我恢复能力则更弱,现以青海省的生态系统为例加以说明。青海三江源地区具有高海拔、低气温、冷季漫长、风大且时数多、森林覆盖率极低、生存空间十分狭窄等特征,属典型的生态脆弱区。

　　[①]　喻理飞、朱守谦、叶镜中等:《退化喀斯特森林自然恢复评价研究》,《林业科学》2000 年第 6 期。

雪线上升后，雪线以下的裸露之地沙漠化、土地盐渍化加重、草场面积减少，野生动物栖息环境恶化，数量和种类减少。柴达木盆地荒漠土地上生长着的植被十分稀疏，种类极少，总数不足 200 种。可以说，这个地区生态系统十分脆弱。目前，塔里木河、黑河下游由于生态恶化导致一些绿洲消亡了。青海湖在半个世纪内水量下降速度惊人，湖泊周边出现了草场沙化、耕地盐碱化等一系列生态问题。①

正是因为如此，如果要想实现西部地区生态环境的恢复，除了大量减少人类经济活动以外，特别需要借助人类来有效保护、建设生态环境。因此，生态屏障建设在很大程度上是需要人类利用自己的智慧、特别是需要利用现代科技成果来加强生态环境的保护与建设。

二、经济发展水平低

通常而言，我们往往选取 GDP 总量、人均 GDP、人均财政收入、GDP 增长率、人均财政收入增长率、产业结构水平、恩格尔系数、贫困人口数量与比重等指标作为衡量区域经济发展水平的指标体系，运用层次分析法或其他研究方法进行综合评价。我们在此，拟借用付正义、涂建军、李小敏等研究成果《我国经济发展的时空演变分析》一文②的研究结果对西部地区的经济发展水平进行评价③。本书对全国 31 个省、自治区、市的 2003 年、2008 年、2013 年的经济发展水平进行综合测度，测度结果表明：2013 年，处于经济发展水平很高的第一层次(T>0.65)省市只有上海和北京；处于经济发展水平较高的第二层

---

①　任晓刚、文贻炜：《青海湖正在遭遇有史以来最为严重的生态危机》，2007 年 3 月 24 日；王发刚：《青海高原生态恶化的原因及对策》，《草业与畜牧》2007 年第 10 期。

②　付正义、涂建军、李小敏等：《我国经济发展的时空演变分析》，《经济地理》2016 年第 2 期。

③　付正义、涂建军、李小敏等选取 GDP、公共财政收入、固定资产投资总额、社会消费品零售总额、人均 GDP、经济密度、人均财政收入、人均社会消费品零售总额、二三产比重之和、二三产业就业人口比重、研发经费占 GDP 比重、人均 GDP 增长率、财政收入增长率、城镇居民人均可支配收入、农村居民纯收入、人均城乡居民储蓄存款、人均进出口总额和人均实际利用外资额等指标作为衡量区域经济发展水平的指标体系。作者将我国 31 个省(区、市)经济发展水平分为四个等级，其中 T>0.65 为经济发展水平很高，0.45<T≤0.65 为经济发展水平较高，0.35<T≤0.45 为经济发展水平较低，T≤0.35 为经济发展水平很低。

次(0.45<T≤0.65)省市有天津、江苏、广东、浙江、山东、辽宁、福建等,其中辽宁省2003年发展水平处于低一层次(T<0.45);处于经济发展水平较低的第三层次(0.35<T≤0.45)省市有重庆、湖北、河南、内蒙古、四川、湖南、河北、安徽、吉林、江西、陕西、新疆等。这些省自治区、市中只有河北省发展水平在2003年的时候就处于第三层次,重庆、湖北、河南、内蒙古、四川、湖南、安徽、吉林等省、自治区、市均在2008年以后才上升到本层次;江西、陕西、新疆在2013年才上升到本层次;处于经济发展水平很低的第四层次(T≤0.35)省、自治区、市有山西、云南、黑龙江、海南、广西、贵州、宁夏、青海、甘肃、西藏等,这些省份中山西省经济发展水平在2003年、2008年处于第三层次(T>0.35)。西部地区省、自治区、市经济发展水平尽管普遍不断提升,但是仍然全面处于第三、第四层次,经济发展水平依然低下。

三、生态脆弱与发展贫困的叠加

我国贫困人口聚集区主要分布于生态脆弱区,尤其集中于西部地区生态脆弱区。2009年编写的《气候变化与贫困——中国案例研究》指出,95%的中国绝对贫困人口生活在生态环境极度脆弱的地区。[①] 国家科委"八五"攻关项目对我国脆弱生态环境与贫困之间存在的相关性进行了研究,通过研究得出了这样的结论:在我国工业比重大而农业和种植业比重小、交通条件好、经济地理区位优越、经济相对繁荣的东部、南部沿海区(第三组),贫困与生态脆弱性的相关系数很小,甚至负相关。与此形成鲜明对比的是,在工业比重小而农业特别是种植业比重相对较高的西部地区(第一组),贫困与生态脆弱性成高度正相关。[②] 周毅、李旋旗、赵景柱的研究成果也证明,我国贫困人口集中区与生态脆弱区有着高度的一致性,发现了反映生态脆弱带与贫困之间的定量

---

① 见国家环境保护部:《全国生态脆弱区保护规划纲要》,环发〔2008〕92号,2008年9月27日。

② 赵跃龙、刘燕华:《中国脆弱生态环境分布及其与贫困的关系》,《地球科学进展》1996年第3期。

规律,并说明区域脆弱生态环境是西部贫困首因。[①]

西部地区贫困人口数量大。2014 年,西部地区农村贫困人口有 3600 余万人,约占全国贫困人口的 51.3%。这些贫困人口主要集中于西部自然生存条件恶劣的深山区、石山区、高寒区、黄土高原区和地方病高发区。对于这一部分人群而言,要想实现脱贫,难度相当大。如,青海省目前 98% 以上的面积属于集中连片特殊困难地区,尚有 15 个贫困县[②]。"十二五"期间,青海省有最贫困的 138.36 万扶贫开发对象,贫困人口集中分布在三江源高寒牧区、柴达木沙漠化地区、环青海湖农牧交错区和青东干旱山区。国内石漠化现象非常严重的西南地区在经济社会发展中存在的最大问题是生态环境脆弱。石漠化往往导致人民贫困和社会经济发展的滞后。国内有石漠化现象的主要 451 个县的人均生产总值仅相当于全国平均水平的一半,人均地方财政收入不到全国平均水平的 1/3。[③] 石漠化地区植被十分珍贵,而经济贫困、能源短缺使得植被大量被采伐成为生活主要能源,加剧了植被的稀缺性;由于土壤稀少、瘠薄,当地居民为了生存需要,不得不在陡山坡上、石头缝隙里播出粮食种子,从而获得效益极为低下的收益。正是这种传统的耕种方式,导致水土流失进一步加重,石漠化现象越来越严重。

生态脆弱与贫困发展的叠加,增加了返贫的风险,加大了脱贫致富的难度。在国务院制定的《中国农村扶贫开发纲要 2011—2020 年》中明确提出的 11+3 个连片特困地区[④]脱贫攻坚主战场,主要集中分布于西部民族地区。长期以来,尽管西部地区扶贫开发取得了巨大成绩,但仍然面临脱贫后返贫等一系列亟待解决的问题,正如《中国西部发展报告(2012)》指出的那样,西部有

---

① 周毅、李旋旗、赵景柱:《中国典型生态脆弱带与贫困相关性分析》,《北京理工大学学报》2008 年第 3 期。

② 青海省的贫困县分布情况为:属于西宁市有大通县、湟中县,海东地区有平安县、民和县、循化县、化隆县、乐都县,黄南藏族自治州有泽库县、尖扎县,果洛藏族自治州的达日县、甘德县,玉树藏族自治州有玉树县、囊谦县、杂多县、治多县。

③ 《贵州等 8 省现石漠化现象 严重地区寸草不生》,央视网,2011 年 9 月 14 日。

④ 11+3 个连片特困地区是指:六盘山区、秦巴山区、武陵山区、乌蒙山区、滇桂黔石漠化区、滇西边境山区、大兴安岭南麓山区、燕山—太行山区、吕梁山区、大别山区、罗霄山区等区域的连片特困地区和已明确实施特殊政策的西藏、四省藏区、新疆南疆三地州是扶贫攻坚主战场。

些地区贫困人口平均返贫率达到15%—25%,个别地方高达30%—50%,更有甚者,还有些地方返贫人口超过脱贫人口数量。① 发展经济学专家胡鞍钢教授曾指出:"从中国的三十年的减贫实践来看,减少收入贫困人口相对比较容易,而消除气候贫困人口是最复杂、最困难的。"② 也有学者认为,在我国中西部地区,要想解决脱贫与改善生态环境,摆在第一位的还是发展经济,特别是发展工业与服务业。只有发展了工业与服务业,实现了经济繁荣,才能从根本上消除贫困及改善生态环境。③ 如果要实施扶贫开发,解决贫困的根本问题,防止返贫困化,只有从实践中不断总结经验。关于这一点,我们完全可以借鉴脱贫攻坚大省贵州省的"四扶一迁"实践新经验④。

四、工业化及城镇化下生态环境的破坏

人类自从进入工业社会以后,伴随的是城镇化速度的加快,经济行为也过多地采取偏激的做法。一方面,在经济活动中,一味追求经济效益和速度,很少顾及生态环境与经济的可持续发展,偏好高能耗、高排放、高污染的经济增长方式。以我国为例,我国单位 GDP 的能耗排放比世界平均值要高出将近1倍:2013 年,我国占全球 GDP 总量的 12.3%却消耗全球总量能源的 21.5%,粗放式的发展方式,目的集中于高速度、掠夺性地开采自然资源,破坏了人与自然的生态平衡结构,造成十分严重的生态危机。另一方面,消费已经成为推动我国经济增长的三驾马车之一,扩大消费需求日益成为刺激经济增长的重要手段,但畸形消费及"奢侈型"消费模式主导的消费主义造成了过度消费现

---

① 新闻中心—中国网:《中国西部地区扶贫开发成绩显著 返贫率仍高》,新闻中心—中国网,2012 年 7 月 23 日。

② 参见国际环保组织绿色和平、国际扶贫组织乐施会:《气候变化与贫困》研究报告序言,2009 年 6 月 17 日。

③ 赵跃龙、刘燕华:《中国脆弱生态环境分布及其与贫困的关系》,《地球科学进展》1996 年第 3 期。

④ "四扶一迁"新经验是指:"融合扶贫""科技扶贫""产业扶贫""精准扶贫"和"易地搬迁",在国内率先探讨出连片特困地区贫困群众脱贫致富、保护生态环境、发展特色产业具有贵州特色的扶贫开发新经验。参见肖良武:《"四扶一迁":贵州脱贫攻坚新经验》,《当代贵州(特刊)》2016 年第 23 期。

象。目前,我国人均二氧化碳排放量已经达到 6 吨/年,逼近欧洲各国和日本的水平。过度消费引致消费异化和对生态系统的破坏,这也成为引发生态危机的重要诱因之一。

世界自然基金会的研究成果显示,我国生态足迹是生态承载力的 2 倍,人均生态赤字也是全球平均水平的 2 倍。根据 2005 年于瑞士发布的"环境可持续指数"可知,"中国在 146 个国家和地区中名列倒数第 14 位。生态环境的持续恶化,已使我国成为世界上各类自然灾害最严重的国家之一,平均每年因生态灾害造成的经济损失约占 GDP 的 5%—13%。"①

西部地区地域辽阔,人口稀少,由于种种原因,经济长期处于欠发达欠开发状态,该地区是全国贫困人口的主要集中分布地。目前,西部地区正处于工业化中期向后期转化阶段,即工业化快速推进阶段,工业经济成为支撑西部经济增长的主要力量。我们利用规模以上工业增加值的增长速度进行分析:2015 年,除了新疆以外,西部地区其他各省、自治区、直辖市均超过全国平均水平的 6.1%,其中,西藏、贵州、重庆三个省份增长速度位居西部地区前三位。

表 3.4　2015 年西部各省区市规模以上工业增加值 (单位:亿元,%)

地别	增长率	地别	增长率
西藏	14.6	宁夏	7.8
重庆	10.8	青海	7.6
贵州	9.9	陕西	7.0
内蒙古	8.6	甘肃	6.8
四川	7.9	云南	6.7
广西	7.9	新疆	5.2

资料来源:国家统计局网站。

伴随着工业化的快速推进,西部地区的城镇化也正处于快速推进期。按

---

① 生态屏障、功能区划与人口发展课题组:《科学界定人口发展功能区　促进区域人口与资源环境协调发展——生态屏障、功能区划与人口发展研究报告》,《人口研究》2008 年第 3 期。

照国际先行经验,当城镇化率处于 30%—70%(30%—50%快速加速和 50%—70%快速减速)时期,为快速增长阶段,西部地区目前正处于快速加速增长的前期阶段。国务院发展研究中心的研究成果表明,"西部地区城镇化将从 2010 年的 41.44%,提高到 2030 年的 63.56%,未来 20—30 年中西部将成为我国城镇化发展的主战场;并将构建'150 座中心城市+800 座中小城市+1.4 万个建制镇和集镇'的城镇规模体系;形成以 30 个城镇群为基础组成的'四横四纵'①西部地区城镇空间格局框架。"②

西部地区工业化、城镇化的快速推进,势必给当地的生态环境造成巨大压力。尽管经济增长方式逐渐向集约型方式转变,但这种转变是十分缓慢的,其粗放式的增长除了主要表现为西部工业化阶段特征中不合理产业结构对资源能源的过度依赖和污染物的过度排放外,其外延还可以表现出其他一些不合理的经济行为。如,滥伐、滥垦、滥牧、滥樵、滥采等不合理的经济行为是造成西部地区林地退化、土地荒漠化、草原沙化、水资源短缺等生态灾害的主要原因。③ 具体表现在以下几个方面。

(1)植被逐渐衰退。根据 2002 年国家环保总局发布的《西部地区生态环境现状调查报告》显示,1995—2000 年西部林地面积减少 89.1 万公顷,整体

---

① "四横四纵"的西部地区城镇空间布局框架为:"四横"包括津京包—包巴(巴彦淖尔)—阿拉善—哈密—阿勒泰线的西段,城镇群(或区域)主要有蒙西城市群、天山南路城市群和新疆北部城市群;已经规划的陇海—兰新线西段,即西兰线和兰新线;沪成轴线西延长线,从成都—玛沁—格尔木—若羌—和田—喀什,城镇群(或区域)主要有成渝城市群、青东城市群、青西城市群、新疆西部城市群;沿海线继续西延,从北海—南宁—昆明—楚雄—丽江—迪庆—林芝—拉萨,城镇群(或区域)主要有北部湾城市群、滇东北城市群、滇西城市群、藏东城市群、藏南城市群等。"四纵"包括国家已经规划的呼(和浩特)昆(明)轴线,城镇群(或区域)主要有呼包鄂榆地区、宁夏沿黄河地区、关中—天水地区、成渝地区、黔中地区和滇中地区;巴(彦淖尔)—银川—兰州—成都—昆明,城镇群(或区域)主要有蒙西城市群、宁夏沿黄河地区、甘中南城市群、成渝地区和滇中地区等;阿尔泰—乌鲁木齐—库尔勒—若羌—格尔木—那曲—拉萨,城镇群(或区域)主要有新疆北部城市群、天山北路城市群、天山南路城市群、青西城市群、藏北城市群和藏南城市群等;阿尔泰—伊宁—阿克苏—喀什—阿里—日喀则—拉萨,城镇群(或区域)主要有新疆北部城市群、新疆西部城市群、藏北城市群和藏南城市群等。

② 刘勇、方创琳、侯永志、王黎明、刘云中、李仙、刘津、吴娜等:《西部地区城镇化构想》,中国证券网,2014 年 6 月 27 日。

③ 盖凯程:《西部生态环境与经济协调发展研究》,西南财经大学博士学位论文,2008 年。

质量在下降。1986 年，西部地区森林单位蓄积约为 105m³/公顷，到 2006 年则下降为 78m³/公顷。20 年之内，森林单位蓄积下降超过 1/4。西部地区的森林覆盖率很低，现阶段仅为 5.7%，不到全国森林覆盖率平均水平 13.4% 的一半，其中甘肃、宁夏、新疆、青海等省份森林覆盖率在全国处于最低状态。草地面积不断减少也成为西部地区植被衰退的重要标志。1995—2000 年西部地区草地面积共减少了 235.3 万公顷，退化的草地和遭到鼠害的草地面积分别占可利用草地面积的 24% 和 38.3%，而且这种情况还在持续甚至可能还会变得更为糟糕。如，青海省由于干旱、风沙及人为等多种因素①的影响，草场退化现象十分严重。全省退化草场面积 11595 万亩，约占草场总面积的 1/5，正是草地面积退化，导致长江源区 90% 以上的沼泽地干涸。② 三江源草地退化程度十分严重。玉树、果洛两州中度以上退化草地已经达到 1000 万公顷，占可利用草场总面积的 64%。③ 1986 年，黄河源区有沼泽草甸 2473.29 平方公里，到 2000 年，黄河源区的高寒沼泽草甸减少到 2141.70 平方公里，15 年间，净减少了 331.59 平方公里，变化率为 -13.41%。长江源区的沼泽草甸从 1986 年的 7222.15 平方公里减少到 2000 年的 5191.85 平方公里，减少了 2030.3 平方公里，变化率为 -28.11%。④

（2）土地沙漠化、石漠化现象严重。我国西北地区的土地沙化问题多年以来成为难以解决的顽疾，因为这些地区的土地沙化不仅面积大、分布广，而且从根源上进行治理的难度极大。自 20 世纪 80 年代以来，约占全国沙漠面积 60% 的新疆，沙漠化年净扩大面积在 80 平方公里以上。甘肃沙漠戈壁和受风沙危害的土地占全省土地总面积的 40% 以上。青海沙漠化面积已达到 12.52 万平方公里，沙漠化面积仍以每年 0.13 万平方公里的速度扩展。⑤ 宁夏土地沙化面积 1.26 万平方公里，占全区国土面积的 24.3%。⑥ 到 1999 年，

---

① 青海目前沙漠化地区的草场畜牧超载率为 500%—1000%，有的地区高达 3000%。
② 李禄胜：《西部生态环境建设存在的问题及对策分析》，《生态经济》2002 年第 4 期。
③ 达阳：《青海三江源生态环境现状及保护对策》，《现代农业科技》2009 年第 13 期。
④ 王根绪等：《近 15 年来长江黄河源区的土地覆盖变化》，《地理学报》2004 年第 2 期。
⑤ 彭珂珊：《西部生态安全与退耕还林（草）》，《世界林业研究》2004 年第 6 期。
⑥ 马爱锄：《西北开发资源环境承载力研究》，西北农林科技大学博士学位论文，2003 年。

西部地区土地沙化面积合计为 162.56 万平方公里,占全国土地沙化总面积的 90% 以上,沙地面积的年扩展速率约为 2.5%。总之,在 20 世纪 80、90 年代,中国北方土地沙漠化每年大约以平均 2100 平方公里的速度蔓延,相当每年损失一个特大城市的土地面积。

中国是世界上石漠化①最严重的国家之一,其中岩溶地区面积广大的西南地区,石漠化现象尤为突出。从 1987 年到 2005 年的 18 年间,西南岩溶区石漠化面积增加了近 4 万平方公里,超过了整个海南岛的面积。其中,"贵州是西部地区石漠化最严重的地区,到 2011 年,贵州省石漠化的土地面积已经达 3.6 万平方公里,占全省国土总面积的 20.39%,且尚有 4.37 万平方公里的土地存在潜在石漠化趋势,目前土地石漠化正以每年 900 平方公里的速度扩展。"②国家林业局依据基岩裸露的程度、裸岩结构、植被结构和覆盖率,将石漠化划分为 6 个等级:无明显石漠化、潜在石漠化、轻度石漠化、中度石漠化、重度石漠化和极重度石漠化(见表 3.5)。

表 3.5　石漠化程度划分表

石漠化程度分级	基岩裸露率(%)	裸岩结构	植被结构	植被土被覆盖率(%)
无明显石漠化	<20	—	乔灌草	≥70
潜在石漠化	20—30	点状	乔灌草	50—70
轻度石漠化	30—50	点状+线状	乔草+灌木	35—50
中度石漠化	50—70	线状+点状	疏草+疏灌	20—35
重度石漠化	70—90	面状	疏草	10—20
极度石漠化	≥90	面状	稀少	<10

资料来源:国家林业局:《西南岩溶地区石漠化监测技术规定》,2004 年。

贵州、云南、广东、广西、湖北、湖南、重庆、四川等 8 省份的石漠化基本情

---

① 石漠化是指在热带、亚热带湿润、半湿润气候条件和岩溶极其发育的自然背景下,受人为活动干扰,使地表植被遭受破坏,导致土壤严重流失,基岩大面积裸露或砾石堆积的土地退化现象,是岩溶地区土地退化的极端形式。

② 《贵州等 8 省现石漠化现象 严重地区寸草不生》,央视网,2011 年 9 月 14 日。

况,按等级程度分布情况见表 3.6:

表 3.6　中国 8 省份石漠化基本情况

等级	总面积(万公顷)	所占比重(%)
轻度石漠化	356.4	27.5
中度石漠化	591.8	45.7
重度石漠化	293.5	22.6
极度石漠化	54.5	4.2

资料来源:周洁敏:《我国石漠化现状与防治对策》,《林业资源管理》2009 年第 3 期。

　　石漠化地区环境容量小,土地承载力低,抗干扰能力弱,弹性小,阈值低。通过长期观察以后发现,在石漠化区域,由于生态环境系统内的物质移动能力极强,遭到破坏的自然环境恢复速度十分缓慢,恢复能力非常弱。因此,可以说石漠化地区环境系统是一种内生型脆弱,即先天性不稳定的系统。也可以说,石漠化是一种非常严重的生态问题,是制约喀斯特地区经济、生态和社会可持续发展的最主要因素。在广西境内,"石漠化地区不断扩展和加重,当地社会经济发展受到严重制约。目前,全区 250 万贫困人口绝大多数居住在土地石漠化较为严重的地区"[①]。由于生态服务功能下降,生产功能随之下降,区域的经济发展受到重大影响,导致当地农民贫困化日趋严重。

　　(3)湿地面积大量减少,水源涵养量急剧降低[②]。经过长期的科学考察和运用遥感技术研究以后发现,近三十年来我国青藏高原因气温升高等原因,冰川雪线逐渐退缩,年均冰川存量减少 131.4 平方公里,湿地面积减少 10%,高原蓄水总量明显下降。青藏高原已经有 30%以上的湖泊干化成盐湖或干盐湖,整个黄河源区有一大批湖泊已经干涸。在自然和人为等多重因素叠合作用下,青藏高原区沼泽湿地发生逆向演替:沼泽湿地—沼泽化草甸—草甸—沙漠化地—荒漠,荒漠面积大幅度增加,尤其是重度荒漠化土地年均以 6.08%

---

　　① 高吉喜:《西部生态环境问题及对策建议》,《环境科学研究》2005 年第 3 期。
　　② 武汉市被称为"千湖之城",在渍水严重的地区,很多原来是湖泊、湿地,承担着蓄水、分洪功能。这些湖被填后建起住宅小区,2016 年渍水难题困扰着居民。参见曹晓波、韩雪枫、孙瑞丽:《渍水围城之痛》,《新京报》2016 年 7 月 8 日。

的速率递增。① "到2005年,青海境内湖泊已经干涸或者消失的比例达到50%,变为季节性河流达到20%以上,雪线普遍上升50—80米,冰川萎缩15%—18%。由于蒸发量大于天然水补给量,青海湖每年亏损的水资源达到3.6亿m^3,萎缩的面积达到313平方公里,储水量减少近150亿m^3。"②2014年,国家林业局发布第二次全国湿地资源调查结果显示,全国湿地总面积与第一次调查同口径比较减少了339.63万公顷,减少率为8.82%。其中,自然湿地面积减少了337.62万公顷,减少率为9.33%,表明过去十年,全国湿地面积减少约等于两个北京市的面积。此外,湿地的生态状况也较为糟糕:全国约有1/3的湿地面积生态状况评级为差。(见表3.7)

表3.7　国家林业局发布第二次全国湿地资源调查结果(单位:万公顷)

2004 年			2014 年		
湿地面积	自然湿地面积	二者面积比(%)	湿地面积	自然湿地面积	二者面积比(%)
5699.89	5005.09	87.81	5360.26	4667.47	87.08

资料来源:翟明悊:《第二次全国湿地资源调查结果》,中国网,2015年。

(4)冻土严重退化。青藏高原绝大部分地区,特别是三江源和可可西里两个地区,生态系统大多建立在多年冻土环境的基础之上。这是一个长期适应高寒气候的较协调及稳定的自然生态系统。高原冻土多年以来呈现退化趋势,退化现象大致表现为:从形状上看,多年冻土由大片状分布逐渐演化成岛状或斑块状分布;从数量上看,冻土层变薄,冻土面积缩小,部分岛状多年冻土完全消失或变为季节性冻土。将其与青藏高原20世纪70年代与90年代的冻土图比较后我们发现,其多年冻土面积减少了10%以上,约减少了16万平方千米。③

冰川、冻土面积的大量减少,使得水源含量相应降低。黄河上游已连续7

---

① 马艳:《三江源湿地消长对区域气候影响的数值模拟》,兰州大学硕士学位论文,2006年。
② 钱荣:《青海水资源短缺日渐明显 2010年缺水5亿m^3》,《西宁晚报》2005年6月6日。
③ 陈昌毓:《青藏高原生态环境恶化及其影响》,《大自然》2012年第1期。

年出现枯水期,1989—1996年,黄河上游年径流量较常年平均减少近1/4,流出青海的黄河水量10年来减少了23.2%。自1972年首次出现断流以来,黄河已经连续20多年出现断流,且断流频次在增大,时间在延长。塔里木河、黑河等都面临同样的问题。"20世纪90年代与80年代相比,长江、澜沧江的年平均流量分别减少了24%和13%。"①三江源区水量的减少,不仅制约了水源区的社会经济发展,而且使得下游地区生产生活发生严重困难。②

(5)水土流失严重。尽管各级政府投入了大量的财力与人力,力图加强生态环境保护,恢复林地植被,西部地区水土流失蔓延趋势也有所减缓,但是并没有从根本上得到改变。"1999年,西部地区(不包括西藏)水土流失面积达到104万平方公里,占全国水土流失总面积的近2/3,其中宁夏、重庆和陕西3省份的水土流失面积均超过了土地总面积的一半。"③到2004年,青海全省水土流失面积占国土面积的49%以上,合计超过35万平方公里。④"每年因河流上游水土流失进入长江、黄河的泥沙量达20多亿吨,导致长江、黄河中下游江河湖泊和水库不断淤积抬高,加重了下游水患风险。"⑤

水土流失严重引起水源减少,不仅制约着本地的生态、经济、社会的和谐发展,而且直接威胁到大江大河流域水资源的可持续利用和生态安全。

(6)生态脆弱性导致自然灾害,引起经济直接损失。西部地区生态脆弱性导致了一系列的自然灾害。如,西北地区旱灾、沙尘暴频繁发生,西南地区旱灾与洪涝灾害交替发生,地质灾害不断加重。⑥ 有学者对青海省玛曲县高寒草甸植被做过三年调查研究,研究结果表明:生态恶化导致该地区草地生产力严重下降,干草的平均产量由20世纪60年代的300公斤/亩下降到100公斤/亩以下,下降幅度达到200%。自20世纪80年代以来,青海曲麻

① 达阳:《青海三江源生态环境现状及保护对策》,《现代农业科技》2009年第13期。

② 马艳:《三江源湿地消长对区域气候影响的数值模拟》,兰州大学硕士学位论文,2006年。

③ 马爱锄:《西北开发资源环境承载力研究》,西北农林科技大学博士学位论文,2003年。

④ 钱荣:《青海水资源短缺日渐明显 2010年缺水5亿立方米》,《西宁晚报》2005年6月6日。

⑤ 李禄胜:《西部生态环境建设存在的问题及对策分析》,《生态经济》2002年第4期。

⑥ 高吉喜:《西部生态环境问题及对策建议》,《环境科学研究》2005年第3期。

莱县每年草场沙化面积达 80 万—100 万亩,草原牧草产量由原先 133 公斤/亩下降到 53 公斤/亩,致使当地畜牧业生产受灾严重。西部森林生态破坏带来的直接经济损失大概相当于西部 GDP 的 2%,生物多样性的损失则相当于直接经济损失的 2—3 倍,有时甚至高达 10 倍。[①] 另根据作者调查得知,西部许多地区由于森林(包含树冠)、草地面积减少,水源枯竭,河流径流量减少,农业耕种方式发生显著变化,生产力明显下降。如,作者在调研中发现,贵州省平坝县齐伯乡光明村曾经森林茂密,泉水供给充裕,源源不断滋润着这片肥沃的土地。当地居民以水稻种植为主,旱地耕种为辅,农业耕种产量较高。后来,由于森林植被受损,河流流量急剧减少,传统的农业灌溉系统遭到破坏,许多肥沃的水田变成了旱地,农作物产量明显下降,甚至逐渐沦为撂荒地。

2008 年,西南地区的低温雨雪冰冻灾害使得 11874.2 千公顷农作物受灾,直接经济损失达到 1516.5 亿元。2010 年,四川、重庆、甘肃、青海等西部省份遭受多种自然灾害,引致大量人口流离失所、被迫离开家园,甚至失去生命,造成的经济损失巨大。此后许多年份里,西部的生态灾害仍然频频发生。[②]

表 3.8　2010 年西部地区遭受自然灾害情况表

地别	名称	受灾人口数量（万人）	受灾经济损失（亿元）
重庆垫江等 12 个区县	大风、冰雹、暴雨	89.78	—
四川及全国共 27 个省份	洪灾	11300	1422
祁连山区	泥石流洪水	—	0.31
四川	山洪泥石流	576	68.9

资料来源:尚虎平:《我国西部生态脆弱性的评估:预控研究》,《中国软科学》2011 年第 9 期。

(7)物种的濒危和灭绝。生态系统平衡结构一旦遭到破坏,意味着动植

①　盖凯程:《西部生态环境与经济协调发展研究》,西南财经大学博士学位论文,2008 年。
②　尚虎平:《我国西部生态脆弱性的评估:预控研究》,《中国软科学》2011 年第 9 期。

物栖息地或繁殖地退化丧失，物种面临着濒危甚至灭绝，而这又将强化生态系统的退化丧失。据调查可知，"20 世纪西部地区灭绝了 3 种大型哺乳动物——新疆虎、野马和高鼻羚羊，另外如野骆驼、河狸、长臂猿等一些物种极度濒危甚至已经绝迹。"①生物物种濒危和灭绝，导致生物多样性维持功能明显下降。

生态系统一旦出现破坏，就很难恢复甚至不可逆转，直接给人们生产、生活及国家社会经济健康与可持续发展带来巨大影响。正是由于生态植被遭到破坏，贵州省有 30 万人被迫搬迁，广西有 20 多万人已经实现迁徙。由于 95% 的草地严重退化，黄河源头鄂陵湖乡第四牧业社原有 46 户牧民中的 30 户离家弃牧。近十年来耕地面积急剧减少的民勤县中渠乡，由于无法生存，全乡 1.12 万人口中的 5000 人早已迁移到别处。②

五、生态环境保护中的地方保护主义

生态是一种资源，环境也是一种资源，这两种资源对于生产力发展都具有重大意义。实际上，我们可以这样说，保护生态环境就是保护生产力。但是，由于生态、环境物品属于公共物品，并且其中相当一部分属于与公共"劣品"相对的公共"益品"或公益品。公益品会产生一种让公众均欲占有、享用的效果。因为公益品这些很强的公共物品性质和消费时具有的非排他性，人们享用这些物品不用直接付费，每个人都倾向于成为"搭便车"者，不愿意花钱购买。这样直接造成的后果就是：对于存在外部不经济性的产品，如空气污染、水污染等，在市场上会供给过量；而对于存在外部经济性的产品，如生态保护、环境保护等，则会供给不足。不管是公害品供给过量还是公益品供给不足，都会不同程度地带来生态环境恶化。

正是因为如此，在长期的生态环境保护过程中，形成了形形色色的地方保

---

① 清华大学生态环境保护研究中心：《中国西部生态现状与因应策略（中）》，《中国发展观察》2009 年第 6 期。

② 高吉喜：《西部生态环境问题及对策建议》，《环境科学研究》2005 年第 3 期。

护主义①。由于利益的不完全一致,在生态环境保护中,中央与地方存在利益博弈行为,地方之间利益冲突就更加明显。这种地方保护主义已经成为危害生态环境治理中的痼疾,如果不清除这些痼疾,势必严重妨碍生态屏障的建设,有损国家政策及规划的实施效果。

第四节　西部生态环境与经济协调的定量分析

众所周知,自然再生产是经济再生产的物质前提,但前者在很大程度上受到后者的影响。显然,生态环境对经济活动具有的承载能力是有一定限度的,这直接决定了生态环境的自然资源供给数量和污染物的容纳数量是有限度的。如果自然资源的消耗量和生产所污染物的分布状况能与生态环境分解、容纳能力恰好一致的话,人们在经济活动过程中就能合理地利用自然资源的再生能力与生态环境的自净能力,实现经济发展与环境保护协调推进。

关于生态环境与经济发展的协调性评价,在很多情况下,我们主要采用定性的方法进行研究。可是,一旦我们高度关注生态环境与经济增长协调度数值的时候,则只有借助定量研究方法,通过具体测算协调度的数值,评价生态环境质量状况与经济发展水平之间的关系,判断经济系统与生态环境系统相互作用的变化特征。

一、西部资源环境综合绩效水平分析

1. 分析方法与评价指标

我们在此借用中国科学院可持续发展战略研究组提出的节约指数或资源

---

① 新一轮中央环保督察即将在全国多个省市展开督察地方环保工作,意在打破环境治理中的地方保护主义。石家庄藁城区群众举报案件 77 件,数量属全省最多,信访举报尤为突出。但督察组发现,在当地上报的查处报告中,仅有 7 件属实,占比不到 10%。根据经验,督察组认为藁城区可能存在交办问题查处不深入、不到位的情况,要求河北省逐一调查核实。调查结果显示,群众举报的 77 件环境问题基本属实。藁城区纪委启动问责机制,对相关负责人予以党内警告处分或行政警告处分。这次督察试点,除了督察报告和反馈意见报国务院批准后向地方反馈,还将移交移送问题线索,适时安排"回头看",让督察不是"一阵风",而能形成长效机制。参见荣启涵:《中央环保督察直指地方保护主义》,《新华每日电讯》2016 年 6 月 20 日。

环境综合绩效指数(REPI)方法进行分析。为了对国家和各地区的资源消耗和污染排放的绩效进行监测和评价,以便反映绿色发展状况及检验各种政策措施的综合实施效果,中国科学院可持续发展战略研究组自 2009 年开始就致力于该领域的研究,并提出了 REPI 方法。

中国科学院可持续发展战略研究组经过多次筛选、调整评估的指标体系,最终确定选用 4 个资源消耗指标和 5 个环境指标。其中,资源消耗指标包括能源消费总量、用水总量、建设用地规模(表达对土地资源的占用)、固定资产投资(间接表达对水泥、钢材等基础原材料的消耗)。环境指标包括氨氮和化学需氧量(COD)排放量(表达对水环境的压力)、二氧化硫(SO_2)和烟粉尘排放量(表达对大气环境的压力)及工业固体废弃物排放总量。由于二氧化碳指标缺少公开统计数据,氮氧化物列入统计的时间较短,本次评估中没有考虑。

2. 西部地区资源环境综合绩效水平

区域资源环境综合绩效是通过综合绩效指数显示出来的。资源环境综合绩效指数表达的是一个地区 n 种资源消耗或污染物排放强度与全国相应资源消耗或污染物排放强度比值的加权平均。该指数越大,表明资源环境综合绩效水平越低;该指数越小,表明资源环境综合绩效水平越高。[1] 中国科学院可持续发展战略研究组通过计算,得出国内各区域资源环境综合绩效指数(见表 3.9)。

表 3.9　2005—2013 年西部与其他各区域资源环境综合绩效指数(REPI)的比较

年份\地别	2005	2006	2007	2008	2009	2010	2011	2012	2013
东部地区	60	56	52	49	48	48	47	46	45
中部地区	103	97	91	85	84	81	80	77	76
东北地区	100	98	92	87	85	81	80	78	74
西部地区	128	119	110	101	99	98	97	93	91

---

[1]　中国科学院可持续发展战略研究组:《2015 中国可持续发展报告——重塑生态环境治理体系》,科学出版社 2015 年版,第 252—253 页。

续表

年份 地别	2005	2006	2007	2008	2009	2010	2011	2012	2013
西南地区	118	111	102	94	93	89	85	81	78
大西北地区	155	146	134	128	127	127	148	147	146

资料来源:中国科学院可持续发展战略研究组:《2015 中国可持续发展报告——重塑生态环境治理体系》,科学出版社 2015 年版。

表 3.9 数据说明,2005—2013 年的 9 年间中国各区域的资源环境综合绩效指数不断变小,说明国内资源环境综合绩效水平在不断提升。东部地区资源环境综合绩效指数最低,说明其资源环境综合绩效水平最高;西部地区资源环境综合绩效指数最高,说明其资源环境综合绩效水平最低。西部地区内部比较而言,西南地区的资源环境综合绩效水平明显高于大西北地区水平。

二、西部城市生态环境与经济协调度分析

为了研究方便,我们在此仅研究西部地区各省会城市的生态环境与经济协调度问题。

1.分析方法与评价标准

根据生态环境与经济发展协调度的含义,可以采用三个步骤来求解区域经济与生态环境发展协调度:(1)求解经济和生态环境的变化发展度;(2)求解经济发展和生态环境变化的协调度;(3)在得出发展度和谐调度的基础上求解发展协调度。

我们利用 2012—2015 年《中国城市统计年鉴》的相关数据,采纳杨士弘提出的协调度公式[①]进行计算。

分析的模型为:

$$f(x) = \sum_{i=1}^{m} a_i \hat{x}_i \qquad g(y) = \sum_{j=1}^{n} b_j \hat{y}_j$$

---

① 杨士弘:《广州城市环境与经济协调发展预测及调控研究》,《地理科学》1994 年第 2 期。

式中,f(x)为环境效益指数,g(y)为经济效益指数,a_i、b_i为评价指标权重;x_i是描述环境特征的第i个指标;y_i是描述经济特征的指标。为计算标准化,对x_i和y_i的值进行量化处理,$\hat{x}_i = \dfrac{x_i}{x_{i0}}(1)$;$\hat{x}_i = x_{i0}/x_i(2)$,$x_{i0}$为第i项指标的标准值,当指标越大越好时,$x_i$的取值以公式(1)计算,当指标越小越好时,$x_i$的取值以公式(2)计算,$\hat{y}_i$取值依此类推。由f(x)和g(y)可得到环境和经济综合评价指数 T = af(x)+bg(y),a、b为权重,我们取 a = b = 0.5。再利用相关的数学原理和离差分析,推导出环境与经济的协调发展度表达式为:D = $\sqrt{ct}$,其中 c 为环境与经济的协调度,$c = \left[\dfrac{f(x)g(y)}{\left(\dfrac{f(x)+g(y)}{2}\right)^2}\right]^k$,$k \geq 2$。

协调度计算得出后,按照一定标准对其划分等级和类型,根据协调度计算大小将环境与经济协调发展划分为五个等级,详情见表 3.10。

表 3.10　生态环境与经济协调发展评价标准和类型

级别	协调度数值	类型
1	$0.8 \leq D < 1$	优良协调发展类型
2	$0.6 \leq D < 0.8$	一般协调发展类型
3	$0.4 \leq D < 0.6$	勉强协调发展类型
4	$0.2 \leq D < 0.4$	一般失调衰退类型
5	$0 \leq D < 0.2$	严重失调衰退类型

资料来源:宋玉斌、汤海燕、倪才英等:《南昌市生态环境与经济协调发展度分析评价》,《环境与可持续发展》2007 年第 1 期。

2.西部城市生态环境与经济发展协调度测量

我们要想准确地测算出西部城市生态环境与经济发展的协调度,就需要构建一套评估指标体系。根据国际国内城市建设经验,确定各项指标标准值。每项指标的权重采取条理分析法确定(详见表 3.11)。

表 3.11　生态环境与经济协调评价指标体系及数值

指标项		标准值	权重
生态环境评价指标	绿化覆盖率(%)	40	0.150
	人均公共绿化面积(m^2)	11	0.125
	SO_2 年平均值(mg/m^3)	0.06	0.125
	NO_x 年平均值(mg/m^3)	0.05	0.125
	万元工业产值废水排放量(t)	30	0.100
	万元工业产值废气排放($10^4 m^3$)	0.5	0.100
	工业废水处理率(%)	100	0.125
	固体废物处理率(%)	100	0.150
经济评价指标	单位 GDP 能耗(t 煤/万元)	0.83	0.100
	GDP 增长率(%)	10	0.125
	人均国内生产总值(万元)	23	0.150
	第三产业占 GDP 比重(%)	55	0.125
	恩格尔系数(%)	30.0	0.125
	固定资产投资占 GDP 比重(%)	40	0.100
	人均道路面积(m^2)	16	0.125
	人均可支配收入(万元)	1.80	0.150

　　运用 2011—2014 年西部 11 个省会城市(不含拉萨市)指标体系的统计数据及权重,计算出指标体系中体现各城市经济与生态环境协调发展的数值,将这些数值代入求算协调发展度的相关公式,利用 SPSS 软件进行计算,就能得出各城市生态环境与经济协调度的评估值。

表 3.12　2011—2014 年 11 市生态环境与经济协调的评估值

评价项目	2011	2012	2013	2014
成都市				
生态环境效益评价指数	0.984	1.004	1.012	0.963
经济效益评价指数	0.853	0.805	0.841	0.890

续表

评价项目	2011	2012	2013	2014
生态环境经济综合效益评价指数	0.9185	0.9045	0.9265	0.9265
生态环境与经济协调度	0.9900	0.9759	0.9830	0.9969
生态环境与经济协调发展度	0.9535	0.9395	0.9543	0.9611
协调发展度类型	优良协调	优良协调	优良协调	优良协调
重庆市				
生态环境效益评价指数	0.769	0.829	0.846	0.855
经济效益评价指数	0.771	0.772	0.802	0.794
生态环境经济综合效益评价指数	0.77	0.8005	0.824	0.8245
生态环境与经济协调度	0.9999	0.9972	0.9988	0.9973
生态环境与经济协调发展度	0.8775	0.8941	0.9075	0.9074
协调发展度类型	优良协调	优良协调	优良协调	优良协调
昆明市				
生态环境效益评价指数	1.278	1.405	1.619	1.650
经济效益评价指数	0.791	0.866	0.885	0.946
生态环境经济综合效益评价指数	1.0345	1.1355	1.252	1.298
生态环境与经济协调度	0.8922	0.8904	0.8354	0.8583
生态环境与经济协调发展度	0.9885	0.9741	0.9668	0.9889
协调发展度类型	优良协调	优良协调	优良协调	优良协调
贵阳市				
生态环境效益评价指数	3.139	3.770	3.877	3.496
经济效益评价指数	0.749	0.757	0.818	0.851
生态环境经济综合效益评价指数	1.944	2.2635	2.348	2.1735
生态环境与经济协调度	0.3871	0.3103	0.3309	0.3966
生态环境与经济协调发展度	0.8786	0.8381	0.8814	0.9284
协调发展度类型	优良协调	优良协调	优良协调	优良协调
南宁市				
生态环境效益评价指数	1.301	1.518	1.593	1.364
经济效益评价指数	0.749	0.765	0.767	0.781
生态环境经济综合效益评价指数	1.025	1.1415	1.18	1.0725
生态环境与经济协调度	0.8603	0.7943	0.7700	0.8576
生态环境与经济协调发展度	0.9750	1	0.9146	0.9424

续表

评价项目	2011	2012	2013	2014
协调发展度类型	优良协调	优良协调	优良协调	优良协调
呼和浩特市				
生态环境效益评价指数	1.319	1.406	1.386	1.403
经济效益评价指数	0.984	1.039	1.077	1.060
生态环境经济综合效益评价指数	1.1515	1.2225	1.2315	1.2315
生态环境与经济协调度	0.9582	0.9555	0.9688	0.9616
生态环境与经济协调发展度	1	1	1	1
协调发展度类型	优良协调	优良协调	优良协调	优良协调
西安市				
生态环境效益评价指数	1.279	1.332	1.315	1.448
经济效益评价指数	0.851	0.888	0.884	0.937
生态环境经济综合效益评价指数	1.065	1.11	1.0995	1.1925
生态环境与经济协调度	0.9209	0.9216	0.9246	0.9102
生态环境与经济协调发展度	0.9903	1	1	1
协调发展度类型	优良协调	优良协调	优良协调	优良协调
银川市				
生态环境效益评价指数	1.592	1.498	1.584	1.736
经济效益评价指数	0.756	0.800	0.780	0.799
生态环境经济综合效益评价指数	1.174	1.149	1.182	1.2675
生态环境与经济协调度	0.7626	0.8239	0.7821	0.7454
生态环境与经济协调发展度	0.9462	0.9729	0.9615	0.9734
协调发展度类型	优良协调	优良协调	优良协调	优良协调
兰州市				
生态环境效益评价指数	1.189	1.311	1.347	1.407
经济效益评价指数	0.728	0.727	0.758	0.730
生态环境经济综合效益评价指数	0.9585	1.019	1.0525	1.0685
生态环境与经济协调度	0.8877	0.8748	0.8495	0.8093
生态环境与经济协调发展度	0.9224	0.9442	0.9456	0.9299
协调发展度类型	优良协调	优良协调	优良协调	优良协调
西宁市				
生态环境效益评价指数	1.052	1.217	1.132	1.305

评价项目	2011	2012	2013	2014
经济效益评价指数	0.681	0.715	0.702	0.735
生态环境经济综合效益评价指数	0.8665	0.966	0.917	1.02
生态环境与经济协调度	0.9105	0.8694	0.8931	0.8499
生态环境与经济协调发展度	0.8882	0.9164	0.9049	0.9311
协调发展度类型	优良协调	优良协调	优良协调	优良协调
乌鲁木齐市				
生态环境效益评价指数	1.869	1.400	1.577	1.591
经济效益评价指数	0.829	0.840	0.857	0.834
生态环境经济综合效益评价指数	1.349	1.12	1.217	1.2125
生态环境与经济协调度	0.7249	0.8789	0.8326	0.8146
生态环境与经济协调发展度	0.9176	0.9644	0.9584	0.9471
协调发展度类型	优良协调	优良协调	优良协调	优良协调

资料来源:2012—2015 年《中国城市统计年鉴》;各城市各年统计年鉴;各城市各年国民经济与社会发展统计公报。

3. 主要结论

运用表 3.11 中 2 个一级指标和 16 个二级指标值,通过计量与分析,得出了西部 11 个城市 2012—2015 年生态环境与经济协调发展度及协调发展类型等结论如下。

(1)生态环境效益和经济效益评价指数总体而言是不断增大的,充分说明西部各城市在不断提升经济效益的同时,非常重视生态环境效益的提升。但是,也有个别城市的生态环境效益评价指数出现反复变化现象,说明这个城市有些年份在增加大型建设项目的同时,生态环境效益出现下降的情况。

(2)生态环境与经济协调度总体而言数值比较大,但贵阳市的协调度数值偏小,主要原因是由于生态环境效益评价指数偏大而引起的。各个城市生态环境与经济协调发展度数值大多在 0.9 以上,充分说明这 11 个城市在生态城市建设过程中取得了较大的成绩。

(3)协调发展度类型主要为优良协调发展型,这说明西部 11 个城市真正实现了生态环境保护与经济社会发展的双赢,生态城市建设成效显著。

第四章　西部省域经济增长极培育的战略意义

长期以来,西部地区由于种种方面的原因,成为我国经济社会开放程度低、发展滞后的地区。在新一轮大开发过程中,西部地区只有通过培育经济增长极,形成新的增长点,才能带动区域经济发展,实现追赶式发展,继续领跑全国经济增长。

第一节　西部省域经济增长极培育条件

发展经济学理论认为,区域增长极的形成是市场机制和政府共同作用的结果。通常来说,经济发达地区可以通过发达的市场机制自动配置社会资源促进区域增长极形成;而在落后地区,政府的作用更为明显。因此,在西部地区,只有通过政府和市场的共同作用,才能更有效地培育区域增长极。当我们在探讨功能区的时候,除了从全国区域的视角分析以外,完全有必要从具体的每一个功能区内再进行细分,以便更好地发挥每一个功能区的作用。在一定的地域范围内,每个地区都要有自己的增长极。

一、区域经济非均衡发展

非均衡增长理论,是以美国的经济学家阿尔伯特·赫希曼(Albert Otto Hirschman)为代表提出来的。非均衡增长理论的核心是关联效应原理①。该

---

① 我们所讲的关联效应,实际上就是指各个产业部门间及产业部门内部客观存在的相互影响、相互依存的关联度,并且可以用该产业产品的需求价格弹性和收入弹性来度量。

理论自提出来以后,理论界对此长期进行讨论,至今业已日臻成熟,且其社会实践效果逐渐显露出来。非均衡增长理论认为,经济欠发达的国家在经济发展过程中,由于资本短缺、资源有限,要想对所有地区同时进行大规模投资,发展过多的产业是不现实的,只有集中有限的资本和资源对那些具有关联效应的主导产业和优势区域进行重点投资,当这部分产业和区域发展起来以后,以此为示范点带动其他产业和区域的发展,最终实现全面的经济增长。赫希曼认为,增长极核心区的发展在某种程度上会通过涓滴效应带动外围区发展。但同时,劳动力和资本等一些生产要素在很长一段时期内才会从外围区流入核心区,强化核心区的发展,进一步扩大区域差距。美国经济学家约翰·弗里德曼(John Friedman)于1966年提出了中心——外围理论。该理论认为,发展中心居于统治地位,外围则在发展上依赖于中心。不过,随着经济发展环境逐渐改善、市场规模逐渐扩大、城镇化稳步推进和信息化程度的不断提高,中心与外围的"空间距离"逐渐消失,空间经济逐渐向一体化方向发展。

非均衡增长理论在区域经济中,尤其是在后发国家和地区经济发展中得到了广泛的应用与发展。因为,任何一个国家或地区的经济增长总是非均衡的,此种现象在后发国家或地区中更加突出。非均衡增长理论为区域经济发展提供了较好的理论指导,且在实践中取得了良好的效果。改革开放之初,中央政府实施先东部后西部、先沿海后内地的非均衡发展战略。经过数十年的快速发展,东部地区尤其是珠江三角洲、长江三角洲、环渤海湾等地区,已经成长为世界制造中心,许多地区和城市经济发展水平已经达到中等发达国家水平。

西部地区作为欠发达区域,经济整体发展水平较低,要想赶上东部地区的整体发展水平,就必须借鉴东部地区发展战略,培育多个经济增长中心,带动整个西部的经济发展。

二、区位条件差异性

通常而言,区位可以分为地理区位、交通区位和市场区位等,当人们从不同角度讨论区位问题的时候,逐渐形成了农业区位论、工业区位论、服务业区位论等。[①] 我们所讨论的区位条件,实际上是指某地区与其他地区相比,具有更高的区位优势。这种优势可以转化为经济发展优势,能够更好地聚集区域生产要素,生产出高附加值产品,推动区域经济增长极的形成。

距离衰减原理说明,地理因素相互作用量随着距离的增加而逐步减弱。如城市对周围地区的辐射力随着距离的增大逐渐减弱,主要表现在资源、市场、交通等对周围地区经济活动的影响随着距离的增加逐步减小。距离衰减原理实际上是巧妙地利用了经济地理学的理论,尤其是在解释城市之间的差异性的时候,将地理区位作为根本基石。我国中东部地区地理的可进入性与经济的可进入性[②],均优于西部地区。全国重要港口集中分布在东部沿海地区,这些地区相应地成为国内经济竞争力最强的地区。沿海地区城市凭借良好的地理区位条件、物流运输的低成本及制度变革的“红利”,大量吸引外资,壮大国际加工和对外贸易,扩大经济规模。与此形成鲜明对比的是,西部地区距离全国经济中心较为遥远,加上区域内交通网络不完善,和外界联系有许多不便之处,致使城市外向型贸易发展水平低,对外资的吸引力小,参与国际分工程度低,严重制约了经济发展。因此,全国特大型城市主要分布于沿海地区,分布于西部地区的只有重庆、成都和西安。我国近几十年区域经济发展历程表明,如果自然资源禀赋相同,距离重要港口、交通枢纽中心及经济中心的距离越近,则经济发展水平越高。[③]

西部地区虽然总的区位条件不如中东部地区,但西部地区内部的区位条件差异相对更大。关于这一点,我们可以从地理区位所涉及的地理可进入性与经济可进入性中反映出来。一般而言,低平的地区其地理的可进入性较强,高海拔和交通不便的山区其地理的可进入性较差;靠近海岸场所的地理可进入性较强,深居内陆场所的地理可进入性较差;位于交通要道旁、交通枢纽处

---

① 张乐育:《地理区位理论及其意义》,《数量经济技术经济研究》1985 年第 10 期。

② 地理的可进入性,是指场所对外交往的地理方便程度,它主要取决于地理位置与距离;经济的可进入性,是指场所对外交往成本的高低,它取决于运费与通信费,费用越低对外通达性越好,反之亦然。

③ 孙永平、叶初升:《资源依赖、地理区位与城市经济增长》,《当代经济科学》2011 年第 1 期。

的地理可进入性较强,远离交通线的场所的地理可进入性较差;接近或便于接近市场中心的场所的地理可进入性较强,远离或不便于接近市场中心的场所的地理可进入性较差。交通枢纽之地、物流成本低的区域,具有较好的经济可进入性。[1] 西部地区的关中平原、四川盆地、河西走廊点状绿洲、新疆天山以南以及云贵坝子部分(单位面积较小的平原地区)地区等适合农业生产的地区、江河沿岸地区、现代交通及通信节点地、区域市场中心地及内陆口岸等,其地理可进入性与经济可进入性明显较强,即区位优势较为明显,对外资的吸引力较大,历史以来就成为西部最为发达的区域。在这些地方,也易于培育区域增长极,进而生长为区域经济中心。同时,在城市群内,区位优势越大的城市获得资源就会越多,当资源聚集之后,种类繁多的产业群便易于形成,并发展成为规模最为突出的中心城市。次级中心城市与中心城市相比较,虽存在着局限性,但在本区域内又具有区位优势。次级中心城市在核心城市和周边城镇之间承担桥梁作用,在资源与生产方面形成互补关系,同时又与它们形成竞争关系。一旦中心城市地位稳定下来,中心城市与次级中心城市、周边城镇群的差异性和互补性将得到优化和强化,城市群整体发展的能力和效率进一步得到提升。[2]

从长时段来看,落后地区也处于动态发展之中,区位条件也处于动态变化之中。事实上,我国西部地区部分城市经过几十年的发展,区位条件不断改善,区位优势开始凸显,目前已经发展成为区域性中心城市,具备培育成省域次级中心城市、中心城市甚至西部中心城市的条件。

三、部分地区良好的经济环境

区域增长极的形成及生长,依赖于良好的基础设施、市场机制、效率观念和社会风气等环境来吸引人才、资金和技术等生产要素。西部地区为了集中力量营造经济发展环境,设立了一系列多层级的经济发展区,如国家级、省级

---

[1]　肖良武:《山地型区域市场变迁研究》,人民出版社 2012 年版,第 174—175 页。
[2]　张颢瀚、张超:《地理区位、城市功能、市场潜力与大都市圈的空间结构和成长动力》,《学术研究》2012 年第 11 期。

及市县级的各类经济开发区、工业园区、高新技术区等,还创设部分综合保税区、实验区等。这些经济发展区更加开发开放,政策叠加,享有各种优惠的经济发展政策,审批手续简单,行政办事效率非常高,对产业发展具有非常大的吸引力。

到 2016 年 6 月止,我国国家级新区增加至 18 个[1],其中,西部地区占 6 个,即 2010 年 6 月设立的重庆两江新区,2012 年 8 月设立的甘肃兰州新区,2014 年 1 月设立的陕西西咸新区、贵州贵安新区,2014 年 10 月设立的四川天府新区,2015 年 9 月设立的云南滇中新区。

西部各省份还设立了各个层级的经济开发区、高新技术区、工业园区等。第一,就经济开发区而言,西部大开发"十二五"规划中涉及 11 个国家级重点经济区:成渝地区、关中—天水地区、北部湾地区、呼包银榆地区、兰西格地区、天山北坡地区、滇中地区、黔中地区、宁夏沿黄地区、藏中南地区、陕甘宁革命老区。各省市还各自设立了一系列经济开发区。第二,就高新技术区而言,西部地区设立的国家级高新技术区有:成都高新技术产业开发区、重庆高新技术产业开发区、昆明高新技术产业开发区、包头稀土高新技术产业开发区、兰州高新技术产业开发区、贵阳高新技术产业开发区、南宁高新技术产业开发区、西安高新技术产业开发区、桂林高新技术产业开发区、乌鲁木齐高新技术产业开发区、绵阳高新技术产业开发区、宝鸡高新技术产业开发区、渭南高新技术产业开发区、乐山高新技术产业开发区、榆林高新技术产业开发区、杨凌农业高新技术产业示范区、自贡高新技术产业开发区、玉溪高新技术产业开发区、白银高新技术产业开发区、柳州高新技术产业开发区、咸阳高新技术产业开发区。第三,就工业园区而言,西部各省为了加快工业发展步伐,纷纷推出工业园区建设规划,加大产业集群,促进工业经济发展。

---

[1] 18 个国家级新区是:上海浦东新区、天津滨海新区、重庆两江新区、浙江舟山群岛新区、兰州新区、广州南沙新区、陕西西咸新区、贵州贵安新区、青岛西海岸新区、大连金普新区、四川天府新区、湖南湘江新区、南京江北新区、福州新区、云南滇中新区、哈尔滨新区、长春新区和江西赣江新区。国家级新区,享受相关特殊优惠政策和权限由国务院直接批复,在辖区内实行更加开放和优惠的特殊政策,同时国家鼓励新区进行各项制度改革与创新的探索工作。

此外,西部地区经国务院批准设立的综合保税区占全国综合保税区①的近1/3,它们是南宁综合保税区、南通综合保税区、成都综合保税区、广西凭祥综合保税区、重庆西永综合保税区、西安综合保税区、西安高新综合保税区、银川综合保税区、新疆阿拉山口综合保税区、新疆喀什综合保税区、贵阳综合保税区、贵州贵安新区综合保税区、兰州新区综合保税区、乌鲁木齐综合保税区等。

这些经济发展特别区的设立,充分说明国家对西部开发战略的高度重视,也说明国家意欲从战略角度改变过去区域经济发展非均衡的格局。究其原因在于,经济区的设立及建设,将吸引资金、人才、产业等生产要素,从而产生聚集效应,使经济区成长为区域经济发展的重要增长极,拉动整个西部地区经济发展。

在这些经济区发展的基础上,西部地区培育出了一批中心城市及区域性中心城市,它们既是市场中介组织②集中地,还是制度、技术创新集中地。衡量市场是否成熟的一个重要标志是中介组织机构是否健全、发达。从技术经济条件来看,地区经济发展水平较高,技术和制度的优越程度决定着区域创新和发展状况,是区域增长极形成和发展的基本条件。而且,区域增长极所具有的技术创新和制度创新功能恰好能够对其他单位发生影响。当然,诸如法律、制度、道德、文化、风俗习惯等"非经济环境"的好坏也直接影响到区域增长极的形成及生长。西部地区中心城市及省会城市往往就是这些组织及创新的集中地。

四、比较优势、后发优势转化为竞争优势

任何一个经济体如果能够按照比较优势③来发展经济,资源要素禀赋结

①　截至2016年1月,经国务院批准设立的综合保税区有45家。综合保税区是设立在内陆地区的具有保税港区功能的海关特殊监管区域,由海关参照有关规定对综合保税区进行管理,执行保税港区的税收和外汇政策集保税区、出口加工区、保税物流区、港口的功能于一身,可以发展国际中转、配送、采购、转口贸易和出口加工等业务。

②　市场中介组织是介于市场主体与政府之间或企业与企业之间,以第三者身份为市场主体在市场进入、市场竞争、市场交易秩序、市场纠纷等方面提供验证公正、评估、代理、咨询、协调、仲裁等中介服务的机构。

③　比较优势是指一个国家或地区与另一个国家或地区在经济发展上相比较而存在的有利生产条件。

构的优化将会相当迅速,从而迫使产业结构和技术结构相应做出迅速的调整。① 这样,后发国家或地区的比较优势就可能转化为后发优势。

西部地区自然资源比较优势较为突出,为经济优势准备了重要前提。"西部地区探明矿藏储量比东部和中部之和还要大 13%,其中 45 种主要矿产资源工业储量的潜在价值接近东部和中部之和。"②当然,西部的石油、煤炭、天然气、多品种有色金属和稀有金属的能矿资源又主要富集于黄河上游地区、小秦岭地区、伊犁克拉玛依阿勒泰地区、塔里木盆地、柴达木盆地、攀西六盘水地区、三江地区、红水河流域、乌江干流地区、西藏一江两河地区等。西部地区蕴藏有丰富的可再生能源,太阳能资源非常丰富,可开发水能资源占全国的81% 以上。

但是,过去在宏观政策调控下,国家对西部地区的投入主要集中于当地的资源开发。西部地区被当作东部加工企业的原料、燃料供应地,其产业被当作东西部垂直一体化的产业链中的一环。由于我国长期以来资源品价格扭曲,且附加值低,导致西部地区产业关联度低,资源优势并没有转化成经济优势。实际上,在发达国家或地区的中短期发展中,依靠资源优势快速发展经济的成功案例也并不少见③,不乏借鉴之处。

西部地区劳动力价格较低,具有一定的成本优势。西部地区的劳动力集中指数④自 20 世纪 90 年代以来一直高于 13%,最高时达到 17%,而同期东部地区最高时才不过为 7% 左右。这充分说明,相对于我国东部地区而言,西部地区劳动力成本优势是比较明显的。

西部地区如果利用其自然资源、劳动力相对丰富的比较优势,适当发展资源密集型、劳动力密集型的产业,就可能提高区域经济的竞争能力,增加社会剩余价值及加快资金积累,提高资源禀赋结构水平。资源禀赋结构水平提高,

---

① 林毅夫:《要素禀赋、比较优势与经济发展》,《中国改革》1999 年第 8 期。
② 陈志勤:《西部矿产资源优势转化十项对策》,《西部大开发》2001 年第 11 期。
③ 如,美国加利福尼亚州依靠金矿的发现、开采及加工,获得了首次大发展的机会,随后发展成为美国钢铁和汽车工业基地。
④ 劳动力集中指数是一个用来反映各地区劳动力资源禀赋相对状况的指标。若劳动力集中指数高,就意味着该地区具有较丰富的劳动力资源,具有劳动力成本较低的潜在比较优势。

有利于技术和产业结构升级,有利于区域经济整体水平提升。

后发优势概念是由美国经济学家亚历山大·格申克龙(Alexander Ger-schenkron)提出的。格申克龙提出该概念的核心假说是某一个国家或地区经济上相对落后,随后因某种特殊环境而获得爆发性的经济增长和跨越式发展。我们通常所说的后发优势涉及技术和制度等层面。就技术层面而言,通过引进先进技术,并经模仿和二次创新形成追赶优势,减少研发成本,缩短技术追赶时间,缩小与先发国家或地区的差距;就制度层面而言,通过借鉴先进制度并结合本地实际情况进行本土化改造,更为重要的是,对制度的制定者及执行者进行洗脑,强化制度意识,也能在一定程度上产生追赶优势。我国著名经济学家林毅夫对"东亚奇迹"的解释正好印证了后发优势理论的可行性。按照经济学家林毅夫的解释,日本、韩国、新加坡、中国台湾、中国香港等国家与地区在20世纪70、80年代,之所以能出现所谓的"东亚奇迹",其基本经验是:这些东亚国家与地区在它们经济发展的每个阶段都比较好地发挥了比较优势发展战略与后发优势这些优势。① 后发优势理论同样可以运用到后发区域发展上来,后发优势给区域带来的经济利益就是区域后发利益。

西部地区如果要发挥后发优势实现赶超的话,首先必须走技术赶超之路。我国东西部地区在经济势能上存在较大的落差,归根到底突出表现在技术方面的差距。探讨如何促使技术要素、经济要素不断从发达地区、发达城市高势位地区流向欠发达地区、欠发达城市的低势位地区,推动西部地区技术赶超之路,促进特色优势产业及其他具有潜力的产业快速发展,并能在国内市场甚至国际市场上占有一席之地,是摆在我们面前亟须解决的课题。其次,必须进一步释放制度改革的红利。西部地区的贫困在很大程度上是由于制度的贫困而引致。长期以来,西部地区开放度低,生产要素流动性弱,产权制度改革滞后,有效的激励机制缺乏,人们采用先进、有效的技术的意愿很弱。正因为如此,西部地区制度改革红利释放空间非常大。如何通过制度创新与竞争,促进要

---

① 林毅夫:《发展战略与经济发展》,北京大学出版社2004年版,"前言"第5—6页;林毅夫:《中国经济还将高速增长30年》,《现代乡镇》2002年第12期。

素市场化改革,实现要素合理流动达到优化配置,改变传统经济体制下形成的企业制度和政府过多过死的管理体制,促进西部地区形成制度优势是一个非常重要的课题。因此,在新一轮的西部大开发中,只有更加开放,进一步深入制度改革,建立合理的制度体系,为创新松绑,在改革中创新,把人们的视角从争夺有限财富分配的话语权中引领到创造体量更大的财富竞争中,才能实现帕雷托改进,实现区域经济增量扩张。

当然,我们必须清醒地认识到,区域后发优势为西部地区加速发展实现超越仅仅提供了条件或可能,并非其实际所拥有。我们要想将后发优势转化为现实,那么必须科学合理地利用各种要素条件,并实现其在各种时空范围内的有效组合。

由于比较优势战略、后发优势战略在发展中国家或地区经济发展中是相互依存的,因此,在经济发展过程中,尤其是在后发地区经济发展过程中,只有将这两种发展战略有机结合起来,才能真正获得竞争优势。

第二节　吸引资金要素与形成增长引擎

西部地区城市规模经济发展不充分,生产效率不高,对生产要素的吸引力不够。如果具有较大规模的增长极形成,将在一定程度上解决这些问题,更多地留住区域生产要素,吸引更多的外来要素参与西部开发。

一、吸引资金要素

近几十年以来,东部沿海地区不仅获得了中央政府所赋予的优先发展支持,而且还获得了中西部地区被要求提供的要素方面支持。可以说,珠三角、长三角增长极的形成与壮大,在一定程度上得益于中西部地区要素的流入。当时,中西部地区资金本来十分匮乏,但由于市场主体追求更高资金收益率的本性,中央投入到西部建设项目上的资金相当大数量的流出,引致西部地区资金大规模向东部沿海聚集。

经济发展的一般规律表明,在经济发展的初期阶段,欠发达地区首先要解决的问题是基础设施薄弱问题,只有把基础设施建设搞好了,才能为经济增长提供能源、交通、物流、信息等必需条件。但是,基础设施建设需要大量的投资,而这种投资的先期主要依靠中央政府投入。西部大开发以来,中央政府通过各种途径,大量投入资金用于西部地区基础设施建设领域,使其交通、信息等基础设施条件得到极大改善,为区域经济快速发展,实现经济增速赶超东部创造了良好的条件。不过,由于西部地区区域增长极缺少创新机制、资金效率较低,中央财政投入到西部的资金主要集中在少数项目上,且项目通过工程承包、金融机构等方式引起大量资金外流。

目前我国区域经济发展的基本格局是:东部地区率先发展,东北老工业基地需要振兴,中部地区迅速崛起,西部地区亟须新一轮大开发。正是由于国内各个区域都急于发展,都需要大量的要素支持,故中央政府不可能给予西部地区更多要素支持,只好依照效率法则,将有限的人、财、物投入到最能发挥效率的地方。在这种区域发展不均衡态势下,缺少中央政府的特殊庇护,原本就滞后的西部地区比其他地区发展更为滞后。况且,在当今社会主义市场经济体制的框架下,市场在配置资金资源上将起决定性作用。中央政府在经济中的主导地位逐渐让位于市场机制,各区域经济发展所需要的资源与要素主要依靠市场配置,而中央政府只能依靠宏观调控去调节经济发展。

这就迫使西部地区在经济建设过程中,依照区域经济发展规划,有目的的加大对优化发展区、重点发展区的投入,加大产业聚集与发展,积极培育经济增长极,壮大经济规模,提高资金效率,用有限的资金产出更大的经济效应,大量吸引东部沿海地区资金及外资,真正实现国家开发西部的战略目的。

同时,西部地区为了改变产业结构层次低、产业竞争力弱的局面,亟须要吸引大量的资金。西部大开发以来,其区域性中心城市虽然逐渐获得了更多的生产要素,技术力量慢慢提高,但由于资本不足,城市工业难以扩大生产规模,升级生产技术无法完成,更新换代生产设备根本没有办法实现,产业升级迟迟不能完成。因此,西部地区只有借助新一轮西部大开发的机遇,尽快培育具有技术创新的聚集地——增长极,吸引更多的建设资金,尽快实现产业结构升级。

二、构建经济区域

经济区①是经济项目的集合体,培育经济增长极、发展区域经济在一定程度上依赖经济区这个最大的项目,经济区也为产业集群提供了空间。正如美国哈佛商学院大学教授、"竞争战略之父"迈克尔·波特(Michael E.Porter)所言,所有集群都是好的,关键是创造集群,我们在这里所讲的集群是指企业集群。企业集群在很多方面具有独特的作用,如,在群落内企业之间快速传播应用技能、信息、技术,交汇、融合新思想,创新新理念等。企业集群还为相关产业的成长创造条件,因为企业集群有利于实现规模经济,能创造产业竞争优势。因此,经济活动聚集的结果可能形成经济增长极。增长极是作为经济空间上有关联性的工业或厂商集群和作为地理空间上产业集聚的城市。

在市场经济条件下,经济区域由经济中心、经济网络和经济腹地三大要素构成。经济中心起着决定性作用,在地理空间上表现为中心城市。围绕经济中心的是一批卫星城镇,这些城镇织成一张经济网络。其中,中心城市处于网眼位置上。经济中心周围具有相应的经济腹地,经济中心则向经济腹地扩散、传播创新要素,经济腹地则向经济中心提供资源要素。经济腹地范围的大小取决于经济中心扩散、极化能力的大小,反过来,经济腹地的大小影响着经济中心的发展规模。在每一个经济区内,都存在着专业化生产部门。这些生产部门就是全经济区内经济的主体,也体现地区经济的主要特征。各经济区的专业化生产部门相互交换各自的生产产品,这种交易过程构成区际联系的主要内容。

经济区具有天然的开放性,一旦存在效率提升的空间,它的边界可以随着需要的变化而做出相应调整。经济区域由若干个次级子区域构成,随着经济区域在地理空间上的扩张及区域经济的非均衡增长,经济区域边界随时不断地调整变化,并且经济区域与次级子区域二者在一定条件下会发生关系转换:

---

① 经济区是指以劳动地域分工为基础,在一国国民经济中形成各具特色、内部具有共同经济生活和长期经济联系,且在全国或地区担负专门化生产任务的地域生产综合体。参见刘树成:《现代经济辞典》,凤凰出版社 2005 年版,第 555 页。

原先处于中心地位的经济区域可能成为新经济区域的次级子经济区域,或者原来被看作子经济区的可能成为新的次级子经济区的高一级经济区域。通常而言,那些经济重点发展的子区域凭借自然禀赋和区位条件的优势,可能通过要素聚集形成产业集群,原先处于领先水平的状况更加强化,逐渐生长成重要的增长点甚至增长极,并通过扩散效应带动周边地区发展。

三、建立区域经济增长引擎及创新驱动

新产业区理论很好地解释了产业区形成的内在动因。产业区理论研究者中大多数主要从区域内的柔性专业化(Flexible Specialization)和创新网络来解释新产业区形成与发展的机制[1]。新产业区理论在一定程度上较好地解释了美国硅谷地区发展的主要缘由,那就是区域创新网络[2]的发展,这种创新网络是由区域内大大小小的企业、高等学校、研究机构、商业协会等构成的。在20世纪70、80年代,美国的硅谷以及意大利、德国等国家的某些地区就是由中小企业集聚而成,企业间发展了高效的竞争与合作关系。正是由于企业间相互合作,发展成为高度灵活的协作网络,在创新中始终保持着产业竞争优势。[3]

当今时代的技术创新就是一种集成化、网络化的模式。一项技术是由这些要素构成:(1)创新者,(2)创新概念,(3)创新组织,(4)目标用户,(5)竞争对手,(6)资金供给,(7)战略,(8)供应商,(9)技术,(10)相关环境,(11)时机。[4] 这些要素构成一个网络化系统,并通过各要素交互选择、优化组合,在

---

[1]　美国学者 Piore 和 Sabel 在《第二次产业分工》一书中指出,在那些柔性专业化的中小企业集聚区,由于区内企业的运行机制灵活,专业化程度高,企业之间的协同作用强,从而可以更容易地组织生产和适应个性化的市场需求,获得发展的优势,进而也可以与以大企业为核心的区域进行竞争。企业的柔性专业化是区域产业实现空间集聚的推动力和产业内部结网的动因,而区域经济的发展正是依赖于所形成的区域网络不断创新以及创新网络在区域环境中的发展及根植。

[2]　区域创新网络涉及产业合作网络、社会关系网络与人际关系网络等。

[3]　李根:《增长极与创新的空间集聚——西部地区中小企业专业区研究》,广西大学硕士学位论文,2002年。

[4]　郭晓川:《合作技术创新——大学与企业合作的理论和实证》,经济管理出版社2001年版,第45页。

这种优化选择的过程中实现技术创新。

国外经济发展历程表明，要想在短期内依靠技术不断进步引起生产效率提高，促进区域经济快速增长，走培育增长极的路径是可行的。库兹涅茨对14个国家近50年经济增长进行分析，得出这样的结论："人均国民生产总值增长的因素构成中，25%归因于生产资源投入量的增长，70%归因于投入生产要素的生产效率的提高。"[1]这样的话，作为区域技术创新核心引力的增长极发展起来了，就会牵引区域经济的发展。

增长极通常是一个区域的创新引擎，它不仅自身能壮大规模，而且能对其他经济体产生着支配效应和乘数效应、极化效应和扩散效应[2]。区域经济成长过程中，往往遵循由起初的极化效应大于扩散效应，逐渐转变到扩散效应大于极化效应的轨迹。因此，在一个国家或地区经济发展的初期阶段，为了在短时期内实现经济发展起飞，可以通过政府投资方式推动增长极快速形成，促使产业稳定成长；一旦到经济发展渐入成熟之际，可以改变公共投资方向，以增长极带动周边地区的发展方式，促使区域差距缩小，实现国民经济发展的全面起飞。

增长极促进本地区的经济发展程度，主要取决于增长极的技术创新程度。当一个地区具有创新政策和创新环境的时候，包括技术创新能力和吸收技术能力的区域创新能力就能得到提高。技术创新能力是通过引入或开发新技术推动企业甚至区域经济发展的潜力。在某种程度上讲，增长极就是创新的空间集聚地。增长极容易生长于核心城市，核心城市在区域经济增长中最具有

---

[1]　周游、张敏：《经济中心城市的集聚与扩散规律研究》，《南京师范大学学报》（社会科学版）2000年第4期。

[2]　按照佩鲁的观点，支配效应是指一个单位对另一个单位施加不可逆转或部分不可逆转的影响。乘数效应主要是指增长极中的推动性产业（主导产业）与其他产业（非主导产业）之间垂直的、水平的联系，这种关联包括前向关联、后向关联和旁侧关联等，并形成后向关联产业、前向关联产业和旁侧关联产业，发生后向关联效应、前向关联效应和旁侧关联效应。极化效应是指快速增长的推动型产业吸引和拉动其他经济活动，不断趋向增长极的过程。佩鲁提出增长极的极化效应认为，由主导部门和有创新能力的企业在某些区域的聚集发展而形成的经济活动中心，具有吸引或辐射效应，在促进自身发展的同时，能够推动其他部门和地区的经济增长。扩撒效应是指增长极的推动力通过一系列联动机制不断向周围发散的过程。

形成创新中心的条件。企业在创新活动中形成空间聚集,进而形成关联性产业。对于一个产业而言,只有具备高技术创新能力,才有潜力,才有保持高增长的内在动力,才能在带动其他产业发展中起到示范作用。对于一个区域而言,只有拥有一批具有创新力的产业及产业集群,才能提升区域经济发展速度与质量。

第三节　区域经济协调发展与保持强劲增长势头

区域通过优势互补与资源共享,实现协调发展,是我国区域协调发展的战略目标。在发展过程中,由于各个区域在发展中面临的区位条件、资源禀赋、社会因素等差异非常明显,各区域之间发展明显不均衡,这种不均衡性也存在于同一区域范围内。正是经济发展的不均衡性决定了区域经济发展必须有核心区域,由核心区带动周边发展,最终实现经济协调发展,并保持经济持续增长,这是西部地区当前亟须要做的事情。

一、区域经济协调发展

区域经济关系的协调大体涉及三个方面,即重点发展区与限制发展区、禁止发展区的关系协调,城市经济发展与农村经济发展的关系协调,增长核心区与其他周边增长点及经济带发展的关系协调。

根据区域功能规划可知,在每个功能区内,都面临着特定的发展目标和任务。区域差距实际上是一种综合差距,或者说是一种系统差距,这种差距的实质不仅仅表现在 GDP 上,而且表现在人口素质、经济布局与资源环境空间失衡等综合方面。从区域功能上看,不同国土空间的功能是不同的,有些区域主要承担经济开发功能,有些主要承担生态环境保护功能。而且,承担开发功能的区域,又有优化开发区与重点开发区之分,承担生态保护功能的区域有限制开发区与禁止开发区之别。培育增长极,实质上是利用空间因素作用于区域之间功能协调的一种重要举措。

首先,从国内区域经济协调发展的角度看,西部地区增长极培育迫在眉睫。目前,我国区域经济格局的失衡程度越来越严重:东部地区因其先进的生产技术和良好的经济效益吸引大量的生产要素;与此相反的境况是,原本落后的西部地区因生产要素配置的低效率致使要素进一步流失,发展难度增大,区域经济发展差距愈加明显。在区域经济整体发展水平低且不可能在短时间内迅速提升的情况下,西部地区发展增长极所需要的时间会大大缩短,条件显得更为成熟,可以在一定程度上起到制约发达地区极化效应作用发挥的效果。东部增长极在经济结构优化之际,有大量的产业需要转移。通过区域合作和协调,可能成为东部产业转移首选地的西部增长极,可以承接东部增长极需要转移的产业。"在西部增长极的带动下,西部地区与东部地区发展差距将逐渐缩小,以东部增长极为中心产生的东部发达地区对西部等落后地区的扩散效应将逐渐增强,全国区域经济的协调发展将逐渐实现。"①

首先,西部地区需要充分利用丰富的自然资源、待开发的土地资源和巨大的市场潜力,发展具有特色的产业,形成自己独特的产业体系。通过承接产业转移,加强与发达国家或发达地区的经济合作特别是产业协作,改变过去单纯为其他地区供给要素和接受输入产品的角色,转变为与其他区域经济合作特别是产业协作的角色,逐渐提高国民经济发展的质量与社会和谐的程度。

其次,从西部区域经济协调发展的角度看,增长极的培育十分重要。过去,西部地区过多地依赖中央政府的协调或外部省市的"对口援助"与帮扶,却忽略了与内部省区市的协作,尤其是与省市内部之间关系的协调。也就是说,西部地区与内部各省区之间的协调动力不足,协调效果不够理想。经济协调发展是区域经济发展过程中的必然选择。不过,我们只有在承认区域发展不平衡这个客观事实的基础上,才能力求实现区域经济的协调发展。增长极作为本区域经济发展的主导区,其主要功能前文已经论述到。为此,在经济欠发达地区,要想尽快提升经济发展水平,需要发展有强大带动力的增长极。

目前,西部地区成都—重庆经济带、西安—宝鸡经济带、兰州—白银经济

---

① 汪晓东、于洋、钱伟:《解决区域发展不平衡问题难度超乎想象》,《人民日报》2012年10月28日。

带、昆明—贵阳—南宁经济带、包头—鄂尔多斯—呼和浩特经济带等城市经济带在区域经济格局中已经占据了非常重要的地位。但由于各地之间的经济联系不够紧密,各经济带之间没有行政隶属关系而实际存在行政指令"壁垒",完全表现为相对松散的经济共同体。同时,各经济带在区域规划、经济协调发展方面缺少切实可行的操作平台及方法,它们在西部区域经济发展中的重要作用也不够显著。即便作为西部各省重点培育的省会中心城市,其发展大多还处于较为低层次的阶段,产业结构不甚合理,经济竞争力不够强劲,综合实力尚欠强大,辐射和带动作用不够强劲,很难起到区域经济主导区的作用,担当不起省域经济发展增长极的重任。

在市场经济条件下,省区市之间的关系协调则是西部区域经济发展的内在动力,决定着西部区域经济发展的速度、质量和方向,决定着是否能形成内部的分工、发挥联动效应及形成高效的生产;省市内部之间关系的协调则是省域经济发展的助推剂,决定着区域经济结构、产业层级升级,决定着增长极的壮大。同时,西部地区只有实现了内部协调,才能够获得经济发展的向心力与凝聚力,才能进一步深化与外部地区协调的程度。

当然,区域经济协调发展只有在市场经济体制框架内进行才能完成,并更好地发挥市场在资源配置中的决定性作用,而不能再单纯依靠政府对生产要素的强行支配促进区域经济发展,应该主要通过改善经济发展环境、清除商品及要素流通壁垒、处理好区域竞争与区域合作关系、建立区域间经济联系尤其是产业协作等措施,实现区域经济协同发展。通过这种协作方式,西部增长极可以带动区域内更大范围的经济发展。

二、经济保持快速增长势头

西部地区经济增长速度自 2007 年起超过东部地区以后,至 2014 年,西部地区生产总值已经连续 8 年在全国保持领先。西部地区要想保持目前这种强劲的经济增长势头,需要培育增长极这个"火车头",从而发挥更大的牵引作用。作为经济增长极,其生产效率是很高的,加上服务功能和创新功能强大吸引力的多重作用,大量产业与企业集聚于中心城市,中心城市又形成规模经济,总体实力尤其是核心竞争力明显优于其他地区。随着增长极规模经济的生长,创新要素聚集,可以创造出大量的商业机会,从而解决周边地区劳动力就业问题,带动周边经济发展。

三、实现区域均衡发展

从区域经济均衡发展角度来看,增长极理论的核心思想推崇的是经济发展的非均衡性。但实际上,增长极的培育能够驱使非均衡局势的改变,从而实现区域均衡发展。20 世纪 60 年代中后期,法国在"第五个国家计划"中建立了一个包括马赛、里昂、南锡、斯特拉斯堡、里尔、南特、波尔多、图卢兹等城市,旨在平衡全国区域经济发展的遍布全国的增长极体系。政府在公共投资方面对这八个城市进行重点支持,迅速提高了城市的经济吸引力,城市人口总数从 1968 年的 503.6 万人迅速增加到 1975 年的 555.6 万人,而同期巴黎人口仅增长 35.3 万人,这就在缓解巴黎经济发展压力的同时促进了法国区域经济的均衡发展。① 国际上先行国家经济发展史表明,当增长极发展到一定阶段以后,就会迅速增加与经济腹地的各种物质和能量交换。当要素流动顺畅进行以后,经济的发展迅速超出核心城市范围,蔓延到周边地区,周边地区经济水平不断提升并逐渐缩小与核心城市的差距,区域经济一体化将最终实现。

中国要想实现区域经济均衡发展,可借鉴法国的成功经验。我国东部地区过去那种强劲的经济增长势头已日渐式微。近年来,珠三角、长三角和环渤海地区的经济发展遇到了巨大的挑战。主要表现在三个方面,其一,发达国家消费市场开始萎缩,我国过去过度依赖沿海地区的外向型经济模式已走到尽头,现需要从出口导向型经济发展战略转换为以内需为主导的统筹协调发展战略。其二,随着世界经济格局的演变和国际产业分工秩序的调整,我国在世界经济发展中的地位发生变化,对外贸易形势变得尤为复杂。因此,作为我国参与国际经济活动代表的三大增长极需要承担更多的责任与担当,受到的影响与冲击也首当其冲。当西部地区经济增长极成长起来,势必可以缓解东部

---

① 李仁贵:《增长极思想在世界各地的实践透视》,《甘肃社会科学》1995 年第 4 期。

三大增长极的发展压力,为其发展提供更多的生产要素。其三,经过三十余年的高速增长,国内三大增长极的地域空间开发已经接近极限,劳动力和土地成本的上升使其以劳动密集型产业为主的外向型经济参与国际竞争的能力大为减弱,对其自主创新能力提出了严峻挑战,即实现区域均衡发展已经成为我国经济发展的必然选择。

但是,目前我国西部省份的经济中心大多对外辐射能力较弱,很难发挥增长极的功能。西部地区应该培育具有强大功能的增长极,通过与周边地区的产业协作,使得增长极产业活力和产业竞争力不断增强,增长极产业优势得以传播,并在更大范围内带动产业发展,从而更好地促进区域经济增长,增强区域竞争力特别是核心城市竞争力,缩小与东部沿海地区及城市发展之间的差距。当西部增长极发展到一定水平,大部分生产要素会放弃舍近求远的向东流动方式,转而向本地区增长极集聚。在增长极的带动下,西部区域经济发展水平将逐渐提高,西部地区与中东部地区之间的经济发展差距将逐渐缩小,全国区域经济均衡发展就可能实现。

不过,西部地区在着力培育新的经济增长极之际,必须统筹规划,结合区域实际情况和功能定位,逐步形成具有自身特色的区域发展格局,而不能再搞"一刀切"和"村村点火,处处冒烟",不能重蹈 20 世纪 80、90 年代全国许多经济改革先行地区的覆辙,避免以牺牲环境为代价的经济发展方式的出现。

第四节　生态移民与城镇化推进

在"经济贫困—人口过度增长—环境退化"的 PPE 恶性循环和"农村社会发育程度低—传统农业所占份额大、农业经济结构单——农民文化素质低"的 RAP 恶性循环耦合作用下,西部农村贫困问题十分突出。如果没有外界强作用力,这些问题短期内根本无法解决,而这些农村贫困地区恰恰又是西部重要经济区经济联系的最末端,经济区对此难以辐射及带动其快速发展,是脱贫致富的最重要区域,实际上也是实施生态移民的最重要地区。事实上,有计划、有步骤地对远离公路主干道、经济发展滞后且生态脆弱的村落实施迁移工程,避免重复建设与资源浪费是完全必要的。不过,生态移民首先需要解决就业问题,而周边的镇乃至小城市能够提供的岗位也是有限的,这种压力中的相当部分不得不转移到中心城市的郊区。

长期以来,西部地区城镇化水平低,这制约了区域经济发展程度的提高。由于城乡二元结构十分突出,西部地区劳动收益差异巨大,农村劳动力转移到城市,尤其是农村新生代农民大量外出,到城市就业、置业现象十分普遍,相当部分不愿再回到农村。据调查,国内许多地方尤其是边远地区的农村,人口数量较少的自然村落大量消失。2012 年,国务院参事冯骥才通过大量的调研以后发现,过去 10 年全国每天消失了 80—100 个自然村。可见,西部地区加快城镇化建设势在必行。与此同时,城镇化建设也将成为地区经济快速发展的一个重要增长点。

一、生态移民减少生态环境压力

我们在这里所讨论的生态移民包含两种情况,第一种情况是把原来居住于生态环境脆弱地区高分散的人口,通过移民的方式形成聚集区或村镇;第二种情况是把位于生态环境脆弱地区的人口整体搬迁至生态环境承载力负载的城镇地区,实行异地迁移。

席玮通过对我国区域生态环境人口承载力的估算可知,西部地区环境人口承载力是非常有限的,人口增量扩张将对生态环境形成极大的风险。

表 4.1　西部地区各省区市环境人口承载力（2007）　　（单位:万人）

地别	RCI			可承载人口		
	总体小康	全面小康	初步小康	总体小康	全面小康	初步小康
内蒙古	0.59	0.48	0.45	1425	1153	1076
新疆	1.03	0.84	0.78	2165	1751	1635
宁夏	0.11	0.09	0.08	64	52	48
陕西	1.04	0.84	0.79	3901	3156	2947
甘肃	1.20	0.97	0.91	3146	2545	2376
青海	1.05	0.85	0.79	579	468	437

续表

地别	RCI			可承载人口		
	总体小康	全面小康	初步小康	总体小康	全面小康	初步小康
西藏	2.93	2.37	2.21	831	672	627
四川	1.21	0.98	0.92	9863	7978	7451
重庆	0.94	0.76	0.71	2643	2138	1997
贵州	1.17	0.95	0.88	4404	3563	3327
云南	1.25	1.01	0.94	5637	4560	4259
广西	0.45	0.36	0.34	2144	1735	1620

资料来源:席玮:《中国区域资源、环境、经济的人口承载力分析与应用》,中国人民大学出版社 2011 年版。

说明:RCI 为相对人口承载力,是可承载人口与实际承载人口之比。RCI 表示三种生活标准下区域可承载人口与 2007 年区域实际人口的比值:RCI 大于 1,表示区域可承载的人口数量大于区域的实际人口规模,环境承载力处于可载状态;RCI 小于 1,表示区域实际人口规模大于区域环境承载力,区域环境承载力处于超载状态。

在总体小康标准下,西部共有 4 个地区的环境人口承载力处于超载状态,宁夏、广西、重庆的 RCI 值小于 0.6,区域环境承载力严重超载,只有西藏的环境人口承载状况较为理想。在全面小康标准和初步富裕标准下,除了西藏以外,其余省份的环境人口承载力均超载。事实上,西北部干旱半干旱区、西南石漠化地区及三江源地区是我国生态极其脆弱地区,部分地区甚至是不适宜人类居住区。目前,这些地区人口密度大多超过生态人口承载力。"北方 12 省、自治区干旱半干旱地区的沙区人口就达 7465 万人,人口密度为每平方公里 24 人,远远高于这类地区理论上承载人口的极限。"[1]"像甘肃定西地区这样人类难以生存的地方,每平方公里人口承载量最多不能超过 7—8 人,却达到 128 人。"[2]

可见,西部地区环境人口承载力是十分有限的,为了保护生态环境,保障生态屏障建设顺利进行,必须要严格控制人口增长。同时,必须细分区域,因

---

[1]　殷耀、刘军:《关注西部生态移民:生态移民也应"逐水草而居"》,新华网,2002 年 10 月 29 日。

[2]　《关注西部生态移民:生态移民也应"逐水草而居"》,新华网,2002 年 10 月 29 日。

为各区域的生态环境人口承载力是千差万别的,在那些生态脆弱区,特别是在西部广袤的生态恶化地区,是不适宜人类居住的,应该有步骤、有计划地实施生态移民工程,这是彻底改变生态恶化现象的必然之路。如果在西部那些生态极脆弱地区实施生态移民工程的话,就应该果断划定"生态无人区"①,设立生态自然保护区,保护生态环境。如青海三江源18个核心区的牧民应尽快进行整体移民,移民范围涉及4个藏族自治州的16个县的牧民一万余户、近六万人。"生态移民每迁出1口人,就为继续留住原地的2口人每人增加了50%的生存资源。"②

生态脆弱区的人口迁出以后,通常运用两种方式可以逐渐恢复生态系统。第一种是通过政府运用财政手段,对原迁出地及时退耕还林还草,封山育林,恢复生态环境。这种方式是我国西部地区目前恢复生态系统运用最为普遍的方式,因为采用这种方式恢复生态系统的速度快、效果好。第二种是让大自然自己修复创伤。尽管采用这种方式恢复生态系统的效果不一定非常好,但由于西部生态脆弱区面积广大,部分地区气候条件恶劣,基本不具备生物生长条件,在这些地区要想全部通过人工治理,无论从技术上还是经济上都是不可取的。同时,国际、国内采用这种自然修复方式都曾取得过成功。英国、美国、加拿大等国家曾经过长期的努力,采用自然恢复方法成功恢复了已经退化的生态系统。国际上,如"英国把历史上由于采矿而造成的废弃地恢复成自然生态系统,并进一步规划成世界上著名的乡村景观,每年仅靠生态旅游收入相当可观。"③在我国,"甘肃境内黄河沿岸附近的黄土丘陵区的某军用仓库,在库区内的五六个干旱山头被围封后,人畜不得入内,十几年来,围封区蒿草丛生,绿荫盖地,而围封区外,小草无存,光秃秃一片黄土山头。即使是在戈壁沙漠区,只要没有人畜活动,地面和沙梁表面也会逐渐固化,起尘很少,偶尔还会有

---

① 在实际实施生态保护战略过程中,把那些人力难以恢复的区域辟为"生态无人区",严格限制人类在生态脆弱区的开发性活动,依靠自然的自我修复能力,使生态恶化的趋势得以缓解。"生态无人区"的范围可以大到上万平方公里,小到一座山头、一片河滩。

② 乌力更:《试论西部民族地区生态移民跨省安置与生态无人区的划定问题》,《贵州民族研究》2007年第2期。

③ 蒋高明:《让大自然修复创伤》,《西部大开发》2003年第3期。

顽强的沙生植物生长。"①

二、培育增长极增强生态移民吸纳能力

生态移民从距离上区分可分为短距离移民和长距离移民两种,前者是指在县内或乡内的移民,后者是指跨地州(市)的移民。西部一些地区尝试过生态移民,不过大多数情况是在本乡、本县内近距离完成,而跨地区、跨县的移民虽然协调难度大,但仍有大量移民的事实存在。移民主要在本县范围内具有一系列优势,如,地缘条件变化不大,后续产业发展条件较好。尽管如此,可由于西部地区乡镇基本上是以农、牧业为主,土地承载能力也非常有限,第二、三产业发展滞后,能提供的就业机会非常小,加上移民大多文化素质不高且无其他技能,移民中返贫现象十分严重。因此,为了增加生态移民的就业机会,扩大吸纳生态移民的能力,为他们提供摆脱贫困与避免返贫的可能性,需要积极培育增长极。

我们根据表4.2可以看出西部地区大中城市第二产业发展与第三产业发展在带动劳动力就业方面的能力。

表 4.2　西部 11 城市第二产业与第三产业就业人数统计表（单位:万人）

城市名称	2010 年			2014 年		
	合计	第二产业	第三产业	合计	第二产业	第三产业
呼和浩特	31.14	8.83	22.31	41.80	11.67	30.13
南宁	69.01	22.47	46.54	94.58	39.63	54.95
重庆	247.04	116.69	130.35	918.22	420.39	497.83
成都	171.82	90.91	80.91	272.6	121.07	151.53
贵阳	70.04	34.12	35.92	103.69	53.97	49.72
昆明	98.16	38.86	59.30	121.35	48.62	72.73
西安	139.98	57.22	82.76	199.22	77.92	121.30
兰州	51.2	24.12	27.08	67.04	30.92	36.12

---

① 珠讯:《西部应建立更多的"生态无人区"》,《西部大开发》2002 年第 8 期。

续表

城市名称	2010 年			2014 年		
	合计	第二产业	第三产业	合计	第二产业	第三产业
西宁	28.51	11.52	16.99	34.79	15.35	19.44
银川	28.86	13.95	14.91	77.09	20.09	57.00
乌鲁木齐	45.94	16.46	29.48	69.36	23.63	45.73
合计	981.70	435.15	546.55	1999.74	863.26	1136.48

资料来源:《中国城市统计年鉴》,中国统计出版社 2011 年版;《中国城市统计年鉴》,中国统计出版社 2015 年版。

西部 11 个城市 2014 年与 2010 年相比较,第二、三产业总就业人数增加了 1018.04 万人,4 年共增长了 103.70%,年均增长 25.93%。其中,第二产业增加 428.11 万人,4 年共增长了 98.38%,年均增长 24.60%;第三产业增加 589.93 万人,4 年共增长了 107.94%,年均增长 26.99%。这充分说明,西部地区省会城市就业人口增长速度是非常快的,且增加人口的就业主要集中于第二、三产业领域。

西部地区正在兴起的城市工业园区建设已容纳了大量生态移民,这证明了生态移民进入大中城市的可能性。广西河池、百色的 23 万移民有将近 50% 的人数被成功安置在北海市工业区从事第二产业及周边地区的第三产业工作。2013 年,贵州省规划用 9 年总投资 1600 亿元用于将全省 47.7 万户 204.3 万生态移民迁入到条件相对较好的城镇、产业园区。① 贵州省政府于 2015 年 10 月印发了《关于进一步加大扶贫生态移民力度推进精准扶贫的实施意见》文件,对省内城市吸纳移民增加了更大的压力。而作为省会中心城市的贵阳,规划总人口将以年均 10 万—12 万人的速度增长,这就说明全市容纳生态移民的空间还是非常大的。因此,为了扩大生态移民的就业空间,西部地区需要进一步加大对经济增长极的培育,积极发展第二产业,推动第三产业快速发展,增加更多新的就业岗位。

---

① 万秀斌、汪志球、郝迎灿:《贵州规划九年总投资 1600 亿 两百万农民将出大山》,贵阳网,2013 年 11 月 16 日。

三、城镇化助推增长极规模扩张

根据上文分析,我们可以判定,城镇化与生态移民可以有机地结合起来。为了实现生态移民融入自然村与行政村的整合进程中,需要建成一批小城镇①,加速西部地区城镇化进程。同时,对于大、中型城市而言,部分重点小城镇有壮大成为大城市卫星城的可能,并能在要素供给、活跃市场等方面促进城市规模扩张。

首先,城镇化直接为大中城市发展提供土地空间。城镇空间拓展是城镇化的空间依托或直接后果,它包括由城市数量增加和单个城市空间扩展两个方面引起的空间延伸。城镇空间拓展可以区分为城市土地空间增量拓展与城市空间存量更新重组两种方式,前一种形态主要集中在城市边缘区边界向外扩张,后一种形态表现为空间利用集约化和空间功能重组,城市空间厚度增大。城镇化能为大中城市发展腾出大量土地空间。

其次,城镇化是大中城市人口规模扩张的直接来源。城市空间拓展又为城市人口规模扩张提供可能,而城市人口对空间的需求却是城市空间拓展的最初动力。这一切,均离不开城镇化的推进。按照美国发展经济学家霍利斯·钱纳里(Hollis B.Chenery)的分析标准,结合世界银行统计的 20 世纪 80 年代末各国发展数据计算,"如果以人均 GDP 值来对城镇化水平进行分类,那么低收入国家城镇化水平为 35%,下中等收入国家城镇化水平为 56%,中等收入国家城镇化水平为 58%,上中等收入国家城镇化水平为 62%,高收入国家城镇化水平为 78%。"②大开发的 10 年以来,西部城镇化取得了长足的进步,城镇化率平均每年提高了 1.78 个百分点。即便如此,到 2012 年,西部地区城镇化率仍然仅为 44.93%,远远低于同期全国城镇化率的 52.57% 的水

---

①　2013 年 6 月召开的第十二届全国人大常委会第三次会议上,国家发改委主任徐绍史作了《国务院关于城镇化建设工作情况的报告》。报告中称,我国将全面放开小城镇和小城市落户限制,有序放开中等城市落户限制,逐步放宽大城市落户条件,合理设定特大城市落户条件,逐步把符合条件的农业转移人口转为城镇居民。这实际上是我国第一次明确提出各类城市具体的城镇化路径。

②　赵常兴:《西部地区城镇化研究》,西北农林科技大学博士学位论文,2007 年。

平,更低于钱纳里分析标准中的下中等收入国家城镇化水平。因此,在西部地区工业化进入中期以后,城镇化速度还应加快,当然也一定会加快。如果按照全国1978—2012年年均提高1.02个百分点计算,西部地区需要到2020年前后才达到目前全国平均水平;如果按照2000—2012年年均提高1.36个百分点计算,也还需要数年时间才能达到2012年全国平均水平。

最后,城镇化促进增长极经济快速发展。城镇化是社会经济发展的产物,并在其发展过程中与经济发展相互促进、相互影响。(1)城镇化水平提高带动产业发展,直接推动经济增长。一方面,城镇化过程中,会大量增加公共品供给,从而带动城市基础设施及文化、教育事业的发展。世界银行专家G.英格拉姆(G.Ingram)研究证明,基础设施水平与经济产出是同步增长的,基础设施存量每增长1%,GDP就增长1%。① 另一方面,城镇化过程中,制造业和人口的聚集推动了第三产业发展。当第二、第三产业协调推进之际,类似于系统的"整合效应"就会出现,且两者的功能均将得到强化。(2)城镇化发展是启动内需的新经济增长点。城镇化过程是一个农民转化为市民的过程,是一个促使居民消费观念转变的过程。在这个转变过程中,相应带动国内需求市场扩张。长期以来,西部地区经济发展相对滞后,东部市场许多已经趋于饱和的产品能在西部农村市场寻找到需求空间。(3)城镇化率与人均国内生产总值之间呈正相关性。关于这一点,可以参考1964年钱纳里等人对近百个国家的统计资料进行综合分析后给出的一个常态下经济的"发展模型"。

城镇化发展与生态环境建设虽说是矛盾的统一体,但当城镇化水平提高时,情况则会发生显著变化。高质量的城镇化既有利于经济增长,也有利于生态环境保护。

第五节　增长极发展经验及西部
增长极培育实践评价

佩鲁在《增长极概念》中指出,"经济增长并不可能同时出现在任何地方,

---

① 徐娜:《利用信托解决城市基础设施建设融资问题》,西南财经大学硕士学位论文,2006年。

它首先应该出现在增长点或增长极上,然后再向外扩散,并对整个经济产生不同的影响。"①增长极的培育在很多国家经济增长过程中发挥了重要作用。不过,由于各国国情不同,区域经济的发展形势存在巨大差异,各国或地区在培育增长极时运用的方式方法明显存在差异。在西部大开发中,我们积极吸取成功经验,努力培育省域经济增长极,促进西部经济实现又好又快发展。

一、国外增长极发展实践与评价

关于增长极的形成模式,存在着两种不同意见。一种意见认为,增长极是"自下而上"发展的结果,即由市场选择的自然发展结果;另一种意见则主张,增长极的形成是"自上而下"的结果,即主要依靠政府力量"激发"形成。实际上,增长极在成长过程中,在起步阶段大多主要依靠政府的力量发展聚集经济、规模经济,一旦雏形形成,则主要依靠市场力量壮大。

增长极理论出现以后,在国外迅速被各国政府奉为经济发展战略。"二战"以后,法国区域经济发展失衡问题日益严重,法国政府试图通过区域经济发展战略进行调控和引导,决定在1966—1969年的第五个国家计划中建立一个遍布全国的增长极体系,最终选定了马赛、里昂、南锡、斯特拉斯堡、里尔、南特、波尔多、图卢兹等8个大的城市确定为国家的平衡大城市即增长极,通过优惠政策促进这些区域的经济发展,取得了良好的效果。联邦德国、英国、荷兰、比利时、瑞典、挪威、西班牙等许多西欧国家都采取了这种政策,并取得了一定成功。②

在发展中国家里,增长极理论在巴西和马来西亚运用得比较成功。巴西为了改变本国区域经济发展南强北弱的局面,采取了适当的政府干预和激励政策。政府将首都从繁华的里约热内卢迁到落后的巴西利亚,利用优惠政策吸引外资,在亚马孙河中游大力建设新工业区和内地自由贸易区。数十年以后,玛瑙斯自由贸易区已经发展为巴西的第三大经济区,偏僻小城玛瑙斯也发

---

① ［法］弗朗索瓦·佩鲁:《增长极概念》,《经济学译丛》1988年第9期。
② 任军:《增长极理论的非均衡发展观与我国中西部经济增长极构建》,《工业技术经济》2007年第6期。

展成为有 200 万人口的大型城市。马来西亚针对本国西强东弱的区域经济失衡发展问题,提出了适度非均衡发展战略。通过政府的扶持,帕朗及周围地区逐渐发展成为世界性的电子产品出口基地。

在实践中,人们逐步认识到,区域性中心城市在经济发展中具有特殊的重要地位。因为,区域性中心城市数量众多,建成区面积总量大,人口和经济要素总量绝对数大,在城市体量中的比重最大,且文化教育功能、创新组织最完备,创新能力最强大。它们是城市体系中的发动机,也是平衡稳定发展的主导力量。关于这一点,我们可以从世界各国城市建设历程中窥见一斑。20 世纪 80 年代以来,世界上许多国家将城市发展的侧重点转向了区域性中心城市即全国性的次级城市。发展中国家泰国就是一个很好的例子,泰国全国上下共分为 1 个中央区和 2 个边缘区,为了壮大城市发展力量,特在每一个区内选择 1—2 个区域增长中心,通过政策及资源等加以重点扶持,每个区域增长中心都取得了较好的效果。

不过,我们也客观承认,各国实施增长极战略的例子成败参半。由于世界各国和不同地区的实际情况各不相同,不同政府和经济主体对增长极理论的理解程度差别也极大,区域经济政策更是错综复杂。因此,区域经济发展的增长极模式是千差万别的。法国、巴西和马来西亚等国实践增长极理论的成功经验表明,在制定或选择适合本国或本地区区域经济发展的增长极模式之际,各国一定要从自身实际情况出发,尽量避免政府决策失误,防止政府过度干预,增长极理论才能较好地得到运用,增长极发展战略才能对区域经济发展起到重要的引导和促进作用。

二、国内"三大增长极"发展实践与评价

改革开放以来,我国很好地运用了增长极理论进行决策,建立了经济特区和城市,依靠经济增长极的"扩散作用",带动了周边区域乃至全国整体经济的发展。这一战略证明了我国运用增长极理论加强经济中心地建设的做法是成功的。国内许多地区都在学习这种成功的经验。近期,成渝经济区提出要成为西部地区的经济增长极,海峡经济区要成为中国经济重要的新增长极;长

江中游经济区、中原经济区、长珠潭城市群等重点开发区域也正想借着中部崛起的机遇,努力成为新的全国性经济增长极。

1. 珠江三角洲经济区建设

1994 年,珠江三角洲经济区正式设立,最初其范围由广州、深圳、佛山、珠海、东莞、中山、江门 7 个城市组成(不含香港、澳门 2 个特区)。后经多次变动扩容,"珠三角"发展成"泛珠三角",范围包括广东、福建、江西、湖南、广西、海南、四川、贵州、云南 9 个省区和香港、澳门 2 个特别行政区,简称"9+2"。珠三角经济区的形成,一方面承接港澳经济的强辐射,另一方面通过扩散效应直接影响我国华南、华中地区及西南地区,特别是近几年珠三角经济区的部分产业逐渐向毗邻区域的转移,促进了泛珠三角周边省区经济和贸易的发展。

2. 长三角经济区建设

长三角经济区是由上海、江苏、浙江的 16 个城市组成的城市群,具体城市包括:上海市,江苏省南京、苏州、扬州、镇江、泰州、无锡、常州、南通等 8 个城市,浙江省的杭州、宁波、湖州、嘉兴、舟山、绍兴、台州等 7 个城市。2010 年 5 月,《长江三角洲地区区域规划》明确了长江三角洲地区的发展战略定位。按照规划,长三角经济区将成为亚太地区重要的国际门户、全球重要的现代服务业和先进制造业中心,实现具有较强国际竞争力的世界级城市群的发展战略定位。

长江三角洲地区具有优良的自然禀赋、优越区位条件,经济发展水平较高,市场发育比较成熟,城市化水平高。长江三角经济区腹地面积广大,横贯我国东中西三大经济地带。长江三角经济区的形成,在科技、人才、资金等方面对其经济腹地起着重要的支持作用,在产业选择、经济发展模式方面起着重大的示范作用。长江三角洲经济科技发达,是我国最大的经济核心区,是长江经济带发展的龙头,是我国社会主义市场经济发展水平最高、综合实力最强、城镇体系较为完备的区域。

3. 环渤海经济区建设

环渤海经济区的经济腹地包括北京、天津两大中心城市和辽宁、河北、山西、山东和内蒙古中部地区,共五省(区)二市,经济区共有城市 157 个,约占全国城市的1/4。环渤海经济区业已成为中国北方经济发展的"引擎",成为中国经济发展的新热点地区,也是世界经济发展最活跃的地区。环渤海经济圈已经成为继珠三角、长三角之后国内第三个区域经济支柱。环渤海经济圈创新了一种区域发展新模式——产业新城模式,这种模式是一种政府主导、企业运营为突出特征的开发区投资运营模式。

三大增长极是东部经济发展的发动机和创新基地,他们在东部区域经济发展中的主导地位要高于东部在全国区域经济发展中的主导地位。相比其他任何增长极而言,这三大增长极的地位和作用显得尤为重要,而且其经济扩散、辐射和带动作用的范围已经超出了东部地区的界限,在全国区域经济发展中的作用得到逐渐释放。

正是由于三大增长极的成功示范作用,打造增长极已经成为国内各省市加强区域规划、实施发展战略的共识。

三、西部经济增长极培育实践评价

"西部大开发"、"中部崛起"、"东北老工业基地振兴"的战略构想的提出,是对非均衡协调发展战略的深化。近几年以来,西部地区尝试着建设一系列的多层级的经济增长极。

1. 建设成渝经济区

成渝经济区地域范围包括重庆市的主城区、万州、涪陵、长寿、江津、合川、永川、南川、綦江、潼南、铜梁、大足、荣昌、璧山、梁平、丰都、垫江、忠县、开县、云阳、石柱等29个区县及四川省的成都、德阳、绵阳、眉山、简阳、资阳、遂宁、乐山、雅安、自贡、泸州、内江、南充、宜宾、达州、广安等16个市。2011年国家发展改革委正式颁布《成渝经济区区域规划(2011—2020)》,成渝经济区建设步入正轨。[①] 经济区内的成都市于2013年、2014年连续两度登上《第一财经周刊》评选的国内一线城市榜首,重庆市地区生产总值增长率连续多年蝉联

----

① 国家发展和改革委员会:《成渝经济区区域规划(2011—2020)》,发改地区〔2011〕1124号,2011年5月30日。

全国城市冠军。成渝经济区是长江上游经济发展水平最高的区域,是引领西部地区发展、增强国家综合实力的重要支撑,是长江上游生态屏障的重要组成部分,也是作为中国第四增长极打造的区域。

2.建设关中—天水经济区

关中—天水经济区地域范围包括陕西省西安、铜川、宝鸡、咸阳、渭南、杨凌、商洛(部分区县)和甘肃省天水所辖行政区域,直接辐射区域涉及陕西省陕南的汉中、安康,陕北的延安、榆林,甘肃省的平凉、庆阳和陇南地区。经济区的发展目标定位是:"建成西部及北方内陆地区的开放开发龙头地区,以高科技为先导的先进制造业集中地,以旅游、物流、金融、文化为主的现代服务业集中地,以现代科教为支撑的创新型地区,领先的城镇化和城乡协调发展地区,综合型经济核心区,全国综合改革试验示范区。经济区以大西安(含咸阳)为中心城市,宝鸡为副中心城市,天水、铜川、渭南、商洛、杨凌等为次核心城市。依托欧亚大陆桥陇海铁路和连霍高速公路,形成中国西部发达的城市群和产业集聚带与关中城市群相呼应。"①

3.建设广西北部湾经济区

广西北部湾经济区主要由南宁、北海、钦州、防城港四城市和玉林、崇左两个城市物流中心所辖行政区域组成。经济区的发展目标是:经过 10 年到 15 年的努力,建设成为我国沿海重要经济增长区域。② 经过数年的发展,经济区发展态势良好。2013 年,经济区实现生产总值 4817 亿元,占全区的比重为33.5%,主要经济指标增幅均高于广西全区指标。

4.建设重庆两江新区

重庆两江新区是中国内陆地区第一个国家级开发开放新区,其地域范围包括江北区、渝北区、北碚区三个行政区部分区域,及重庆北部新区、两路寸滩保税港区、两江工业园区等功能经济区。两江新区发展的战略定位是:发展成

---

① 国家发展和改革委员会:《关中—天水经济区发展规划》,发改西部〔2009〕1500 号,2009年 1 月 10 日。

② 国家发展和改革委员会:《广西北部湾经济区发展规划》,发改地区〔2008〕144 号,2008年 1 月 16 日。

为西部内陆地区对外开放的重要门户,长江上游地区现代商贸物流中心,长江上游地区金融中心,国家重要的现代制造业和国家高新技术产业基地,内陆国际贸易大通道和出口商品加工基地,长江上游的科技创新和科研成果产业化基地的"一门户两中心三基地"。两江新区的建设目标是:到2020年,工业总产值达到万亿元,在重庆建设内陆开放高地中发挥核心和引擎作用,努力建成具有国际影响力和中国内陆开放示范效应的新区。

5.建设甘肃兰州新区

甘肃兰州新区地处兰州、西宁、银川三个省会城市共生带的中间位置,是国家规划建设的综合交通枢纽,辖永登、皋兰两县五镇一乡,属于国家级新区。兰州新区的建设总体目标是:成为国家战略实施的重要平台,西部区域复兴的重要增长极,兰州城市拓展的重要空间。①

6.建设陕西西咸新区与贵州贵安新区

西咸新区和贵安新区均属于国家级经济区。西咸新区位于陕西省西安市和咸阳市建成区之间,区域范围涉及西安、咸阳两市所辖7县(区)23个乡镇和街道办事处。新区创设的产业园区包括空港综合保税区、空港临空产业园区、统筹科技资源示范区、六村堡新加坡现代产业园区、周陵新兴产业园区、五陵塬文化产业园区、信息产业园、国际教育文化园区、现代物流园区、地理信息产业园区等。2016年,新区被列为国家级首批双创"区域示范基地",开展构建开放型经济新体制综合试点试验地区。

贵安新区位于贵州省贵阳市和安顺市结合部,区域范围涉及贵阳、安顺两市所辖4县(市、区)20个乡镇。新区高起点规划了核心职能集聚区、特色职能引领区、文化生态保护区等三大功能区。新区还规划了八大产业园区和综合保税区,重点打造大数据、高端电子信息制造、高端特色装备制造、高端文化旅游养生、高端服务业等现代产业集群。2016年第一季度,贵安新区完成地区生产总值20.23亿元,同比增长60%;全社会固定资产投资完成102.43亿元,增长25%;招商项目总投资400亿元,实际到位资金46.52亿元,增长

---

① 牛彦君:《兰州新区的发展"路线图"》,《甘肃日报》2012年9月10日。

319%；市场主体新增 812 户，增长 80%。2016 年，新区被列为国家级首批双创"区域示范基地"。

7. 建设四川天府新区与云南滇中新区

2014 年经国务院同意设立的四川天府新区，新区范围包括成都市的成都高新南区、双流区、龙泉驿区、新津县、简阳市，眉山市的彭山区、仁寿县，共涉及 2 市 7 县（市、区）38 个乡镇和街道办事处。新区发展定位为：中国西部地区的核心增长极与科技创新高地，以现代制造业和高端服务业为主，宜业宜商宜居的国际化现代新区。

2015 年云南滇中新区经国务院同意正式设立，新区初期规划范围包括安宁市、嵩明县和官渡区部分区域。按照规划，新区将打造成为我国面向南亚东南亚辐射中心的重要支点、云南桥头堡建设的重要经济增长极、西部地区新型城镇化综合试验区和改革创新先行区。

尽管如此，西部地区增长极与沿海发达地区增长极相比，还处于起步阶段。我们必须认识到，当今市场经济条件下西部大开发所处的国内区域经济环境要比 20 世纪 80、90 年代东部地区大开放所处的环境恶劣得多。党的十八届三中全会明确指出，市场经济体制改革将进入深水期，市场机制逐渐取代政府在经济中的主导地位，市场在资源配置中将发挥决定性作用。这样，来自其他区域激励竞争的威胁就可能降落到原本落后的西部地区。西部地区只有很好地把握新一轮西部大开发的机遇，加快改革步伐，加快转型力度，加强已规划的经济增长极建设，选择部分条件较好、发展潜力较大的城市，并将其聚集优质资源培育成省域经济增长极，甚至发展成西部经济增长极，发挥比较优势，才能真正实现后发赶超战略。

第五章　西部省域经济增长极选择及增长极体系构建

——以黔青两省为例

根据现有经验表明,经济区域增长极周围拥有一系列的子极或增长点,它们将增长极的经济要素向外扩散,并对经济产生影响。

省域经济增长极体系通常是这样构成的:以中心城市为核心增长极,周围有数个次级增长极培育(地级市、县域级),围绕着核心增长极和次级增长极存在着数量众多的基层增长极培育(县域级、村镇域级)。培育省域经济增长极已经成为当前西部区域经济发展的最重要的战略选择。但是,增长极的培育根据功能区的不同应采用明显差异化的培育路径。

第一节　省域经济增长极选择方式

当我们在讨论增长极与增长点的时候,首先必须弄明白二者之间的区别与联系。有学者指出,如果极点的规模及影响范围较小,主导性产业活动都局限在一个非常有限的空间内,只能在一个相对狭小的地带建立产业和空间上的关联结构,这种极点就被称为"增长点";反之,如果那种具有推进力的综合体规模及影响较大,产业活动在一个较大的范围内围绕一个主要核心活动且存在关联效应,这种极点就称之为"增长极"。有学者认为,"增长点和增长极之间的区别不仅仅体现在产业活动规模及影响力的大小上,而且还体现在二者对外界刺激的反应不一样,认为增长点主要存在于不发达经济中且对外界毫无反应,而增长极主要存在于发达经济中且对外界的反应灵敏迅速。"①实际上,增长极与增长点的主要区别在于:在某一区域内,规模有差别,前者大于后者;功能体系不同,前者功能体系较完整,后者往往不够完整甚至仅具有单一经济功能,增长极往往由一系列的增长点构成。

省域经济增长极是由各种层级区域增长极的有机结合而构成的区域增长极体系。市场经济条件下,区域增长极体系既发挥着各种层级的极化效应和扩散效应,又发挥着综合效应。其中,极化效应和扩散效应的发挥遵循由上一层级区域增长极向下一层级区域增长极发生作用的基本方向,并以点辐射、线辐射和面辐射的形式在西部或省域区域范围内进行布局、分工,通过资源整合,推动西部区域经济发展,从而形成区域经济增长的长效机制。因此,构建省域增长极体系是解决西部地区经济快速发展的有效途径。

一、构建指标体系

根据前面对经济增长极的描述,结合贵州和青海的实际,在此,我们拟选取贵州和青海可能的经济增长极城市进行分析。在贵州,我们选择贵阳、遵义、毕节、六盘水、黔南、黔东南、黔西南、铜仁、安顺作为本省可能的经济增长极;在青海,根据区域地理位置及对区域经济增长的贡献,我们选择西宁、海西、海东、海北、海南、果洛、黄南、玉树作为本省可能的经济增长极。在此,我们拟从经济发展指标、经济结构指标、经济环境指标三个方面进行深入分析。

1. 经济发展指标

经济发展水平影响着城市的经济增长,是经济增长极选择中需要考虑的最重要的经济指标。人口数量作为一个地区经济承载的人口总量,一般情况下,区域经济总量一定,人口数量越多,区域经济发展水平相对越低,所以我们选取人口数量 X_1 作为经济发展的一个指标;对于每一个地区来说,地区生产总值越大,地区经济水平相对来说也会越高,所以我们将地区生产总值作为经济发展的另一个指标 X_2;财政收入高低在一定程度上反映地区经济发展的水平高低,如果一个地区的财政收入越多,则表明这个地区的经济发展水平越

---

① 罗仲平:《西部地区县域经济增长点研究》,四川大学博士学位论文,2006 年。

高,所以我们将财政收入总量作为经济发展的指标 X_3;一个地区的经济发展水平在一定程度上与该区域的进出口贸易总额有一定的关系,即一个地区经济发展程度越高,表明该地区与外界的联系越多,所以我们选取进出口贸易总额作为经济发展指标 X_4;在我国特别是在西部地区,固定资产投资总额直接关系到国家或者政府在该区域的投资额度,关系到国家的政策倾斜,固定资产投资总额在一定程度上和该地区的经济发展水平直接相关,一个地区的固定资产投资总额越多,表明该地区的经济发展水平越高,所以我们选取区域的固定资产投资总额为 X_5;区域的经济发展水平,与该区域的人群的消费水平相关,一般来说,消费水平越高,表明该区域可能的经济发展水平越高,而一个地区的消费水平高低主要体现在该地区的社会消费品零售总额,所以我们选取社会消费品零售总额作为指标 X_6;某一地区规模以上的企业工业总产值越大,表明该地区的工业化水平越高,所以我们选取规模以上工业总产值作为指标 X_7。

2. 经济结构指标

增长极城市的选取不仅需要考量经济发展水平,同时也需要考量经济结构。一个地区经济结构越合理,表明该区域作为经济增长极城市的可能性越大,也显得越为合理。在当前城镇化建设的浪潮下,我们十分重视城市化率,将城市化率视作经济结构的一种表象。从表象上看,城市化率水平越高,表示该区域的经济结构更符合国家城镇化发展的要求,表明经济结构越合理,所以我们将城市化率作为经济结构的第一指标,作为 X_8;我们将第二、三产业的比重作为经济结构指标 X_9;将第三产业的从业人员数量作为重要指标 X_{10}。

3. 经济环境指标

外界的经济环境对经济增长极城市的选择有一定的影响,一个地区的外界经济环境越好可能这个城市对周边城市的带动及辐射就会越明显,以点带面及以线带面的可能性就会越大。民用汽车拥有量是一个区域的外界经济环境的一种表现,民用汽车拥有量越大表明该区域内的对外的联系越好,该区域的外界经济环境就越好,就能促进该区域的经济外部性,选取民用汽车拥有量为 X_{11};金融机构存贷款余额越多表明区域的外部环境也越好,所以选取金融

机构贷款余额为 X_{12};科技支出总量越多,表明用于科技开发上的金额越多,外界将科研直接转化为生产力的可能性就会越大,选取科技支出总量为 X_{13};互联网上网人数直接关系到区域的对外界信息的获取,人群对经济的关注程度,所以选取互联网宽带用户数量为 X_{14}。

二、其他考量指标

实际上,在进行各级经济增长极选择时还需要从以下几个方面进行考虑。

1. 从区域发展的角度选择城市

西部要实现经济快速发展应实施区域增长极优先发展战略。各省市在选取其自身范围内的各级区域经济中心时,一方面要全面考察备选城市自身的经济社会发展能力,另一方面还要考察周边区域经济发展能力及对区域经济的辐射带动能力,两者都必须综合考虑。因为,如果一个城市仅仅自身经济社会发展具有很强的实力,而对周边地区经济发展却基本不具备带动作用,或者对其吸引范围内的地区也产生不了正辐射效应的话,那么这个城市就像经济发展中的"孤岛",就不具备作为增长极中心的条件,建议不要将"经济孤岛"式城市选择为区域经济中心。

次级区域经济中心城市是相对区域中心城市而言的,故前者的选取还必须考虑与中心城市的距离。根据经济联系度的距离衰减原则,过远的空间距离将大大削减"经济孤岛"作为次级中心城市的可能性。

2. 更关注城市的社会服务综合能力

以城市整合、市场整合推进经济整合是促进省域经济增长极形成的重要路径,以往在选择区域中心城市时往往只重视经济实力指标,而忽略或低估社会服务能力的重要性。实际上,中心城市的功能除了具有经济功能的辐射作用以外,还应具有十分重要的其他社会功能的带动、示范功能,如文化功能、教育功能、创新功能等。因此,在选择各级区域经济中心时应该加重社会服务能力这一指标的考核权重。

3. 统筹各大区域协调发展

选择增长极城市时需要充分考虑"兼顾公平和效益"、"统筹区域内各大片区经济发展"的能力。作为区域经济中心城市,要具备支撑一方经济建设,引领、带动一方经济发展,引导周边区域的人民走向富裕的功能。那么,这些城市就不能单纯追求自身发展,还要兼顾周边区域经济发展,协调其他区域经济发展。同时,我们在选择区域经济中心城市时,除了经济增长极的各个片区之外,还需要有带动其他区域次级中心城市发展的功能,这样才不至于将次级中心聚集在一个片区。只有这样,各个区域才能形成与位居第一的增长极联合发展的形势,省域经济才能整个盘活。

4. 关注区域生态承载力

充分评估区域生态承载力,实现城市可持续发展也是选择增长极中心时的必备考虑因素。评估区域生态承载力需要考虑这些基本因素:(1)可利用土地资源,据此可以评价一个地区剩余或潜在可利用土地资源的承载能力;(2)可利用水资源,可以评价一个地区剩余或潜在可利用水资源的支撑能力;(3)环境容量,可以评估区域生态环境可容纳污染物的能力;(4)生态系统脆弱性,可以表征区域尺度生态环境脆弱程度;(5)生态重要性,可以表征区域尺度生态系统结构、功能重要程度;(6)自然灾害危险性,可以评估区域自然灾害发生的可能性和灾害损失的严重性。[1] 科学、合理评估生态承载力,是生态城市发展的必要路径。同时,产业实现生态化、建立有效的生态补偿机制是西部生态屏障建设保有成效的出路,西部城市理想增长是实现区域可持续发展的关键路径。

5. 重视区域政府规划及政策支持

政府区域发展规划是选择中心城市必须重视的条件。改革开发的几十年以来,全国各地均相继规划、发展区域经济中心,围绕这个中心,大力培育次级中心城市。西部地区许多省份获得了培育省域经济增长极的机遇,纷纷做了区域发展规划,积聚了更多的资源投入到经济开发区、城市经济圈等建设之中,位居这些区域中的城市将获得更多的发展机遇。

---

① 董文、张新、池天河:《我国省级主体功能区划的资源环境承载力指标体系与评价方法》,《地球信息科学学报》2011 年第 2 期。

但由于本书研究过程中,不可能穷尽所有研究指标。一方面,有些指标数据不便得到,也不便量化,不容易确定权重;另一方面,如果考虑所有指标的话,运用上述研究方法,得出结论可能不可靠。因此,只好将部分指标作为定性研究过程中的参考因素。

三、模型建立及数据处理

本书的主要数据来源于 2015 年的《贵州统计年鉴》、《贵阳统计年鉴》、《青海统计年鉴》、《西宁统计年鉴》、《中国城市统计年鉴》等,并利用 SPSS 软件对所选取的数据进行分析。

根据取得的上述指标的各地区的各项指标的数值,利用标准化的无量纲化处理,标准化 Z-scor 公式为:

$$y_i = \frac{X_i - \bar{X}}{s} \tag{5.1}$$

$$\bar{x} = \frac{1}{n} \sum_{i=1}^{n} x_i \tag{5.2}$$

$$\sqrt{\frac{\sum_{i=1}^{n} (x_i - \hat{x})^2}{n - 1}} \tag{5.3}$$

由无量纲化的基本公式,我们可以将统计数据进行无量纲化处理,构造相关系数矩阵 R。

四、结果分析

根据上面所确定的指标体系,运用相关计算模型,利用 SPSS 软件对获取的数据进行分析,得出贵州、青海各地区的综合得分,在此基础上,再做综合分析。

第二节　省域经济增长极体系构建

任何区域空间结构是由点、线、网络和域面四个基本要素构成,以点状扩展、线状蔓延、网络交织进而形成域面状。当然,域面状的演进是多种力量交互作用的结果。假设我们把所研究的区域分成若干子区域,那么每一个子区域都会有一个增长极,而且每个增长极都由多个层级的增长极体系构成。省域经济增长极体系就是从某一省域的整体布局出发,以核心城市为中心,由各个极点、轴线、面的有机组合而构成的增长极体系。在整个增长极体系里,极点可以指区域性中心城市,也可以指产业集群区域;线状的经济增长轴多数表现为交通经济带;面状的经济区由城市群、城市圈及广大农村腹地构成。根据区域规模大小不同,相应的增长极可分为不同的等级:高级层次(核心层)、中间层次(次级层)和基础层次(基层)。这些不同层级的增长极相互衔接、相互作用、彼此渗透与融合,共同构成区域经济增长极体系。高级层次、中间层次和基础层次构成了西部区域经济发展的"点—线—面"结构,也是西部区域经济发展的基本思路。当各增长极不断向外扩散之际,增长极辐射范围逐渐实现由点到线再到面的衍变,区域经济一体化正在发生。区域经济一体化过程既是核心增长极规模扩张过程,也是整个区域经济成长的过程。

一、中心城市是增长极的核心

关于这一点,我们完全可以从我国东部地区成功的经验中得到启发:东部地区每个省域内都有一个高度发达的中心城市,中心城市周边的城市在中心城市的带动和示范作用下得到了较好的发展。究其根本原因在于:中心城市集聚了区域内先进生产力、丰富的人力资源和大量的建设资金,经济超先增长的局面易于出现,中心城市率先实现增长,并逐渐成长为增长极,带动区域经济整体发展。不过,对于一个区域而言,中心城市在发展的早期阶段,一般是大极化作用、小扩散作用,当城市发展到较为成熟阶段以后,逐渐出现小极化、大扩散的效应。因此,一个区域要想快速及持续发展的话,需要发展一个具有强大经济功能特别是强大扩张功能和辐射功能的中心城市。

二、次级中心城市是增长极发展的重要推手

20世纪80年代朗迪勒里(Rondinelli)提出了"次级城市发展战略"。按

照这种理论,发展政策成功与否的关键是城市规模等级或城市结构是否合理,为了能够在城乡间顺利传播经济活动和行政功能,需要建立一个较为完善的次级城市体系。对于发展中国家而言,要想获得社会和区域两个方面的全面发展,尤其需要实施分散投资策略,建立一个完整、分散的次级城市体系。① 次级中心城市虽然在生产总值和综合竞争力等方面要弱于中心城市,但较其他城市在生产、科技创新、交通、物资集散等功能方面又具有一定的优势,能够对小城镇和乡村构成较强极化效应和辐射效应。事实上,国内外经济区发展的成功经验表明,次级经济中心不仅存在,而且对经济区的发展确实起到重要作用。② 因此,次级中心城市是引导西部地区乃至全国未来城市发展的重要力量。它一方面可以分担大城市发展压力,另一方面也成为带动小城市发展的主要力量。

三、小城市(镇)是增长点的重要承载地

经济增长点可以分为两种类型,即产业增长点和城市增长点。在此,我们所讨论的增长点是指城市增长点。

系列增长点存在于核心增长极周围,增长点对区域经济发展的影响力远远小于其最近的增长极。但是,区域经济的发展需要一批合理的区域经济增长点,因为经济增长点的生长有利于构建合理的区域产业结构、促进区域产业升级、带动落后地区经济的发展、促进区域内生产要素的合理配置、更好地进行区域之间的合作。小城市在现有的次级中心城市,特别是中心城市的带领下迅速发展,实现经济发展由点到线再到面的全面发展。

四、国内各区域增长极体系构建状况

经过数十年的发展,我国经济发展先行区均已构建了增长极体系。沿海诸多省份的发展轴线由一级经济中心和次级经济中心加上交通轴线构成,其

---

① 引自 Graeml,Karin Sylvia and Alexandre Reis Graeml. "*Urbanizational solutions of a third world country's metropolis to its socialenvironment challenges*".*Journal of urban Economics*,2004(8)。

② 李锦章、初玉岗、周志斌:《次中心城市与区域经济发展》,《汉江论坛》2003 年第 2 期。

中一级经济中心有1—2个特大城市或大城市组成,次级经济中心由2—4个大中型城市组成。"广东的一级经济中心城市为广州市、深圳市,次级经济中心城市有佛山市、东莞市;浙江省的一级经济中心城市是杭州市、宁波市,次级经济中心城市有温州市、绍兴市、嘉兴市等;江苏省的一级经济中心城市是南京市,次级经济中心城市有苏州市、无锡市、常州市等;山东省的一级经济中心城市是青岛市,次级经济中心城市有济南市、淄博市、潍坊市、烟台市等。"①广东、浙江、江苏、山东四省的一级经济中心、次级经济中心周围均有若干个小城市(镇)。这种发展模式是符合未来我国西部地区城市化发展的要求的,西部城市增长极体系构建过程中完全可以借鉴这种经验。

表 5.1　2014 年全国各省(不含直辖市)拥有城市情况一览表

地区	城市合计	按行政级别分组		
		副省级市	地级市	县级市
全国总计	653	15	273	361
东部地区	216	8	77	131
河北	31	—	11	20
山东	45	2	15	28
江苏	36	1	12	23
浙江	31	2	9	20
福建	22	1	8	13
广东	42	2	19	21
海南	9	—	3	6
中部地区	168	1	79	88
山西	22	—	11	11
河南	38	—	17	21
安徽	22	—	16	6
江西	21	—	11	10
湖北	36	1	11	24
湖南	29	—	13	16

①　曹佳:《成渝经济区次级经济中心的选择及发展研究》,西南交通大学研究生学位论文,2007 年。

续表

地区	城市合计	按行政级别分组		
		副省级市	地级市	县级市
西部地区	177	2	87	88
内蒙古	20	—	9	11
新疆	26	—	2	24
青海	5	—	2	3
甘肃	16	—	12	4
宁夏	7	—	5	2
陕西	13	1	9	3
四川	32	1	17	14
贵州	13	—	6	7
广西	21	—	14	7
云南	21	—	8	13
西藏	3	—	3	—
东北地区	88	4	30	54
黑龙江	29	1	11	17
吉林	28	1	7	20
辽宁	31	2	12	17

资料来源:《中国城市统计年鉴》,中国统计出版社 2015 年版。

表 5.1 表明,在过去的发展过程中,我国大规模核心城市主要集中于东部地区、东北地区,且城市密度大、城市数量占有显著优势,因而区域内人均 GDP 远远大于中西部地区;而西部地区大规模城市数量少,且城市密度非常小,人均 GDP 处于低位状态。因此,西部地区应加快城市化进程,积极培育经济增长极,努力提高国民收入。

第三节　黔青两省各级增长极选择

对于西部欠发达地区而言,要想获得长远发展,应该吸取国内外成功经验,进行区域间的分散投资,建立一个完整、分散的增长极体系,特别是多层级城市体系。因此,多层级中心城市是引导西部地区乃至全国未来城市化发展的重要力量,它一方面可以分担大城市发展压力,另一方面也成为带动小城市发展的主要力量。

在此,我们以贵州、青海为研究对象,对贵州和青海的次级经济增长极进行选择,以主成分分析方法选择出作为贵州、青海两地区的区域经济增长极区域,以城市作为发展点、促进增长轴线的延伸,带动区域经济的全面发展。

一、贵州省各级增长极选择

由无量纲化的基本公式,我们可以将统计数据进行无量纲化处理,构造相关系数矩阵 R。我们根据相关系数矩阵,利用主成分分析法,计算特征根,然后由 $\omega_k = \lambda_k / \sum_{i=1}^{p} \lambda_i$、$\omega_k \sum_{k=1}^{m} \lambda_k / \sum_{i=1}^{p} \lambda_i$ 计算主成分贡献率和累计方差贡献率及累计贡献率,结果如表 5.2。

表 5.2 贵州主成分累计贡献率

Component	Initial Eigenvalues			Extraction Sums of Squared Loadings		
	Total	% of Variance	Cumnlative %	Total	% of Variance	Cumnlative %
1	11.022	78.731	78.731	11.022	78.731	78.731
2	1.749	12.496	91.227	1.749	12.496	91.227
3	0.867	6.191	97.418			
4	0.139	0.990	98.408			
5	0.120	0.859	99.267			
6	0.082	0.585	99.852			
7	0.015	0.108	99.960			
8	0.006	0.040	100.000			
9	8.56E-17	6.119E-16	100.000			
10	-8.18E-18	-5.849E-17	100.000			
11	-1.34E-16	9.599E-16	100.000			
12	-2.43E-16	-1.737E-15	100.000			
13	-4.57E-16	-3.268E-15	100.000			
14	-8.92E-16	-6.372E-15	100.000			

Extraction Method: Principal Component Analysis.

从表 5.2 贵州主成分贡献率图可以看出,贵州前两个主成分的累计贡献率为 91.227%,说明贵州只需要提取前两个主成分就能基本反映出所有指标的信息。所以,针对贵州而言,只需提取前两个主成分,利用巴特利特球度检验(Bartlett test of sphericity)和 KMO 检验(Kaiser-Meyer-OLkin)就能建立初始因子载荷矩阵,如表 5.3。

表 5.3　贵州因子载荷矩阵

	Compoent	
	1	2
x1	0.125	0.985
x2	0.968	0.236
x3	0.942	0.298
x4	0.916	−0.270
x5	0.981	0.128
x6	0.986	0.029
x7	0.843	0.320
x8	0.905	−0.405
x9	0.734	−0.374
x10	0.901	0.258
x11	0.882	−0.113
x12	0.960	−0.177
x13	0.958	−0.165
x14	0.959	0.029

Extraction Method:Principal Component Analysis.

因子载荷量表示的是主成分与原始指标的相关系数,揭示了主成分与各财务比率之间的相关程度。如果我们利用贵州主成分载荷矩阵的数据除以主成分相对应的特征值再开平方根,就可以得到主成分中每个指标所对应的系数,从而得出贵州主成分分析的表达式。在此基础上,可以将所得到的特征向量与标准化后的数据相乘,可以得出贵州各地区主成分函数的表达式:

$$Y_1 = 0.038x_1 + 0.292x_2 + 0.284x_3 + 0.276x_4 + 0.285x_5 + 0.297x_6 +$$

$0.254x_7 + 0.273x_8 + 0.221x_9 + 0.271x_{10} + 0.266x_{11} + 0.289x_{12} + 0.288x_{13} + 0.289x_{14}$ (5.4)

$Y_2 = 0.745x_1 + 0.178x_2 + 0.225x_3 - 0.204x_4 + 0.097x_5 + 0.022x_6 + 0.242x_7 - 0.306x_8 - 0.283x_9 + 0.195x_{10} - 0.085x_{11} - 0.134x_{12} - 0.125x_{13} + 0.022x_{14}$ (5.5)

贵州各地区总综合得分表达式为：

$Y = 0.78731Y_1 + 0.12496Y_2$ (5.6)

利用这些基础数据和方法，再使用 SPSS 软件进行计算，就能得出贵州省各地区综合得分，具体内容如表 5.4。

表 5.4　贵州各地区综合得分表

地区	贵阳	遵义	毕节	六盘水	黔南	黔东南	黔西南	铜仁	安顺
综合得分	6.123	2.01	0.033	-0.078	-1.32	-1.4	-1.61	-1.839	-1.92

二、青海省各级中心城市选择

由无量纲化的基本公式，我们可以将统计数据进行无量纲化处理，构造相关系数矩阵 R。我们根据相关系数矩阵，利用主成分分析法，计算特征根，然后由 $\omega_k = \lambda_k / \sum_{i=1}^{p} \lambda_i$、$\omega_k \sum_{k=1}^{m} \lambda_k / \sum_{i=1}^{p} \lambda_i$ 计算主成分贡献率和累计方差贡献率及累计贡献率，得到的结果如表 5.5。

表 5.5　青海主成分累计贡献率

Component	Initial Eigenvalues			Extraction Sums of Squared Loadings		
	Total	% of Variance	Cumulative %	Total	% of Variance	Cumulative %
1	10.474	74.812	74.812	10.474	74.812	74.812
2	2.131	15.219	90.031	2.131	15.219	90.031
3	0.895	6.394	96.425			
4	0.443	3.166	99.591			

Component	Initial Eigenvalues			Extraction Sums of Squared Loadings		
	Total	% of Variance	Cumulative %	Total	% of Variance	Cumulative %
5	0. 044	0. 314	99. 905			
6	0. 009	0. 068	99. 973			
7	0. 004	0. 027	100. 000			
8	8. 14E−16	5. 819E−15	100. 000			
9	2. 26E−16	1. 619E−15	100. 000			
10	9. 29E−17	6. 642E−16	100. 000			
11	1. 42E−17	1. 015E−16	100. 000			
12	−5. 93E−17	−4. 239E−16	100. 000			
13	−2. 12E−16	−1. 517E−15	100. 000			
14	−2. 55E−16	−1. 822E−15	100. 000			

Extraction Method:Pincipal Component Analysis.

从表 5.5 可以看出,青海省前四个主成分的累计贡献率为 99.591%,说明就青海省而言提取前四个主成分基本上可以反映出全部指标信息。所以,提取青海的前四个主成分,利用巴特利特球度检验(Bartlett test of sphericity)和 KMO 检验(Kaiser-Meyer-OLkin)建立初始因子载荷矩阵,如表 5.6 所示。

表 5.6　青海因子载荷矩阵

	Compoent	
	1	2
x1	0. 847	−0. 215
x2	0. 961	0. 249
x3	0. 955	−0. 043
x4	0. 942	−0. 259
x5	0. 975	0. 169
x6	0. 979	−0. 158
x7	0. 286	0. 945
x8	0. 627	0. 751

续表

	Compoent	
	1	2
x9	0.679	0.502
x10	0.968	−0.245
x11	0.981	−0.155
x12	0.957	−0.189
x13	0.677	−0.075
x14	0.957	−0.254

Extraction Method: Principal Component Analysis.

我们利用青海主成分载荷矩阵的数据除以主成分相对应的特征值再开平方根,可以得到主成分中每个指标所对应的系数,从而得出青海主成分分析的表达式。在此基础上,我们可以将得到的特征向量与标准化后的数据相乘,可以得出青海各地区主成分函数的表达式:

$$Z_1 = 0.2617x_1 + 0.2969x_2 + 0.2951x_3 + 0.2911x_4 + 0.3013x_5 +$$
$$0.3025x_6 + 0.0884x_7 + 0.1937x_8 + 0.2098x_9 + 0.2991x_{10} + 0.3013x_{11} +$$
$$0.2957x_{12} + 0.2092x_{13} + 0.2957x_{14} \tag{5.7}$$

$$Z_2 = -0.1473x_1 + 0.1706x_2 - 0.0295x_3 - 0.1774x_4 + 0.1158x_5 -$$
$$0.1082x_6 + 0.6474x_7 + 0.5145x_8 + 0.3439x_9 - 0.1685x_{10} - 0.1062x_{11} -$$
$$0.1295x_{12} - 0.0514x_{13} - 0.1740x_{14} \tag{5.8}$$

青海各地区总综合得分表达式为:

$$Z = 0.74812Z_1 + 0.15219Z_2 \tag{5.9}$$

利用这些基础数据和方法,再使用 SPSS 软件进行计算,就能得出青海省各地区综合得分,具体内容如表 5.7。

表 5.7　青海各地区综合得分表

地区	西宁	海西	海东	海北	海南	果洛	黄南	玉树
综合得分	5.332	0.643	0.634	−1.037	−1.202	−1.5389	−1.539	−1.876

三、结果分析

从表5.4可以看出,贵州地区的主要排名为,贵阳综合得分为6.123,遵义综合得分为2.01,毕节综合得分为0.033,六盘水综合得分为-0.078,黔南综合得分为-1.32,黔东南综合得分为-1.4,黔西南综合得分为-1.61,铜仁综合得分为-1.839,安顺综合得分为-1.92。从表5.7可以看出,青海地区的主要排名为,西宁综合得分为5.332,海西综合得分0.643,海东综合得分为0.634,海北综合得分为-1.037,海南综合得分为-1.202,果洛综合得分为-1.5389,黄南综合得分为-1.539,玉树综合得分为-1.876。

根据计量分析结合综合定性分析方法,我们可以得出这样的结论:

1. 为了促进省域经济快速发展正确选择省域增长极具有决定性意义

作为省域增长极选择,贵州的黔中经济区能够作为全省的核心增长极进行培育,毕节、六盘水能够作为次级增长极进行培育,黔西南、铜仁可以作为再次级增长极进行培育;青海的海东地区能够作为全省的核心增长极进行培育,海西地区能够作为次级增长极进行培育,海北、海南、果洛地区可以作为再次级增长极进行培育,玉树地区主要作为生态功能区进行保护。

2. 贵州、青海两省增长极中心城市体系不健全

通过分析可以看出,贵州贵阳、青海西宁均为本省省域经济发展的中心城市,且为各自区域内规模有限的一枝独秀的城市,增长极中心城市体系是不健全的。究其原因在于,一方面,贵阳、西宁两个城市发展非常迅速,而黔中经济区、青东地区由于经济基础、地形地貌等各方面原因,两地的经济圈层发展非常有限,经济辐射力受到一定限制;另一方面,贵阳、西宁两个城市的极化效应吸引了周边地区大量的人流、物流和商品流,使得其他城市经济的发展受到影响。

贵州、青海城市体系不健全的局面需要改观,需要花大力气去培育次级中心城市,健全城市体系。就贵州而言,可以选择遵义市作为次级中心城市(Ⅰ),毕节市、六盘水市、安顺市、凯里市、都匀市作为次级中心城市(Ⅱ)进行重点培育,部分重要县作为小城市进行培育;就青海而言,则可以选取格尔木—德令哈城

市带、海东市作为次级中心城市,部分重要县作为小城市进行培育。

第四节　黔中青东多级增长极体系构成

黔中、青东地区城市群体系正处于快速发展过程中,不过到目前为止体系尚未形成。黔中、青东经济区规划已经明确,构建思路十分清晰,也已经处于构建阶段。可以预见,再经过十年、二十年的建设,黔中、青东经济区多级增长极体系也将逐渐形成。

一、黔中多级增长极体系

目前,黔中城市群范围内有一个省级中心城市——贵阳市,四个次级中心城市——遵义市、安顺市、凯里市、都匀市,两个县级小城市——福泉市、清镇市,另有数量众多的小城镇,初步形成了"中心城市—次中心城市—小城市—重点镇"四级城市体系。

表5.8　黔中经济区城镇空间分布体系

城镇等级	数量	城镇名称	
中心城市	1	贵阳市中心城区	
次中心城市	5	Ⅰ级:遵义市中心城区	
		Ⅱ级:安顺市中心城区、毕节市中心城区、凯里市、都匀市	
小城市	2	福泉市、清镇市	
全国重点城镇	41	贵阳市:花溪区青岩镇,乌当区东风镇,白云区麦架镇,开阳县城关镇、龙岗镇、楠木渡镇,息烽县温泉镇、小寨坝镇、养龙司镇,修文县龙场镇、扎佐镇,清镇市站街镇、卫城镇 遵义市:红花岗区深溪镇,汇川区板桥镇,遵义县虾子镇、尚嵇镇、鸭溪镇 安顺市:西秀区七眼桥镇、轿子山镇、旧州镇,平坝县夏云镇、乐平镇,普定县马官镇、白岩镇 黔南州:都匀市墨冲镇、平浪镇,福泉市牛场镇,贵定县昌明镇,瓮安县猴场镇,长顺县广顺镇,龙里县龙山镇,惠水县好花红镇 黔东南州:凯里市炉山镇,麻江县宣威镇 毕节市:黔西县素朴镇、林泉镇、钟山镇,金沙县沙土镇,织金县桂果镇、猫场镇	

从表5.8可以看出,黔中经济区城镇体系发育状况良好,但中心城市的发展速度明显快于中小城市,且次级中心城市只有遵义、毕节、安顺三市市区人口超过50万,城市规模偏小,次级中心城市功能未能发挥出来。小城市数量过少,本区域凯里、都匀、福泉、清镇四市为县级市,且城镇人口均在30万以下,虽然这四个市都为全省经济强县,但经济总量依然不大。

二、青东多级增长极体系

青东地区城市群中只有一个中心城市——西宁市,没有具备次级中心城市功能的城市和小城市,只有"中心城市—县城镇"两层架构,结构比较单一,没有像其他更多的中心城市一样能够形成"中心城市—次中心城市—小城市—重点镇"四级城市体系。

表5.9　青东地区城镇空间分布体系

城镇等级	数量	城镇名称
中心城市	1	西宁市中心城区
次中心城市	0	—
小城市	1	海东市中心城区
全国重点城镇	25	西宁市:大通县桥头镇、城关镇、塔尔镇,湟中县鲁沙尔镇、多巴镇、拦隆口镇,湟源县城关镇、大华镇 海东市:平安县平安镇、民和县川口镇、官亭镇,互助县威远镇、丹麻镇、加定镇,化隆县巴燕镇、群科镇、扎巴镇,循化县积石镇、白庄镇、街子镇 海北州:门源县浩门镇、青石嘴镇 黄南州:同仁县隆务镇、尖扎县马克唐镇 海南州:贵德县河阴镇

青海省目前除了西宁市是一个大型城市以外,海东市的市区人口仅为29.4万[1],县级市格尔木市总人口为13.6万、玉树市总人口为11.1万、德令哈市总人口为7.7万,其他县城和工矿城镇,其规模大多在1万人,3万至5万人口的城镇寥寥无几,唯有大通县桥头镇城镇人口达到8万,而格尔木市、

---

[1]　2014年,海东市城乡人口共172.4万,其中所辖区乐都区仅有人口29.4万。

德令哈市不属于海东地区,而属于海西州,故海东地区城镇体系极不健全。

第五节　黔青两省各级中心城市综合因素考察

省域经济增长极是一省范围内经济发达程度最高、规模最大、社会服务功能最完善、支撑引领省域范围内区域发展的经济增长中心。按照增长极的一般功能而言,省域经济增长极具备很强的区域集聚性,对所在区域周边次一级经济中心城市而言,会产生很强的生产要素聚集和决策协调功能的作用。同时,省域经济增长极对所在邻近区域有着强大的引领和带动作用,发挥着包括资本、生产和服务功能较强的涓滴效应,即区域正辐射效应,其辐射半径扩大到与其相邻经济中心的地区范围内。中心地具有的极化效应和扩散效应同时存在,只是在不同时期发挥主导作用的效应是不同的。当一个区域内中心地工业化尚处于成熟阶段到来之前的初级阶段时,极化效应占主导地位;当工业化处于成熟阶段之际,扩散效应则占主导地位。

一、考察视角分析

1. 中心地确定视角

中心地确定法的基点是:在一定假定条件下,经济中心在地理空间上呈正六边形分布,其吸引范围包括六个正六边形所构成的部分。由于人口数量、经济规模不同,经济中心区分有等级序列之别。中心地的形成是一个城市聚集优势和多种功能集聚的结果,而且城市一定处于经济中心或创新中心的位置。从整个区域来看,中心地等级层次区分较为明显,中心地经济增长刺激是遵循等级空间持续扩散的,即从最高一级的中心城市逐渐向低一级城市扩散。

2. 经济腹地分析视角

腹地分析法认为,任何区域都处在与周边环境的相互作用之中,这种提供交互作用环境的空间范围被称为这个区域系统的腹地。区域系统的腹地包括区域系统内的周边城市群、周边农业带,腹地范围的大小直接取决于本区域系统内的经济结构和经济规模(包括市场规模、工业规模、农业剩余等)和域外空间传输条件。通过腹地分析,能够正确判断区域系统与腹地之间的物质流量和流向,明确腹地与区域系统之间经济联系度、判断腹地与区域系统的融合功能,能够为区域系统经济社会发展的潜力及空间做出准确预测。通常而言,经济腹地越大,经济发展条件越好,经济发展水平越高,要素剩余越多,越有利于增长极的生长。

3. 经济环境分析视角

此外,经济环境分析也是一个重要的分析视角,因为新增长极的出现与认定在很大程度上取决于某区域的区位条件、产业结构、创新能力、信息平台、制度构建及生态环境承载力等因素。

在此,我们拟针对上述三个条件,构造一个综合评价系统,对贵州和青海两省的省域经济增长中心城市进行分析,并做出选择。考察的主要内容:人口规模、经济规模、经济发展环境、产业结构、创新能力等方面体现出来的城市综合实力。

二、中心城市考察

省域中心城市通常是一个省份内综合实力最强、发展空间最大、辐射力最广的城市。作为省域中心城市应该具备以下条件:经济发展水平高和产业结构良好,区位条件较优越,创新力强,生态承载力大,经济腹地广且农业剩余较充足。在此,我们将贵阳、西宁作为黔中经济区和青东地区的中心城市进行考量,是基于以下几个因素。

1. 城市首位度

一国内或一地区内最大城市与第二位城市人口的比值,被称为城市首位度。[①] 在城市比较分析过程中,首位度已经成为衡量城市规模分布合理性的一种指标,它也在一定程度上表明城市发展要素在城镇体系中的最大城市的聚集程度。一般认为,城市首位度如果小于2,则表明结构正常、聚集适当;如

---

① 另外,还有一种指标方法,即4城市或11城市指数,有些研究成果表明了它们比两城市指数并不具有显著的优处。

果大于2,则表明有结构失衡、过度聚集的趋势。

(1)城市首位度。一定的人口规模带来的较大的市场需求,人口规模大意味着蕴藏丰裕的劳动力供给,较高的收入水平确保具有一定的储蓄率和较强的购买力,这些条件是增长极中心城市形成的保障。2012年贵阳市市辖区人口达到223.7万,是贵州省唯一人口超过100万的特大型城市。作为贵州省第二大城市的遵义市市辖区人口为87.5万。这意味着贵阳市首位度为2.56。西宁市是青海省人口规模最大的城市,2012年全市城镇人口为152万人,占全省城镇人口的54%。格尔木市是青海省人口第二大城市,全市城镇人口26万。这说明西宁市首位度达到5.8。

首位度达到何种数值时是比较合适呢? 马歇尔(Marshall)认为,这个城市在首位度指数达到2.00以上才可称为"首位"城市。不过,首位度大于2.00又可以分为两种情况:数值在2.00—4.00区间内属中度首位分布,大于4.00的属高度首位分布。根据这个标准,可以看出贵阳市首位度属于中度首位分布,西宁市首位度则属于高度首位分布。

有学者选取我国25个省区作为分析对象,通过一元线性回归分析方法说明省域城市首位度和人均GDP之间呈显著负相关性。具体而言,"城市首位度每增加1%,人均GDP则下降0.4%。"[1]目前,我国城市高首位度情况集中分布于西部地区,中首位度主要集中分布于中西部地区,低首位度主要集中分布于中东部地区。这就说明,经济越发达,城镇体系的规模分布越趋向均衡的位序—规模分布。

(2)城市经济首位度。经济首位度一般是指在省域范围内,某一个最大城市的经济指标占全省总量的比重。贵阳市的经济发展早已成为贵州省最大的城市,且经济总量初具规模。2013年,贵阳市完成生产总值2085亿元,占全省比重的26%;全年实现规模以上工业增加值610.2亿元,占全省24.1%;全市固定资产投资3030亿元,占全省42.7%。财政总收入563.8亿元,占全

---

① 白经天、刘溢海:《城市首位度与经济水平之关系——基于中国25个省区的实证分析》,《河南科技大学学报(社会科学版)》2013年第4期。

省29.4%。① 贵阳已经具备带动外围地区经济发展的实力,在不断进行创新的同时,能够向其所支配的外围区扩散创新成果。西宁是青海省工业最为发达、GDP 总量最大的城市,是全省发展特色经济基础最突出的城市。2012 年,全市完成地区生产总值851.09 亿元,占全省45.2%;实现财政总收入194.41亿元,占全省14.9%,其中地方公共财政预算收入占全省29.4%;完成固定资产投资700.5 亿元,占全省36.5%;完成社会消费品零售总额317.5 亿元,占全省67.6%,发展的质量和效益显著提升。② 当省内人均 GDP 最高的城市与省会城市重叠时,经济首位度和人均 GDP 的相关性则显著增强。"如果考虑教育、财政支出、投资等因素的话,那么,人均 GDP 最高城市是省会城市或不是省会城市,城市经济首位度每增加 0.1,全省人均 GDP 分别下降 0.05 万元和 0.026 万元。"③尽管如此,我们在此之所以要选择经济首位度进行分析,主要是考虑到作为增长极要具有较强的经济发展基础及绝对的经济发展规模。

2. 经济发展环境

(1)地理与区位。实践证明,地理区位差异、经济活动区域分工和空间分异有益于核心城市空间层级体系的形成。因此,在选择增长极中心城市时,需要考虑自然地理条件、生态条件和气候条件,在区位上选择具有修建高速公路、铁路、机场或港口潜力等优势的地区,尽量吸引各大企业进入,扩大区域资本规模。区位在影响企业的竞争优势方面主要表现在影响企业生产率上。当然,特定行业只有特定区位才对其具有特殊的作用,只有当特定行业与特定区位结合时才能获得最高生产率。

贵阳位于全国"两横三纵"城市化战略格局④中沿长江通道横轴和包昆通

---

① 刘文新:《2014 年贵阳市政府工作报告》,2014 年 1 月 24 日。

② 王予波:《2013 年西宁市政府工作报告》,2013 年 1 月 15 日。

③ 白经天、刘溢海:《城市首位度与经济水平之关系——基于中国 25 个省区的实证分析》,《河南科技大学学报(社会科学版)》2013 年第 4 期。

④ "两横三纵"城市化战略格局是指构建以陆桥通道、沿长江通道为两条横轴,以沿海、京哈京广、包昆通道为三条纵轴,推进环渤海、长江三角洲、珠江三角洲地区的优化开发,形成 3 个特大城市群;推进哈长、江淮、海峡西岸、中原、长江中游、北部湾、成渝、关中—天水等地区的重点开发,形成若干新的大城市群和区域性的城市群。

道纵轴交汇地带,西南地区对中东部交流的交通要道汇集于此。国家规划的多条高速铁路穿越而过,贵广快速铁路、沪昆快速铁路贵州联通中东地区段已经通车。预计2年后,贵阳至昆明、成都、重庆等快速铁路将陆续建成通车。届时,将形成以贵阳为中心通往全国经济发达地区的"7小时快速铁路交通圈"。贵阳市域内的快速铁路网"一环一射二联线"①将逐渐建成通车。随着贵阳的交通环境改善,贵阳与全国经济增长极"长三角"区域、"珠三角"区域的时空距离将大大缩小,中心城市的地位将进一步凸显。贵阳凭借便利的交通网络优势,能与成渝经济区、珠三角地区、滇中城镇群、长株潭城镇群、北部湾城镇群进行快捷联系及区域合作。正如已有研究成果表明的那样,随着交通格局优化和基础设施完善,中心城市的功能和地位将更加巩固,城市圈整体发展的能力和效率将进一步提升。② 同时,在西部欠发达地区所选定的增长中心在地理空间上应处于具有网状特性的稳定平衡中心点上。通常而言,空间距离的均质性有利于降低运输成本,降低信息搜集成本等,增长中心之间的经济、文化、信息交流将变得更为顺畅,增长中心周围的任何一个地区都可以接受两个以上核心区的扩散效应的正影响,从而促进区域经济增长及区域间经济协调发展。作为省会城市,贵阳地处黔中,距兴义330公里,距毕节220公里,距遵义150公里,距铜仁440公里,距凯里200公里,距都匀180公里,距安顺90公里。由此可以看出,贵阳市距离省内各地、州、市的距离除铜仁稍远一点外,其他均在车程4小时以内。③ 可以说,贵阳市在贵州省的中心位置恰好符合中心地理论所言的空间均质性,这种空间距离的均质性,正好有利于

① "一环一射两联线"贵阳市域快速铁路网全部工程将于2016年全部完工。"一环",即环城快速铁路。初步规划线路为,白云北—贵阳东—龙洞堡—小碧—孟关—桐木岭—党武—湖潮—清镇—金华—将军山—白云西—白云北的环形快速铁路,环内总面积930平方公里。"一射",即贵阳至开阳快速铁路。同时,依托成贵快速铁路贵阳至修文段、渝黔快速铁路贵阳至息烽段,最终形成"一环三射"的贵阳市域快速铁路网。"两联线",即修文久长—开阳永温铁路、清镇—织金铁路。同时,规划建设改貌、清镇、扎佐、将军山等综合性货场,形成铁路货运能力3800万吨的规模。贵阳市域铁路工程全部完工后,贵阳往返周边的区、县5至20分钟就可以直接到达。

② 张颢瀚、张超:《地理区位、城市功能、市场潜力与大都市圈的空间结构和成长动力》,《学术研究》2012年第11期。

③ 贵州省人民政府:《贵州省城镇体系规划(2012—2030年)》,2012年12月。

贵阳与遵义、安顺、都匀、凯里等次级增长中心城市之间的经济、文化、信息交流。

西宁市虽然并非位居青海省的中部,但位于全省经济发展环境好、农业较发达的东部地区的中心,第二、第三产业发展及人口增长有着较为富饶的农业剩余作为支撑。在西北地区特别是青藏高原地区,西宁市也具有一定的交通区位优势,因为它是兰青铁路的终点、青藏铁路和青藏公路的起点,是连接内地的枢纽,是通往青藏高原腹地的咽喉要塞。西宁城区"四横十一纵一环"的交通路网基本建成,以西宁为中心的半小时交通圈初步形成。《关于推进以西宁为中心的东部城市群建设的意见》《西宁市 2030 年城市空间总体发展规划》和《西宁市城市综合交通规划》等发展规划从区域层面审视了西宁的发展问题,随着这些规划的实施,将进一步突出西宁作为东部城市群"极核"的功能和作用。

(2)金融支持。经济增长极中心城市建设需要丰富的金融资源支撑,因此,这些中心城市往往应为区域性金融中心城市。贵阳作为省会城市、经济中心,也是全省的金融中心。截至 2010 年底,贵阳市成功引进花旗银行、中信银行、浦发银行、招商银行等国内外知名商业银行在贵阳市开设分支机构;银河证券、华泰联合证券以及中保人寿保险公司等证券、保险公司获批筹建分支机构。现贵阳市银行业金融机构有:政策性银行中国农业发展银行;国家开发银行、中国工商银行、中国农业银行、中国银行、中国建设银行、中国邮政储蓄银行等 6 家国有银行分支机构;交通银行、中信银行、浦发银行、招商银行等 4 家股份制商业银行;贵阳银行、重庆银行、南充市商业银行、六盘水市商业银行等 4 家城市商业银行;1 家外资银行花旗银行和 10 家农村信用合作机构(含 2 家农村合作银行,8 家农村信用合作社);10 家证券机构,7 家期货公司;19 家各类保险公司,其中财产险公司 11 家,寿险公司 8 家;2 家财务公司,1 家信托公司,3 家资产管理公司,在工商登记注册的担保机构共 130 余家,在市工信委备案的担保机构 23 家,注册资本达 18.76 亿元。2015 年,贵阳市年末金融机构各项存款余额 8857.98 亿元,占全省各项存款余额 19438.64 亿元的45.57%;年末全市金融机构各项贷款余额 7944.55 亿元,占全省各项贷款余额 15051.94 亿元的 52.78%。①

西宁是全省经济中心,也是全省金融中心。浦发银行、中信银行、招商银行等国内外大型金融机构看重其未来发展潜力,都很快落户西宁,西宁市银行、证券、保险等金融业资本市场不断健全完善。小额贷款公司、融资性担保机构等地方新型金融机构作为银行业金融机构的有效补位得到了市场认可和快速发展,目前已达到 86 家,注册资本 111.16 亿元。青海股权交易中心于 2013 年挂牌成立,成为西北首家股权交易市场,目前全市已有 43 家企业在该中心直接挂牌,占挂牌企业数的 53%。西宁民间投融资服务中心作为一个全新的金融尝试,目前已完成开业前的各项筹备工作,将为民间资本和重点项目的有效对接积极搭建平台。大通县农信社改制稳步推进,2014 年已正式挂牌成立大通农村商业银行。西宁农商银行实现快速发展,目前已完成增资扩股 7.5 亿元,注册资本达到 12.7 亿元。同时,西宁市重点项目融资规模连续两年实现突破,2013 年达到了 135 亿元,大量的融资为全市固定资产投资项目建设的顺利实施提供了坚实的资金保障。② 2015 年年末全市金融机构各项存款余额 3548.43 亿元,占全省各项存款余额 5227.96 亿元的 67.87%;全市金融机构各项贷款余额 4095.93 亿元,占全省各项贷款余额 5124.10 亿元的 79.93%。③

发达的金融体系和发育良好的金融市场对经济增长会起到促进作用。因为,金融市场具有强大的聚集功能,能将众多分散的小额资金集聚起来,改革资金使用用途,实现资金从低效率部门转移到高效率部门,在一定程度上能提高资源利用效率,为企业创新解决资金问题。如果金融市场所特有的支付中介功能和信用创造功能作用能够得到发挥的话,那么就能大大降低流通费用,提高资金周转速度,保障资金流动畅通,优化资本结构,促进经济数量增长与

---

① 贵阳市统计局:《2015 年贵阳市国民经济和社会发展统计公报》;贵州省统计局:《2015 年贵州省国民经济和社会发展统计公报》。

② 肖芳:《向青藏高原区域性金融中心迈进》,《西宁晚报》2014 年 1 月 6 日。

③ 西宁市统计局:《2015 年西宁市国民经济和社会发展统计公报》;青海省统计局:《2015 年青海省国民经济和社会发展统计公报》。

经济质量提升。另外,发育水平较高的金融市场尤其是资本市场,有利于完善公司治理结构,促进企业改革创新,通过参与者"用脚投票"的方式,减少企业监控成本,促进微观经济主体企业的经济行为改善和经济活动开展。

3. 产业结构

作为增长极中心城市,必须要具有相对良好的产业结构,具有引领区域产业结构优化的基本带动力。贵阳产业发展有良好的工业基础依托,近年来通过发展高新技术产业、现代制造业、现代服务业和现代农业,不断优化了产业结构。与贵阳市产业发展有着类似经历的是,西宁市近几年高新技术产业及其他现代产业发展速度非常快,产业结构不断优化。其中,新兴产业以中藏药产业、农畜产品精深加工业、民族特色产品加工业和高原旅游业等为主,工业园区引领作用尤为明显,服务业特别是现代服务业发展速度非常快。

4. 创新能力

增长极中心城市应该是该区域内最具有创新能力和创新潜力的城市。一个地区的文化教育及科技发展状态决定了该地区的人口素质、创新能力和发展潜力。创新是属于真正企业家的,创新是企业家的灵魂。熊彼特的创新理论认为,"创新通常源于生产者行为的变化,创新将生产要素和生产条件的有效重新组合引入生产体系,它包含引进新产品和新技术、开辟新市场、控制原材料的新供应来源、实现企业的新组织等情况。"[①]熊彼特认为,企业家的核心职能是能够执行这种新组合,企业家和创新(或技术进步)是社会经济发展的主要推动力。社会环境与经济环境是否有利于企业家成长和发挥作用在某种程度上决定了创新出现的可能性。可见,一个历史文化积淀深厚、教育科技发达的地区,极为有利于优秀企业家的培育与成长。优秀企业家群形成正好是企业群生长的推进器,是实现区域经济增长及增长中心形成的原动力。贵阳是贵州省文化、教育、科技信息中心。贵州省现有普通本科院校共 18 所,其中9 所设于贵阳,此外还有 10 余所高等职业技术学院设于贵阳。

---

① [美]熊彼特:《经济发展理论》,孔伟艳、朱攀峰、娄季芳编译,北京出版社 2008 年版,第37—38 页。

贵阳市人口文化素质在全省居首位,全省现有研究生、大学毕业生等高层次人才主要集中于贵阳。① 贵阳市企业家成长环境良好,科研经费投入相对充裕。关于这一点,我们根据国际上通用的反映一国创新能力的重要指标——科学研究与试验发展②情况可以反映出来。2009 年,贵阳市规模以上工业企业 R&D 人员合计有 5150 人,R&D 经费内部支出 7.69 亿元,其中政府资金 0.92 亿元。到 2010 年,R&D 经费内部支出 9.82 亿元,较上一年增长27.7%;其中政府投入资金 1.32 亿元,较上一年增长 43.5%。③ 贵阳市科技创新能力进一步增强。2012 年,全市共下达项目经费 1.60 亿元,新认定了 7家企业工程技术研究中心,建立了 3 个市级重点实验室。全年专利授权量2997 件,比上年增长 47.0%,其中发明专利 429 件,实用新型专利 1832 件,外观设计专利 736 件。④

青海省共有 11 所普通本科院校和高等职业技术学院,其中 9 所设置于西宁市。全省其他文化类设施也主要集中于西宁市,该市人口素质相对较高。根据普查数据显示,2010 年西宁市每万人中具有大学及以上文化程度的人口为 1296 人,远远高于全省 862 人,接受过高等教育的人口总量占全省的 59%;文盲率为 3.44%,低于全省平均水平 6.79 个百分点。

贵阳、西宁分别是贵州省、青海省的工业中心,具有相当的企业规模以及技术制度条件,具备雄厚的资金优势及采用和推行高新技术的能力,率先实现创新,引领产业生产效率的提升,然后将这种创新传递到次级城市的产业之中。尽管如此,西部城市的创新能力仍然不够,创新空间还非常大。相关研究结果表明,科学技术对城市经济增长的贡献,发达国家达到 60%—80%,我国东部地区为 40%左右,而西部地区却不到 30%。

---

① 贵阳市人口与计划生育局:《贵阳市人口发展战略研究报告》,2008 年。
② 科学研究与试验发展(R&D)是科技活动中最具有创造性和创新性的部分,是整个科技活动的基础和核心,也是国际和地区竞争力核心要素之一,关系着企业的生存与发展和市场竞争力的提高。
③ 贵阳市统计局:《贵阳统计年鉴》,中国统计出版社 2011 年版,第 321—325 页。
④ 贵阳市统计局、国家统计局贵阳调查队:《2012 年贵阳市国民经济和社会发展统计公报》,贵阳新闻网,2013 年 3 月 29 日。

5. 生态承载力

生态承载力①的大小是指生态系统受干扰后回到原来稳定状态的速率或所需时间。② 生态承载力的大小受制于当地生态系统的稳定性及生态足迹情况等多个因素。

黔中经济区位于云贵高原上,平均海拔在 1100 米左右,气候十分舒适宜人,属亚热带湿润季风气候,是全省的核心经济区域,环境承载力相对较强,用于产业发展的空间和潜力很大。中部地区土壤以黄壤为主,植被类型多样,以湿润性常绿阔叶林带为主。由于水热条件优越,自然环境复杂,生物多样性丰富,位居全国第四,生态承载能力较强。青海东部地区平均海拔 2100 米,降水相对全省而言可谓丰沛,气温相对温暖;全省存在的夏季降水主要分布在东部河湟谷地区,全年是全省无霜冻期最长的地区;全省森林分布面积小,主要沿青东北部、东部、东南部呈弧形分布;湟水河流域是全省主要宜居地区。东部地区集中了全省 70% 以上的人口、80% 以上的工业总产值以及全省主要的城镇。③ 青东地区是全省政治、经济、文化的中心和工农业生产基地。

可见,无论是黔中经济区,还是青东地区,均属于各自区域内环境承载力较强、发展空间和潜力较大的地区。

6. 经济腹地

城市只有依托面积广大经济富饶的周边经济腹地才可能不断扩大规模,进而发展成区域经济中心。国内外城市发展经验已经证明这一点,历史上美国的波士顿与纽约同样拥有优良的港口,纽约最终超越了波士顿,主要原因在于纽约拥有面积广大、经济富饶、市场需求量大的腹地④。因此,我们完全可

---

① 按照 Pimm 的观点,生态系统的保持原有状态或受到干扰后回到原来位置的能力,就是生态承载力。

② Pimm,SL.“The complexity and stability of ecosystems”.*Nature*.1984,307.

③ 张忠孝:《青海地理》,科学出版社 2009 年版,第 6—117 页。

④ 波士顿港口周边的内陆地区不宜大规模农业耕种,农业剩余不足以维系大量城市人口,作为出口或工业原料部分就更少了。而纽约的情况则截然不同,纽约开通了伊利运河和水陆互补的伊利铁路,纽约中央—哈得逊铁路又向西延伸到奥尔巴尼,使之与广阔的内陆腹地连为一体,丰富的农业剩余产品支撑了城市发展。

以这样说,为经济腹地提供服务的城市,其规模大小在很大程度上取决于经济腹地的市场需求规模。

贵阳周边的经济腹地面积广大、人口众多,经济发展水平较高。以贵阳为核心的黔中经济区,国土面积 53802 平方公里,占全省总面积的 31%;2011 年常住人口达到 1571 万,占全省的 45%。黔中经济区是贵州省主要的水稻、玉米、小麦、油菜和烤烟产地和重要的肉蛋奶基地。经济区内平坝、惠水等地适宜建设一批区域性商品粮油基地,为本地粮食安全提供条件;仁怀、金沙适宜建成优质高粱基地,为本地白酒产业提供原料;龙里至贵定湾滩河流域适宜建成蔬菜产业园区,为城市菜篮子工程实施提供前提;遵义、花溪、大方、平坝、龙里、清镇等地适宜建成全省重要辣椒基地,为本地辣椒食品产业提供原料。此外,织金、镇宁等地适宜建成有机竹荪生产基地,平坝县、开阳县、都匀市、贵定县、遵义县七星关区、金沙县、大方县等地适宜建成高档名优生态绿茶基地等。黔中经济区还是贵州省磷矿石、铝土矿、铅锌矿、锑矿、金矿、重晶石、煤等矿产和建材的重要产地。贵阳—遵义经济带是全省发展资源深加工、装备制造、汽车及零部件、新材料、电子信息、新能源、优质烟酒、生物制药等产业的理想地带,贵阳—都匀、凯里经济带是发展磷化工、特色轻工和民族文化、旅游等产业的理想地带,贵阳—毕节经济带是发展以火力发电为主的能源工业、以煤化工为重点的资源深加工产业、以能矿机械为主的装备制造业以及旅游业的理想地带。黔中经济区城镇密集、产业密布,2015 年全省评选出 20 个经济强县,其中的 15 个分布于黔中经济区。这些数据与资料充分说明,黔中经济区确实具有带动全省城镇化,提升城镇化水平,实现经济后发赶超的巨大潜力。根据当前经济增长情势推算,到 2015 年,黔中经济区地区生产总值将达到 6000 亿元以上,占全省比重达到 60%。黔中经济区还是全省工业生产主要集中地,区域产业结构较为合理,综合经济实力较强。

青东地区(青海东部综合经济区)从地域范围来看,包括西宁市、海东市、黄南州同仁和尖扎县、海南州贵德县和海北州门源县,总面积 3.6 万平方公里。青东地区总人口近 400 万人,占全省总人口的巨大部分,达到 75% 左右。青东地区用占全省 5% 的土地面积养活了占全省 75% 左右的人口,说明该地区自然条件良好,为全省土地产出率最高的地区。青东地区耕地面积占全省的72%以上,为青海省的主要农业经济区,是全省主要的粮油肉蛋禽菜生产基地;区内水电资源丰富,是全省重要的能源基地,电力供给资源十分充足;区内矿产资源藏量很大且具有开采价值。青东地区是全省经济发展水平高、城镇数量多密集度最高、人口密度最大的地区,其中城镇数量占全省的60%。

黔中经济区与青东地区地域面积广大,人口密度大、数量多,长期以来都是本省经济发展环境好、农业剩余相对丰裕的地区,完全能够为其中心城市的发展提供必要的条件支撑。

国家人口计生委"生态屏障、功能区划与人口发展课题组",根据人口发展的资源环境基础和经济社会条件对国土空间进行人口发展功能区划,将全国划分为:人口限制区、人口疏散(收缩)区、人口稳定区、人口集聚区等4类人口发展功能区。如果按照这个标准来划分的话,贵阳都市圈、西宁都市圈均属于人口稳定区。"在人口稳定区,交通便利,人口与产业集聚度高,城市化水平较高,人口与资源环境及经济社会基本协调。但在这类地区,人口与资源环境及经济社会协调发展的潜力不大,对区外人口吸纳能力有限,人口规模有待稳定。"①这就是说,从现有的人口、经济、资源环境承载力角度来看,黔中经济区、青东地区并非是人口和资源大规模集聚的理想区域。但是,随着各项建设水平的提高,生态环境改善,人口资源环境承载力提高,在相当长一段时期内和一定程度上,黔中经济区、青东地区依然是各自省内人口和经济集聚的主要场所。

三、次级中心城市及小城市(镇)考察

次级区域经济中心实际上就是地理或经济意义上的次级增长极,从地理空间角度集中表现为次级中心城市②。目前,国内外理论界关于选择和评价

---

① 生态屏障、功能区划与人口发展课题组:《科学界定人口发展功能区　促进区域人口与资源环境协调发展——生态屏障、功能区划与人口发展研究报告》,《人口研究》2008年第3期。

② 次级中心城市是指在生产总值和综合竞争力等方面都接近于主中心并超过区内其他城市的较大城市或城市群。

次级区域经济中心的实证研究成果较少。但我国由于区域经济发展的梯级性、多层次性,研究次级区域经济中心具有特殊的价值。我国各地次级中心城市绝大部分本身就是大中型城市,具有较强的经济功能、教育科技文化功能、创新功能等,能够对区域内小城市(镇)和乡村起着扩散作用。此外,次级中心城市还具有起着沟通中心城市与小城市(镇)及乡村之间的桥梁作用,起着密切联系经济共同体的作用,协同整个经济区的发展。正因为如此,在我国,尤其是在经济欠发达的西部地区,研究次级区域经济中心具有更为重要的意义。

由于分析的需要,我们在此暂不对次级中心城市及小城市(镇)进行深入分析。主要原因在于,第一,贵州省几个所谓的次级中心城市功能远不能发挥出来;第二,青海省目前还没有具有次级中心城市功能的城市;第三,后文对所选择的作为次级中心城市(镇)进行培育的案例将做深入分析。

第六章　西部省域经济增长极不同功能区培育路径

——以黔中青东为中心

省域增长极培育已成为当前西部区域经济发展的主要战略选择。目前，贵州、青海省域经济增长极均是单一的，不过围绕这个单一的增长极可能有一系列的次级增长中心。因此，在贵州、青海培育多级增长极体系的过程中，拟设定具体路径为：以中心城市"点"状经济为动力，以城市之间连接的交通轴线"线"状经济为骨架，通过构建"核心城市—次级核心城市—小城市和小城镇"有序融合的空间经济体系，带动边缘地区发展，形成区域经济发展合力，最终形成核心圈、辐射圈的面状经济。

西部省域经济增长极体系培育需要经历两个主要阶段：第一阶段，主要是政府重点投资的控制性选择；第二阶段，主要是借助市场方式来培育产业增长极。对于业已经历十余年大开发的西部地区而言，省域经济增长极培育的第一阶段任务已经完成了一部分，目前需要进入第二阶段的培育过程。增长极的培育需要从空间拓展、人口聚集、产业聚集等方面着手，由于写作结构的需要，产业培育在后面将作深入分析，故在此暂不论述。

第一节　省域经济增长极不同功能区划分

在生态文明建设中，我们强调的首当其冲的任务就是优化国土空间开发格局。优化空间格局的重点是实施功能区划、形成主体功能区布局。针对当下国内各地存在的国土开发与建设布局不合理、空间开发无序行为引致的空间失衡现象,需要进一步落实国土空间规划,推进形成各种不同功能区,培育区域主体功能,实现均衡发展。基于功能区的"有开发有保护"原则,各个区域需要调整空间结构、约束开发强度,形成合理的空间开发秩序,达到促进生活空间、生产空间与生态空间均衡的目标。为了实现这些目标,各区域需要形成主体功能清晰、协调互动的区域发展格局。对于那些发展水平较高、生态环境承载能力强的区域,要进一步集约开发、集聚发展;对于那些不能够承载大规模工业化和城市化的区域,甚至那些生态脆弱区域,要酌情限制开发或者不开发,限制开发或者不开发的收益和贡献会远远大于过于开发的短期收益。

西部大开发以来,国土空间发生了深刻变化。国土空间的开发与利用,一方面支撑了西部地区国民经济的快速发展和社会进步,另一方面也引起了一系列的新问题。新一轮西部大开发将进一步推进西部各地的经济社会快速发展,在此背景下,我们只有根据各地经济、生态承载状况,合理规划,划分不同功能区,推进主体功能区形成,让经济更发达、区域更协调,才能给我们的子孙后代保留山清水秀的美好家园。

一、功能区划分

功能区不同于行政区或者所谓的经济区,它强调的是一个区域对其他区域的作用。我们按照不同分类标准,可以将国土空间区分为不同的功能区①。上一级功能区可再细分为若干个下一级功能区。当然,必须说明的是,当我们在划分功能区时,由于划分标准不同,划分后的各功能区之间可能相互包含、交叉、并列。

一定的国土空间具有多种功能,但可以确定为主体功能的只有一种。我们研究功能区需要关注的一个重要问题是:区域变化及区域之间的相互影响,特别是一个区域经济发展和生态环境变化对其他区域所带来的影响。"主体

---

① 功能区可以分为若干类别,如果按照功能作用的大小来划分,可以分为中心地、次级中心地及基层点;按开发任务和生态功能来划分,可以分为优化开发、重点开发区、限制开发区和禁止开发区;按照功能互补性来划分,可分为以提供工业品和服务产品为主体功能的城市化地区,以提供农产品为主体功能的农业地区,以提供生态产品为主体功能的生态地区等。

功能区①划分强调的是区域功能,认识的角度不是整体的分解和外部的差异,而是区域的外部性。"②

我们之所以要推进主体功能区的形成,主要在于:主体功能区形成以后,有利于促进人口、经济、生态的空间均衡;有利于打破行政区划壁垒,加强和改善区域调控;有利于促进经济发展与生态环境保护的协调推进,实现可持续发展。

二、省域功能区域划分

1.省域经济增长中心功能区划分

省域经济增长中心各城市从大城市到小城市、从中心城市到次中心城市再到小城镇,共同构成省域内城市系统的等级序列(层次),形成一个结构完整的城市群体系;不同层级的城市在城市群体系中均有自己的一席之地,并且扮演着不同角色,发挥着互补性的功能。"中心城市具有相对稳定的都市圈,即直接吸附范围,都市圈内部地域结构复杂,包括城市核心区、城市边绿区、近郊区、远郊区等,这些看似复杂的地域,内部却有着有形和无形的联系,共同形成中心城市经济区的各种经济商业文化教育活动网络。"③中心城市具有相对强的创新能力,相当于区域内的"大脑"、"心脏"、"发动机";中心城市具有一定范围内的辐射力,能够带动区域经济社会发展。次级中心城市一般是指经济辐射、吸收力不大、创新力较弱的中小城市,影响力范围仅限于其邻近的郊区和少量的市县,在城市体系中起着沟通、交流的桥梁作用。数量众多的小城市(镇)是上一级城市的经济腹地,担负着为上一级城市提供资源和剩余产品的重任,支撑着这些城市的经济社会发展。当然,随着经济社会的发展或区位条件的变化,小城市可以发展成大中型城市,次级中心城市可以成长为中心城市,但也不排除部分中心城市逐渐被迅速成长的下一级城市所取代,或部分功

---

① 主体功能区是指基于不同区域的资源环境生态承载能力、现有开发密度和发展潜力等,将特定区域确定为特定主体功能定位类型的一种空间单元。

② 丁四保:《中国主体功能区划面临的基础理论问题》,《地理科学》2009 年第 4 期。

③ 杨吾扬:《论城市体系》,《地理研究》1987 年第 3 期。

能被取代。

省域经济增长中心功能区划分的宗旨在于充分发挥各级城市的功能,合理布局产业,推进区域协调发展。

2. 省域主体功能区划分

省域主体功能区划分的宗旨在于:确定不同区域的主体功能,推进各级主体功能区的形成。为此,还需要考虑几个主要因素:

第一,需要借鉴发达市场经济国家在国土空间开发的先行经验。从世界经验来看,不管是老牌的工业化国家德国、法国、英国、荷兰等,还是后来居上的美国、日本、韩国及中国香港、中国台湾等工业化国家和地区,都曾把"空间规划"作为政府科学管理国土开发、协调区域发展的重要手段,在经历大规模工业化和城市化发展阶段之后,依然能够有序开发国土空间。多年以来,我国各级政府及理论界一直在探索国土空间管制的新办法。国务院于 2010 年 6月印发了《全国主体功能区规划》,出台近百项重点区域发展规划和指导意见,逐步形成了"区域发展总体战略"。各级地方政府也致力于区域规划,并取得了一定成效。但是,由于各级政府盲目追求 GDP 增长,急于上大项目,急于出政绩,大搞形象工程,缺失国土远景规划,往往引致空间开发无序、区域发展严重失衡等问题。鉴于此,我们完全应该借鉴上述国家成熟的理论模式与成功经验。

第二,需要弄清主体功能区划分的政策依据。国务院印发的《关于编制全国主体功能区规划的意见》(国发〔2007〕21 号)、《国务院关于印发全国主体功能区规划的意见》(国发〔2010〕46 号)是贵州、青海两省在做规划时必须依照的政策依据。此外,还需要按照《国务院关于进一步促进贵州经济社会又好又快发展的若干意见》(国发〔2012〕2 号)、《贵州省"十二五"工业布局及重点产业发展规划》、《青海省"十二五"工业和信息化发展规划》等各种有关规划、政策文件进行决策。

第三,需要摸清省情。贵州、青海两省地域广阔,无论土地资源、水资源、生态环境容量,还是交通优势度、人口集聚度和经济发展程度等区域条件差别迥然。两省各地正处在工业化、城镇化快速推进、国土空间结构急剧变化的时期,应坚持科学的开发理念,有效解决国土空间开发中的问题;要按照国家有关省级主体功能区划和主体功能区规划的要求,密切结合各区域资源环境承载力和经济发展状况,以县级行政区为评价单元(县级行政区下还可细分为乡镇级单元),建立主体功能区域划分和规划支持系统。为此,省域主体功能区划分同时至少考虑四个方面的因素:第一,要满足人口增长、工业化与城镇化、公共基础设施建设等对国土空间的巨大需求;第二,要在保障经济社会可持续发展条件下,确保生物多样性不受影响;第三,要为保障农产品供给安全尤其是粮食供给安全的前提下,保证预留足够的农业耕地保底量;第四,要在保障生态安全和人民生活水平不断提高的前提下,逐渐扩大绿色生态空间。

三、贵州青海省域主体功能区构成

《贵州省主体功能区规划》与《青海省主体功能区规划》分别作为贵州、青海省合理开发国土空间的远景蓝图与国土空间开发的战略性、基础性及约束性规划,对各自省内主体功能区划分均分为三大类别:重点开发区域、限制开发区域和禁止开发区域。根据实际情况,两省均未划分优先开发区域。

1. 贵州省主体功能区

贵州省内的国家级重点开发区是指贵阳和遵义、安顺、毕节、黔南、黔东南的 24 个县级行政单元的黔中地区。同时,还包括以县级行政区为单元划为国家农产品主产区的开阳等 8 个县(市)中的 81 个重点建制镇(镇区或辖区),以及靠近安顺市中心城区的镇宁县城关镇。省级重点开发区域是指钟山—水城—盘县区域、兴义—兴仁区域和碧江—万山—松桃区域,共包括六盘水、铜仁、黔西南的 8 个县级行政单元。同时,还包括以县级行政区为单元划为国家农产品主产区中的部分重点建制镇(镇区或辖区)。

贵州省农产品主产区共有 35 个县级行政单元。同时,还包括以县级行政区为单元划为国家重点开发区域的织金等 5 个县中的部分乡镇,区域国土面积 83251 平方公里,占全省的 47.26%,2010 年总人口 1839 万人,占全省的 43.91%。重点生态功能区分为国家和省级两个层面,共包括威宁、罗甸等 21 个县级行政单元,区域国土面积 48997 平方公里,占全省的 27.81%,2010 年总人口 809 万人,占全省的 19.32%。

贵州省内的禁止开发区域分为国家和省级两个层面,包括各类自然保护区、文化自然遗产、风景名胜区、森林公园、地质公园、重点文物保护单位、重要水源地、重要湿地、湿地公园和水产种质资源保护区,总面积 17882 平方公里,占全省国土面积的 10.15%。①

2. 青海省主体功能区

青海省内重点开发区域范围包括东部重点开发区和柴达木重点开发区,实际开发面积为 7.3 万平方公里,占全省国土面积的 10.18%;区域内总人口 397 万人,占全省总人口的 68.7%。其中,东部重点开发区域包括西宁市四区及循化、贵德、贵南、共和、同仁、尖扎、海晏县全部区域,湟中、湟源、大通、乐都、平安、民和、互助、化隆等区县除基本农田以外的区域。柴达木重点开发区域包括格尔木、德令哈、乌兰、都兰、大柴旦、茫崖、冷湖城关镇规划区及周边工矿区、东西台盐湖独立工矿区。

青海省重点生态功能区范围包括国家级三江源草原草甸湿地生态功能区、祁连山冰川与水源涵养生态功能区和省级东部农产品主产区、中部生态功能区。该区域扣除基本农田和禁止开发区域后面积为 41.41 万平方公里,占全省国土面积的 57.71%,总人口 149 万人,占全省总人口的 25.8%。省级农产品主产区范围包括省域内限制进行大规模、高强度、工业化、城市化开发的农产品主产区,省内没有国家级农产品主产区。

青海省禁止开发区域分为国家级和省级两个层面。其中,国家级禁止开发区面积 22.11 万平方公里,省级面积 3.81 万平方公里。国家级、省级禁止开发区域总面积扣除重叠面积后为 23.04 万平方公里,占全省国土总面积的 32.11%。禁止开发区内总人口 32 万人,占全省总人口的 5.5%。②

实际上,从上述内容可以看出,贵州省、青海省省域三类主体功能区均又区分为国家级、省级甚至县市级等层级。

---

① 国务院发展与改革委员会:《贵州省主体功能区规划》,国家发展与改革委员会网站,2013 年 10 月 15 日。
② 青海省人民政府:《青海省主体功能区规划》,中央政府门户网站,2014 年 3 月 31 日。

第二节　黔中青东多级增长极体系培育路径

贵州、青海作为西部经济欠发达地区和重要生态功能区,区域生态、资源差别非常明显,区域经济发展极不均衡,城市体系不完善,城市结构不合理。在缺乏发展区域经济、培育多级增长极体系规划的背景下,我们讨论多级增长极体系培育问题,意义尤为重大。

一、增长极中心城市培育路径

增长极中心城市的培育是增长极体系培育的核心,通过对中心城市的培育,迅速增强省域经济核心竞争力,能真正成为省域经济发展的引擎,带动全省经济快速发展。

黔中经济区①中心城市贵阳的发展得到各级政府的高度重视。早在 2006 年,贵州省就制定了《贵阳城市经济圈"十一五"发展规划》,旨在鼓励与支持贵阳城市经济圈率先发展,培育发展中心城市核心竞争力,促进贵阳城市经济圈快速形成。2010 年,贵州省委下发的《加强城镇化进程促进城乡协调发展的意见》,要求迅速培育黔中经济区,在全省范围内加快形成以大城市为中心、中小城市为骨干、小城镇为基础的城镇体系。力争把黔中经济区建设成为全国重要的能源原材料基地、以航天航空为重点的装备制造业基地、烟草工业基地和南方绿色食品基地、西南连接华南、华东地区的陆路交通枢纽和全国的商贸物流中心。在《关于支持贵阳市加快经济社会发展的意见》中,贵州省政府明确要求将贵阳市发展成为全省经济社会发展的"火车头"、黔中经济区崛

---

①　黔中经济区有着巨大的发展前景,关键在于这个区域有着贵州省最好的区位优势、最为完善的基础设施、最好的人才支撑条件,有核心引领和激化效应的重要作用。贵州省要走出"经济洼地",必须依靠黔中经济区来"带",努力走出"洼地",同时形成贵州省的投资"高地"、经济"高地"。不过,黔中经济区的比较优势要想很好地发挥出来,一是要充分发挥好贵安新区在黔中经济区的核心区的作用;二是要建设贵阳—遵义、贵阳—毕节、贵阳—都匀、贵阳—凯里的放射状产业带、经济带,作为黔中经济区的核心骨架,形成科学的产业分工,提升产业层次;三是要鼓励黔中经济区内县域经济快速发展,将其培育成增长点。

起的"发动机"。2012 年国发 2 号文件出台,中央政府明确地将黔中经济区定位为贵州省经济增长的核心区。

青东地区中心城市西宁的发展是建设该区域城市群的灵魂。2006 年,青海省政府制定的《青海省城镇体系"十一五"发展规划》强调,全省三个城镇发展区①之一的东部综合型城镇区是全省城镇重点发展地区。东部综合型城镇区的规划与建设中又是以西宁市为核心,要逐步建设成要素聚集强、就业岗位多、人口分布合理的城镇群,在城市空间布局方面,要规划成以西宁为中心的"一轴三圈"结构②。2011 年,青海省编制了《青海省东部城市群城镇体系规划(2011—2030)》,规划提出按照集中、集群、集约和一体化发展的思路,推进东部城市群建设,做强做大西宁,培育副中心城市,构建城镇等级结构。规划提出了东部城市群发展的目标③。同年,青海省制定的《青海省国民经济和社会发展第十二个五年规划纲要》要求,按照"一核一带一圈"④空间布局,加快东部城市群建设。中央也十分重视以西宁为中心的海东地区经济社会发展,《全国主体功能区规划》指出,兰(州)西(宁)经济区属于国家层面重点开发区,各级政府将着力"构建以兰州、西宁为中心,以白银、格尔木为支撑,以陇海兰新铁路、包兰兰青铁路、青藏铁路沿线走廊为主轴的空间开发格局;提升兰州、西宁综合功能和辐射带动能力,推进兰州与白银、西宁与海东的一体化"⑤。

对于贵州、青海等西部地区而言,中心城市高首位度限制了周边地区经济

---

① 三个城镇发展区,即东部综合型城镇区、西部工矿城镇发展区、南部生态城镇发展区。

② "一轴三圈"结构是指,(1)民和—西宁—西海镇发展轴为全省优先发展轴。充分考虑依托宁张公路和沿黄经济带上的城镇之间的联系发展。(2)围绕三个圈层发展。第一圈层由湟中、大通、平安、互助县城及多巴镇等城镇构成,第二圈层由湟源、乐都、尖扎、化隆、贵德县城等城镇构成,第三圈层由海晏、共和、同仁、门源、祁连、循化、民和等县城构成。

③ 东部城市群发展目标是,到 2015 年,西宁市核心地位进一步提升,具备向大型城市发展的坚实基础。到 2020 年,将西宁市建成大型城市。到 2030 年,把西宁市建设成为我国特大型现代化城市,青海东部城市群接近或达到我国中部地区城市群发展水平,建立新型城市化、工业化发展模式,全面形成经济一体化格局,为在青海省率先实现现代化迈出实质性步伐。

④ "一核"即核心区,指西宁主城区;"一带"主要指平安、乐都、民和城镇发展带;"一圈"即以西宁为中心的一小时经济圈,主要包括大通、湟中、湟源、互助。

⑤ 国务院:《全国主体功能区规划》(国发〔2010〕46 号),2010 年 12 月 21 日。

的发展,而作为区域发展增长极的功能却依然非常弱。为此,培养和发挥区域核心优势,集聚资源要素,积极发展优势产业,促进中心城市的快速发展依然是西部地区十分迫切的任务。只有当中心城市获得足够发展时,才能通过政策促使中心城市的优势辐射到其他城市。为此目标,我们需要从以下几个方面开展工作。

1. 拓展空间

目前贵阳市建成区面积已由 5 年前的 132 平方公里空间拓展为建成区面积 230 平方公里,但城区拓展的空间仍然较大。至 2020 年,贵阳市中心城区城镇建设用地规模应该要达到 300 平方公里以上。近期初步形成以贵阳为中心的贵阳—安顺、遵义都市圈为主体的中部城镇密集地区,将贵安新区建设纳入贵阳都市圈建设范畴;以交通干线为轴线,形成贵阳—遵义,贵阳—都匀—凯里,贵阳—毕节经济带,真正完成"1 小时"大贵阳经济圈建设。

西宁市中心城区建成区面积到 2012 年时达到 150 平方公里。根据城市发展需要,西宁中心城区未来建设用地规模应该进一步扩大,到 2030 年至少扩展到 200 平方公里。

2. 聚集人口与提升人口素质及创新力

以贵阳市、西宁市为核心城市的黔中地区与青东地区,将成为贵州省、青海省城市规模化综合发展的重心和主要的包括生态移民在内的人口迁入区与人口高密度集聚区。按照城市等级及发展趋势,到 2020 年贵阳市常住人口应该达到 500 万人左右,西宁市常住人口应该达到 250 万人左右。

随着城市人口数量增加,人口素质的提升显得尤为重要。为此,政府需要加大投入,大力发展中小学教育、职业教育和高等教育,努力开发人力资源,缩小与全国平均水平①的差距;加大人才开发力度,贵阳、西宁城市人才开发的各项主要指标达到全国主要城市的平均水平;要将黔中地区、青东地区打造成

---

① 《国家中长期教育改革和发展规划纲要(2010—2020 年)》指出,我国主要劳动年龄人口平均受教育年限,其中:受过高等教育的比例 2015 年达到 15.0%,到 2020 年达到 20.0%;新增劳动力平均受教育年限,其中:受过高中阶段及以上教育的比例 2015 年达到 87.0%,到 2020 年达到 90.0%。

中高级人才培训基地,分别为贵州省、青海省资源开发和经济发展提供人才智力支持,不断提升城市创新力。

其他诸如组织创新、制度创新因素将在下文中进一步分析,在此暂不论述。

二、次级区域增长极培育路径

白经天、刘溢海的研究结果似乎印证了学术界长期支持的"省区高城市首位度是其经济落后的表现"这一观点。① 持这种观点的人强调,在省域范围内除了需要大力发展中心城市以外,还需要花大力气发展次级中心城市,特别是在诸如贵州、青海等省区高城市首位度的西部地区,更应将区位条件好,腹地比较大的市培育为次级中心城市。

目前,贵州省市辖区人口超过 100 万的特大城市只有贵阳市,遵义、安顺、六盘水、凯里等城市人口均在 50 万—100 万以内;青海省人口超过 100 万的特大城市只有西宁市,没有 50 万以上人口的其他城市,这同东部沿海地区的城市发展结构相比,显得十分不合理。因此,为了改善黔中经济区、青东地区的城市结构,亟须发展次级中心城市。

黔中经济区的城市发展应以贵阳市为龙头,壮大遵义、安顺、毕节、都匀、凯里等城市的规模,选择福泉市、清镇市、盘县、德江、从江(洛贯新城)等城市及中心城镇,完成功能升级,培育成次级中心城市。具体路径为:以贵阳为中心,以贵阳连接遵义、安顺、都匀和凯里等交通线沿线为主轴,以福泉、清镇等一批中小城镇为网络节点,形成中心城市集聚、经济轴线拓展的集约发展趋势。力争再经过 10—15 年左右的努力,在全省范围内,将大城市、中等城市发展到 25 个左右,培育一批小城市及小城镇:

1. 遵义城市的培育

遵义是贵州省的北大门,是连接黔中经济区与成渝经济区的节点城市,城

---

① 白经天、刘溢海:《城市首位度与经济水平之关系——基于中国 25 个省区的实证分析》,《河南科技大学学报(社会科学版)》2013 年第 4 期。

市规划区总面积约 5382 平方公里。遵义市应该遵循"东扩西控、南北充实、优化中心、完善功能、突出特色"的城市发展原则,努力构建"一主两副一带"①中心城区空间框架,融入黔中城市群。作为贵州省第二大城市,遵义市的中心城区建成区面积近期应该扩大到 150 平方公里以上,城市人口增加到 100 万人以上,长期规划发展到 200 万人以上,其中主城区常住人口达到 100 万人左右。也就是说,遵义市是黔中经济区也是贵州省唯一可以在近期内成为超过 100 万人口规模的地级市。同时,遵义需要以工业园区建设为载体,提高产业集聚度,形成产业集群,促进产业结构优化,壮大工业经济总量,加速工业化进程,促进经济发展。

2. 安顺城市的培育

安顺是国家级新区贵安新区的主要组成部分,是全国唯一"深化改革,促进多种经济成分共生繁荣,加快发展"的改革试验区。安顺市下辖 1 个市辖区(西秀区),全市设立了安顺经济开发区、黄果树风景名胜区(国家级)两个管理区。从长期发展的角度来看,城市空间拓展将形成"西动、东进、南秀、北新、中兴"的城市格局,具体表现为:拉大中心城市框架,做大中心城市规模,尽快形成"两片、三轴、五心"②的空间布局。中心城区人口规模近期增加到 60 万人左右,到 2030 年可以发展到 100 万人左右。

安顺应该坚持"工业强市"战略,转变增长方式,加快推进新型工业化进程。工业化过程中,应以培育发展支柱产业、特色优势产业为重点,重点支持装备制造业、能源原材料工业、现代药业、特色食品加工等优势产业加快发展,形成全省装备制造业基地、以民族医药和特色食品为主的轻工业基地。同时,安顺以黄果树景区为核心的旅游资源十分丰富,应以建设"百万人口生态旅游城市"和"国际旅游目的地城市"为目标。

---

① "一主"是指红花岗和汇川主城区,"两副"是指新蒲副城区、南白副城区,"一带"是指坪桥—深溪环山工业带的中心城区。

② "两片"指由塔山组团、开发区组团、西秀组团构成的南部片区和航空城组团及北部新城组团构成的北部片区;"三轴"指城市绿化生态轴,综合发展轴和综合交通轴;"五心"为塔山组团商业文化综合中心、北部新城行政服务中心、双阳组团公共服务及旅游接待中心、西秀组团商业及公共服务中心、宁谷组团旅游休闲接待中心。

3. 毕节城市的培育

1988 年,国务院批准建立毕节"开发扶贫、生态建设"试验区,并于 2011 年获批撤销毕节地区设立毕节市(设立七星关区)。2013 年,国务院批准实施《深入推进毕节试验区改革发展规划(2013—2020)》。规划要求优化城市空间布局,培育形成"一核、一带、多支点"国土空间开发格局:加快核心主城区的改造与拓展,推进大方县撤县设区工作,规范双山新区建设,建成川滇黔结合部的区域性中心城市。积极培育建设威宁—赫章—毕节主城区—黔西—贵阳综合经济带,建成优势产业集聚的工业走廊。培育一批中小城镇,打造成为节点城市。加快现代产业园区建设,建成西南地区重要的能源化工基地、资源深加工基地及装备制造业基地、特色农产品加工基地。积极促进煤炭、电力、烟酒等主导产业转型升级,培育并做强大数据电子信息、大健康医药养生、新型能源化工、新能源汽车、新型建筑建材等生态新兴产业。加大农村城镇化力度,提升城镇化率,争取到 2020 年常住人口城镇化率达到 50% 以上。

4. 都匀城市的培育

都匀是贵州省南大门,贵州"两高"经济带区域内的重要城市。城市规划区范围包括广惠街道、文峰街道、新华街道、小围寨街道、沙包堡街道、杨柳街镇、洛邦镇、大坪镇、甘塘镇、墨冲镇、河阳乡和良亩乡的行政辖区范围,面积 1072 平方公里。按照都匀市人民政府 2013 年制定的《都匀市城市总体规划(2012—2030)》,都匀市城镇空间结构规划形成"三片区"①城镇空间结构。市域总人口规模到 2015 年增加到 60 万—65 万人,到 2030 年发展到 125 万—135 万人。

都匀应充分利用贵州省构筑"两高"经济带的发展机遇,强化区域中心城市的地位,以产业园区专业化建设为发展战略,形成合理的产业集群网络;推行多元发展战略,大力发展外源型经济,积极吸纳珠江三角洲地区的产业转

---

① 中部城市经济区:包括中心城区、都匀经济开发区片区、墨冲工业片区;东部生态经济区:包括坝固镇、王司镇、奉合乡、阳和乡和基场乡;西部生态经济区:包括凯口镇、江洲镇、平浪镇、摆忙乡、沙寨乡和石龙乡。

移,形成"泛都匀经济圈"的区域发展新格局。①

5.凯里城市的培育

凯里市是贵州省打造"黔中经济区"的重要节点城市,是全省对接中东部地区的桥头堡和产业承接的示范区,是全国35个互联互通城市中唯一位于大西南的城市。凯里市城市规划面积796平方公里,目前城区面积100平方公里。城市空间扩展过程中,重点需要发展凯里市域中心,优化中心城区空间布局,强化中心城区外延扩展,延伸到麻江碧波片区和下司片区,将中心城区分为凯里市的老城区、开发区、开怀片区、下司片区和炉山碧波片区等几个组团的空间结构体系。城市人口规模也将逐渐扩大,到2015年末,城市人口总计达到60万人。

凯里市经济发展需要进一步提高工业经济发展水平,要将煤电铝、煤电冶、新能源、新材料、新型建材等主导产业做好;要依托旅游资源开发,重点发展以民族文化、自然风光和休闲度假相结合的特色旅游业;依托区域性中心城市,重点发展以商贸流通、现代物流、房地产、餐饮服务、信息服务、金融保险、教育、文化娱乐为重点的现代服务业。

青海省东部沿黄河及其一级支流湟水流域面积只占全省的16%,尽管集中了全省71.6%的城镇,但城镇体系显然不合理,目前没有中、小型城市。但考虑到青海省的实际情况,我们建议国家调整现行设市的标准,在青海省东部选择几个目前经济基础较好、发展潜力较大但还不具备设立小城市条件的县城,撤县建市,并培育成为次级中心城市,逐渐建成一个结构较为合理、完整的城镇体系:

1.海东城市的培育

2013年2月,海东撤地设市,属于地级市。海东市政府由平安区迁至新成立的乐都区。海东市矿藏资源和水能资源丰富,经济较为发达。海东市总面积1.32万平方公里,城镇人口57万。全市城市规划区范围面积1975平方公里,建成区面积45平方公里。

---

① 田高:《黔南构筑一圈两翼区域经济发展格局》,都匀新闻网,2013年8月14日。

海东市需要紧紧围绕以西宁为中心的东部城市群建设,围绕"一市两区四县"城市空间格局展开建设,最终建成青海东部次级中心城市。其中,将乐都区建设成为城镇人口规模达到 50 万人以上、建成区面积 50 平方公里以上、以新型工业、特色农业和现代服务业为主导的生态宜居的海东市中心城区;将平安区建设成为高原硒都、内陆自由贸易区物流枢纽、青海省新兴产业和科技创新新城、现代空港城区和海东经济中心。海东市需要以《海东市核心区规划》为指导,不断深化城市发展战略研究,进一步明确城市职能定位,优化空间布局,加快核心区建设,协调推进城镇建设,提升城市综合承载力。海东市需要紧紧围绕创建"绿色、低碳、集聚、循环"的新型工业体系,加快包括曹家堡临空经济园、乐都工业园、民和工业园三个园区的海东工业园区建设;加快特色农畜产品、高端装备制造等重点产业转型升级,最终将自身建设成为兰西经济区的产业基地,东部城市群的重要支撑和全省经济发展的新增长极。

2. 桥头城镇的培育

桥头镇是大通县政治、经济、文化的中心,距西宁市 35 公里、西宁飞机场约 50 公里,全县形成了"四纵三横"的交通网络格局,交通十分便利。全镇城镇居民 8.4 万人,是青海省少数几个人口超过 5 万的城镇。镇区内有大中型企业 6 家,形成了以采矿、冶金、建筑、电力、商贸、皮革加工以及服务业等第三产业为主的产业发展格局。桥头镇境内资源丰富,市场开发前景好,是许多项目建设的首选地。① 大通先后两次被文化部命名为"中国民间文化艺术之乡"。因此,桥头镇在争取设市的基础上,按照人口 20 万—50 万的城市规划,力争打造成为青东地区次级中心城市。

三、小城市培育路径

西部地区在积极发展中心城市、培育次级中心城市过程中,需要充分发挥

---

① 桥头镇适宜发展以玻璃、硅酸盐为主的民用、建材工业,以烧碱、电石、聚氯乙烯为主的化工工业,以碳化硅、硅铁为主的冶金工业等。

这些中心城市的带动功能,培育一批具有一定特色、具有一定规模的卫星城市,并通过中心城市与卫星城市之间建立大运量、快速便捷的交通系统、信息系统,形成快捷的城市交通、信息网络,这样中心城市对小城市的辐射带动作用将逐渐显现出来。而通过这些小城市的发展,也能进一步增强大中城市的实力,提升大中城市的城市竞争力。

黔中经济区需要发挥贵阳、遵义、安顺、毕节、都匀、凯里等城市的功能,带动周边小城市(镇)集群发展。现以贵阳为中心的城市群建设为例加以进一步说明。清镇市是一个县级市,城市规模小,完全可以借助贵阳市城市空间扩张及产业转移的机遇,壮大城市规模,逐渐发展成贵阳市的卫星城市,并将城市人口发展到80万左右。修文、开阳、息烽、龙里等具备条件的地区则应积极推进行政隶属变更,加快撤县、市设区的进程,推进工业基础较好或中心城市规划中产业转移的重点镇如修文县扎佐镇等城镇的建设,通过工业化、城镇化双轮驱动,逐渐将这些区、镇建成人口10万—20万的小城市,并融入以贵阳为中心的城市群建设之中。

以西宁为中心的青东城市群建设过程中,应将一些经济基础较好、发展潜力较大的县城作为小城市培育。青东城市发展的空间布局总体规划是以西宁为中心的"一轴三圈"结构。民和—西宁—西海镇发展轴所依托的西宁—兰州发展轴是国家生产力布局Ⅱ级轴线的重要组成部分,故该发展轴为全省优先发展轴。青东地区围绕发展轴重点建设沿湟流域的平安区政府所在地与民和县城,最终与乐都三城有效衔接成为城镇带,这些城镇则发展为轴线的主体节点城镇。同时,加大三圈中的湟中、湟源县城建设,不断扩大县城规模,建成10万—20万人口的小城市,最终发展成青东地区的重要再次级中心城市。民和县功能定位为具有地域民族特色的绿色生态宜居城市、兰西经济区现代化重要节点城市,平安区功能定位是具有高原古驿文化特色的现代化园林空港城市,互助县功能定位是具有地域民族特色、现代城市形态、生态绿色的国家级高原休闲度假旅游名城。湟中、湟源发展成为西宁的卫星城市。如果这些城市的发展能形成以西宁为中心的城市群向周边辐射,就有可能实现河湟谷地的可持续发展。

四、基层区域增长点培育路径

在区域经济增长极体系的培育过程中,以县城、部分乡镇为中心的基层区域增长点的培育显得十分重要,因为后者能为前者提供重要的支撑。在贵州、青海等西部地区,发展小城镇无疑是明智之举,因为小城镇的发展有助于处理生态环境压力减轻和城镇化水平提高之间矛盾的问题。贵州省地形地貌复杂,拥有的每一个独立的坝子空间面积非常小。青海省远离中心城市的西部、南部地区人口密度小,地理环境较为恶劣,且两省交通均不够便利,这些约束条件使得两省中心城市的辐射作用受到了限制。因此,就贵州、青海两省城市发展而言,必须从空间布局上合理选择一些小城镇作为经济增长点加以培育,以县域中心城镇及部分重点建制镇为重点,依托县域优势资源,将这些城镇发展成为对全省经济发展有一定影响的、各具特色的中心城镇,并将之有效地与中心城市连接起来,从而扩大城市的辐射范围,以辅助中心城市带动区域经济发展,提升城镇化水平。

那么,在黔中地区、青东地区怎样构建城市群体系呢?首先,应该按照2012年《黔中经济区发展规划》实施,在黔中地区,将县域经济发展作为重要基点,着重将有条件的重点中心城镇培育成为小城市。除了加强县城建设以外,目前,贵州省确定了100个示范小城镇名单,其中省级示范镇30个,市(州)示范镇70个。[①]重点镇的建设需要按照各地资源状况、经济发展基础及生态环境承载力适应原则,优化城镇空间布局,强化产业支撑,突出自然特征、历史文化和民族特色,建设具有鲜明特色的城镇。具体而言,(1)沿贵阳—遵义交通线,重点发展息烽县的小寨坝镇和遵义县的乌江镇、三合镇等;(2)沿贵阳—安顺交通线,重点发展平坝县城、平坝县的马场镇和普定县城等;(3)沿贵阳—都匀、凯里交通线,重点发展贵定县昌明镇、贵定县城和福泉市等,形成贵州通往沿海的"两高"(高速公路、高速铁路)新型城镇带;(4)沿贵阳—毕节交通线,重点发展金沙县沙土镇、织金县桂果镇等。青海省也应遴选一批县城及镇将其重点打造成小型城市,特别是在青东地区,要想培育城镇体系更

---

① 《贵州省100个示范小城镇名单》,金黔在线,2013年2月27日。

需要发展一批小城市。以西宁为中心的"三圈"结构,应重点发展第一圈层中的湟源县大华镇,湟中多巴镇、拦隆口镇,互助丹麻镇、加定镇,大通县城关镇、塔尔镇等城镇;第二圈层中的尖扎县马克唐镇,化隆县巴燕镇、群科镇、扎巴镇,乐都县碾伯镇、瞿昙镇、寿乐镇等城镇;第三圈层中的贵德县河阴镇,同仁县隆务镇,循化县积石镇、白庄镇、街子镇,民和县官亭镇,门源县浩门镇、青石嘴镇等城镇。同时,充分发展依托宁张公路和沿黄经济带上的城镇。这些县城需要建成为重要的小城市,作为中心城市和次级中心城市的卫星城,特别是平安区与湟中、民和、互助等县城,人口增长速度较快,城镇基本设施逐渐完善,发展小城市的条件日臻成熟。青海省围绕这些卫星城,需要建成一批具有一定规模的城镇:如,需要将大通县黄家寨,湟中县田家寨、上新庄、上五庄和湟源县的大华、日月、东峡等镇建设成为重点镇。重点镇的建设标准需要结合青海省省情,这些城镇等级规模结构可以设定为:重点镇人口规模 0.5 万—3万人;一般镇人口规模 0.5 万人左右。

其次,积极发展各具特色的城镇体系。在黔中地区,需要重点建设一批功能性的小城镇(详见表 6.1)。

表 6.1　黔中地区拟重点建设的功能性小城镇

特色类型	镇名
交通枢纽型城镇	修文县久长镇,仁怀县大坝镇,平坝县马场镇,镇宁县大山镇,凯里市三棵树镇,麻江县碧波镇,大方县黄泥塘镇,织金县以那镇
旅游景点型城镇	息烽县温泉镇,遵义县乌江镇,汇川区板桥镇,绥阳县温泉镇,仁怀市茅台镇,西秀区龙宫镇,平坝县天龙镇,惠水县羡塘镇,贵定县盘江镇,瓮安县龙塘镇,大方县雨冲镇,黔西县洪水镇,金沙县岩孔镇,麻江县下司镇
绿色产业型城镇	开阳县龙岗镇,普定县坪上镇,西秀区双堡镇,贵定县云雾镇,龙里县醒狮镇,麻江县宣威镇
工矿园区型城镇	开阳县金中镇,息烽县小寨坝镇,清镇市站街镇,仁怀市二合镇,遵义县尚嵇镇,绥阳县风华镇,西秀区宋旗镇,平坝县夏云镇,都匀市大坪镇,福泉市龙昌镇,贵定县昌明镇,惠水县长田镇,长顺县威远镇,龙里县谷脚镇,瓮安县银盏镇,凯里市炉山镇,七星关区岔河镇,织金县珠藏镇
商贸集散型城镇	清镇市卫城镇,遵义县虾子镇,普定县马场镇,都匀县王司镇,惠水县摆金镇,长顺县广顺镇,瓮安县猴场镇,大方县理化镇,金沙县沙土镇,黔西县钟山镇

在青东地区,需要对部分重点城镇进行培育,形成结构合理的城镇体系:如,综合型城镇主要包括各州府行政机构所在地城镇等;农牧基地型城镇主要包括化隆、泽库、河南等;文化旅游型城镇主要包括湟中、互助、循化等。

再次,将小城镇建设与生态移民及脱贫致富有机结合起来。在西部地区,小城镇应成为生态移民的重要阵地。生态移民以小城镇集中安置比较适合贵州、青海等省的省情。众所周知,集中安置于本地小城镇的移民终究没有离开世代居住的县域范围,人缘、地缘和习俗不会有太大的变化,容易适应当地的生活、工作,也容易融入当地社会。过去从事耕种的农民或从事放牧的牧民,仍然可以利用当地的条件,从事农业生产或发展诸如设施畜牧业、中药采集业等,也能较快地转行从事商贸、餐饮、旅游等第三产业。将小城镇培育成经济增长点的举措能够在一定程度上为生态移民提供就业岗位。另外,小城镇是二、三产业的聚集地,其周边为农业区包围,发展小城镇就有利于促进城乡要素流动,加快资源结构和产业结构调整和优化,增加就业机会。贵州省农村贫困人口接近1000万,其中85%以上集中分布于连片特困地区,在这些特困地区中很多地方不具备基本生活条件。为了从根本上解决他们的基本生活问题,最直接的办法就是实施生态移民。通过生态移民,这部分贫困地区人民能够就近搬迁入最近的小城镇,这也便于他们适应当地生活环境,及时找到工作岗位,真正达到小城镇建设与生态移民及脱贫致富有机结合起来的目标。据统计,2012年贵州省扶贫生态移民家庭人均纯收入达到5520元,比全省农民人均纯收入高767元。计划搬迁的5.9万户移民的原有宅基地可复垦或恢复生态植被7.05万亩,真正实现了脱贫和生态改善的双赢。2015年贵州省减少贫困人口130万人,新增10县160乡(镇)减贫摘帽,50个重点县农民人均纯收入增幅高于全省农民人均纯收入增幅1个百分点。2016年预算总投资270亿元,确保了当年全省实施易地扶贫搬迁45万人,其中包括30万贫困人口,这些人口相当一部分进入了产业园区。由此证明,贵州省规划用9年时间花大力气,将全省200余万人搬迁安置到条件相对较好的城镇产业园区的做法是可行的。

最后,正确处理经济发展中的"点"与"面"的关系。像贵州省、青海省这样的西部省份,能源、矿产资源藏量十分丰富,选择那些能源、资源富集区适度开发,发展经济"点"是完全必要的。因为在我国西部那些能源和资源富集的地区往往又是生态系统脆弱区或生态功能区,这些地区虽然不适宜进行大规模高强度的工业化、城镇化,但可以合理地选择一些区域,从事能源和矿产资源开发,即我们通常所说的"点"的开发。虽然有些能源和矿产资源富集区域规划为限制开发区域,但并不意味着绝对不能开发能源和矿产,而是需要按照"点上开发、面上保护"的策略,正确处理经济发展中的"点"与"面"的关系。

建设黔中、青东城市带、产业带,需要先建设一批特色鲜明、比较优势显著的产业聚集区,并壮大产业集群,从而通过产业集群的发展,促进增长极发展。我们只有把各层级增长极整合成具有特殊结构和整体功能的大区域"增长极"系统,同时使得各级增长极彼此耦合成更高级的聚集经济形式,才能促进区域经济结构改善与优化,推动增长极层级提升。

第三节　黔中青东增长极不同主体功能区培育路径

国际上城镇化的一般规律表明,如果一个国家或地区的城镇化水平在30%—70%,则其城镇化处于加速发展时期,工业用地和城市扩展使得大量土地退出农业领域和林业领域。目前,贵州、青海等多数西部省份正处于城镇化快速发展时期,如果要想对这些省份的省域经济增长极进行培育,需要以本省区域发展资源条件、产业动力与环境承载能力为依据,实施差异化培育战略,在省级、县级层面将土地空间细分为各类开发区域,并明确各自发展目标、发展方向和开发原则,对不同功能区实施差异化的发展路径,从而实现国土空间结构优化,提升空间利用效率。

我们在研究过程中,根据《全国主体功能区规划》及《贵州省主体功能区规划》《青海省主体功能区规划》编制原则,结合黔中、青东增长极的实际情况,提出具有自己特色的研究思路,将其功能区划分为:优化提升发展区、重点发展区、适度发展区及禁止发展区,并提出相应的培育路径。

一、优化提升发展区培育路径

优化提升发展区主要是指综合实力较强,经济规模较大且带动力较强,科学技术创新实力较强,并能够体现区域竞争力的人口和经济重要密集区。目前,西部地区绝大多数省份的经济发展集中于省会城市,而其他地级城市经济发展程度不高甚至才刚开始起步,故所谓的优化提升发展区大多可能集中在省会城市。就贵州与青海省而言,我们在此将黔中地区的贵阳城市中心区、青东地区的西宁城市中心区定位为优化提升发展区域。贵阳中心城区范围:东起小碧乡、永乐乡、东风镇,西至朱昌镇、金华镇、久安乡、石板镇,南起党武乡、孟关乡,北至麦架镇、沙文镇、都拉乡。西宁市中心城区范围:西宁市四区(城东区、城中区、城北区、城西区)及湟中县的鲁沙尔、甘河滩、汉东、海子沟、多巴、拦隆口、李家山和大通县的景阳和长宁镇部分用地。贵阳、西宁中心城区范围与各自城市的半小时经济圈范围基本一致。

优化提升发展区的经济密度及其生产效率往往大于一般地区。针对城市规模和经济密度两类研究之间的差异,有学者"利用 1950—1990 年美国城市发展的数据进行分析,发现城市人口规模和经济密度对生产率的影响均呈正相关关系,经济密度每翻一番,生产率就会提高 6%。"[1]因此,从生产率的角度来看,城市发展尤其是中心城市发展,需要不断提升经济密度。为了计算方便,我们在此选取我国部分城市市辖区的数据作为各地优化提升发展区的计算基础(详见表 6.2)。

表 6.2　2014 年中国各城市经济密度比较表

(单位:亿元/平方公里)

城市	经济密度	城市	经济密度	城市	经济密度
上海	4.518	杭州	1.636	重庆	0.387
北京	1.725	合肥	3.044	成都	3.447

① 陈良文、杨开忠:《生产率、城市规模与经济密度:对城市集聚经济效应的实证研究》,《贵州社会科学》2007 年第 2 期。

续表

城市	经济密度	城市	经济密度	城市	经济密度
天津	1.931	福州	1.439	西安	1.266
哈尔滨	0.478	武汉	4.663	呼和浩特	1.046
长春	0.797	南昌	2.988	银川	0.364
沈阳	1.657	长沙	2.575	兰州	1.014
太原	1.561	广州	4.347	西宁	1.520
石家庄	1.219	海口	0.478	乌鲁木齐	0.255
郑州	3.666	南宁	0.355	拉萨	0.006
济南	1.305	贵阳	0.740		
南京	1.339	昆明	0.614		

资料来源:根据《中国城市统计年鉴》(2013)计算而得。

说明:拉萨市缺乏市辖区数据,故采用全市范围内数据。

表6.2表明,我国城市经济发展水平与经济密度呈正相关。2014年,全国省会城市及直辖市经济密度排在前五位的分别是武汉、上海、广州、郑州、成都。贵阳市的经济密度仅为武汉市的15.87%,西宁市也仅为武汉市的32.60%。从这个角度来看,贵阳、西宁经济密度有待进一步提升。

同时,贵阳、西宁城市中心区,城市建成区、居民点和各类开发区的总面积虽然已经比较大,但是空间结构依然不够合理,空间利用效率偏低;经济总量不小,但结构不合理,质量不高。为此,在土地空间上做到"缩二(产业)"、"扩三(产业)",增加绿色生态空间,调整优化区域空间结构和优化经济结构,从传统的数量型逐步向数量与质量并重型及质量型转变。具体途径如下:

1. 完成中心城区改造实现产业升级

省域内的中心城市城区功能需要集中在核心职能上,这就迫使非城区核心职能的产业发展尽可能地压缩和疏解到周边乡村。一方面,贵阳市、西宁市都处于城镇化快速发展时期,市政建设、住房建设、休闲娱乐设施建设用地以及能源、交通等基础设施建设用地需求进一步加大,土地供需矛盾更加突出。近年来,伴随贵阳"北拓、南延、西连、东扩"的空间发展战略和棚户区城中村改造的启动,城市扩容促进了人口的急剧增加。西宁市积极利用旧城改造的机会优化城市用地布局,合理利用腾出的土地,挖掘土地潜力,用于城市公共设施建设,同时按照"改造一块,治理一块,美化一方"原则,拓展城市绿地空间,增强城市功能,为发展高端、高密度产业营造优质的经济环境。另一方面,贵阳市、西宁市都处于工业化快速发展时期,应该依靠产业转移,完成中心城区重大污染企业的异地搬迁或关停工作,实现产业升级。目前,贵阳市正在着手主要建设区域内的贵州水泥厂、贵阳钢厂、贵阳发电厂等高能耗高排放的企业搬迁工作,这些企业全部实现低碳化改造后将移入周边的小城镇,搬迁后的中心城区让位于高端服务业。西宁市按照城市建设和土地利用规划,实行城区"退二产进三产"和"工业进郊"策略,中心城区工业企业大量外迁并进行改造,引进服务行业效果良好。

2. 加大城市中心区商圈建设力度

为了提高城市中心区的经济密度,实现产业升级,加大城市中心区新的商圈建设成了必然选择。各层级中心城区是以发展总部经济为目标,通过完善城市服务功能,鼓励发展现代都市工业和楼宇经济,营造优质人居环境和提升城市文化品位,建成集金融、商务、办公、信息和研究功能为一体的经济中心。

城市新的商圈是城市的载体和内在推动器,它的建设符合城市发展规划,紧跟城市发展节奏。现代城市商圈的作用主要是以"一站式消费"形态的城市综合体①为载体,优化提升城市综合中心的发展功能。城市综合体是城市综合竞争优势的重要标志,是城市价值的集中体现,是城市商业地产的创新模式。自20世纪50年代,世界第一个城市综合体法国巴黎的拉德芳斯诞生以来,城市综合体就与庞大的建筑群、商业中心、城市地标、城市发展引擎联系在一起。现在,贵阳市的商圈建设也正如火如荼般进行,目前的主要商圈结构为:喷水池、大十字、紫林庵、大南门和大西门等5个以百货商场为核心的传统商业中心,都集中在中华路沿线等点线式商业街区,位于贵阳市最核心区域,占据着贵阳零售业的核心地位;正在建设中的新商圈有南明区纪念塔、大营

---

① 城市综合体可以划分为"商贸综合、办公会展、文化旅游、产城联动、交通物流"等五种主要类型,功能至少包括商业、办公、居住、旅店、展览、餐饮、会议、文娱、综合交通等。

坡、水东路等城市综合体。此外,观山湖区、贵阳经济技术开发区(小河区)正在形成多个商圈。

但是,城市商圈建设一定要遵循建设规律,合理布局,千万不能盲目投资,无序建设。根据发达国家经验,当区域城市人口达到 50 万时,便可发展一个城市综合体。据此推算,贵阳市目前能容纳 8 个城市综合体,而中心城区能容纳 4—5 个。按照城市人口规划,到 2020 年能容纳 10 个城市综合体,而中心城区能容纳 6—7 个。城市综合体的建设需要分层推进,将全市中心区划分为若干个层级,依次建设。

3.建成区域金融中心

省域中心城市大多既是区域经济中心,又是区域金融中心。按照《贵州省"十二五"金融业发展专项规划》,全省集中力量"抓好以贵阳为中心,贵阳至遵义、安顺、都(匀)凯(里)、毕节为轴线的'一核四带多节点'为支撑,与重庆、成都、南宁、昆明等密切联系的区域金融体系建设。将贵阳建成一个能带动全省经济发展及在西部地区有重要影响力的金融中心"[1],真正成为金融机构聚集中心、金融市场中心和金融后台服务中心。

西宁市作为全国欠发达地区,打破惯性、突破常规,把金融业作为助推社会经济快速发展的引擎,不断健全金融组织体系,持续改善金融生态环境,有效激发金融市场活力。浦发银行、中信银行、招商银行等银行业金融机构聚集西宁,地方性商业银行、小额贷款公司、融资性担保机构等地方新型金融机构逐渐建立,证券、保险等金融业资本市场不断健全,西宁正逐步形成"大都市金融圈",并能逐渐被打造成为"青藏高原区域性金融中心",实现金融与经济的良好互动和健康发展。

4.建设生态型新城区

联合国教科文组织在 20 世纪 70 年代提出了生态城市(Eco-City)[2]的概念。90 年代以后,随着城市发展的模式面临着向发展生态城市转型的重大抉

---

①　《贵州省"十二五"金融业发展专项规划》,金黔在线,2011 年 12 月 1 日。

②　生态城市是指一种趋向尽可能降低对于能源、水或是食物等必需品的需求量,也尽可能降低废热、二氧化碳、甲烷与废水排放量的城市。

择之际,众多城市除了对老城区进行改造以外,纷纷在主城区附近创建新的生态城区。

贵阳市着重将观山湖区建设成生态新城市。观山湖区,原为2000年初开发启动建设的金阳新区,2012年经国务院批准设为观山湖区。作为贵阳市的市辖区,观山湖区将遵循高标准生态文明理念规划,助力贵阳成为一座生态型、园林式的现代化新城。西宁也在积极将海湖新区打造成青藏高原上的生态型新城区。海湖新区于2007年3月正式开始建设,按照规划,海湖新区将建设成为集商贸金融、科技文化、旅游服务、行政办公、居住休闲为一体的现代化生态新城区。

二、重点发展区①培育路径

省级重点发展区通常是指一省范围内经济基础相对较好、辐射带动能力较强,而且科技创新能力和发展潜力均较好,有可能发展成为省域范围内区域性城市群、区域重要人口和经济密集的地区。省级重点开发区域的功能定位是:支撑省域经济增长的重要增长点,落实省域范围内区域发展总体战略、促进区域协调发展的重要支撑点。因此,省级重点开发区在快速发展的同时,需要加快经济发展方式转变,尤其需要加大资源环境保护力度。

1. 确定重点发展区域

黔中经济区与青东城市群区目前正处于工业化和城镇化的快速发展时期,急需要确定重点发展区域,做好国土空间规划,引导区域经济发展,保护生态环境。这两大区域的重点发展区均可分为三个层面,第一层面涉及核心增长极中心城市的外围区域,主要包括半小时经济圈外的1小时经济圈内的区域;第二层面涉及次级经济增长极内中心城市区域;第三层面涉及基层增长极的节点小城市(镇)区域。

就黔中经济区而言,重点发展区域涉及面积较广,既包含城市区,也包含城市周边的农村地区;既有已建区,也有新开发区。具体而言:

---

① 重点发展区是指大规模高强度的工业化、城镇化发展的地区。

贵阳市重点工业发展区域包括：贵阳国家高新技术产业开发区和贵阳经济技术开发区，以及白云、修文、南明、清镇、乌当、开阳、息烽经济开发区等9个开发区。其中，前两个开发区和白云经济技术开发区是作为千亿级开发区进行培育的，修文、清镇、开阳和息烽4个开发区则作为五百亿级开发区进行培育的。

遵义重点发展区域包括国家级经济技术开发区汇川区和新蒲新区，其中后者为遵义市中心城区东扩提供了广大的空间，是遵义市发展最具活力的区域和遵义经济发展的"新引擎"。安顺、毕节、凯里、都匀等4大经济技术开发区分别承担着各区域的经济发展重任，均为各自的重点区域。

贵安新区地域范围涉及贵阳市和安顺市所辖4个县(市、区)20个乡镇，属于黔中经济区核心地带。新区规划定位为中国内陆开放型经济示范区、中国西部重要经济增长极和生态文明示范区。我们需要按照中央的要求一步一个脚印、脚踏实地地加以建设，力争建成新型重要增长极①。

就青东城市群②区域而言，重点发展区域主要包括"一核一带一圈"地域：其中，"一核"就是一个核心区，在这里是指除了西宁市主城区以外的城市周边区，这个区域主要涉及西宁国家级经济技术开发区，包含南川工业园区、东川工业园区和甘河工业园区。西宁经济技术开发区将发展成为"青海改革开放的实验地、工业经济的聚集地、高新技术的孵化器、经济发展的排头兵"③。其他经济开发区，如城南新区、高新技术开发区及海湖新区等，也被作为西宁市重要经济增长点进行打造。"一带"就是指平安区及乐都、民和城镇发展带；"一圈"是指以西宁为中心的一小时经济圈，主要包括大通、湟中、湟源、互

---

① 2015年6月17日，习近平总书记到贵安新区视察时指出：中央提出把贵安新区建设成为西部地区重要经济增长极、内陆开放型经济新高地、生态文明示范区，定位和期望值都很高，务必精心谋划、精心打造。新区的规划和建设，一定要高端化、绿色化、集约化，不能降格以求。

② 中国社科院2006年《中国城市竞争力报告》提出的中国城市群的最低标准：城市群人口>1000万人、城市密度≥0.5个/万平方公里、城市数量≥5.人口密度≥300人/平方公里和城市化水平>20%。

③ 青海省政府网：《西宁经济技术开发区》，2007年3月28日。

助。这"一带"、"一圈"范围是青海省承接国内外产业转移的重要地区,也是全省重要的宜居宜业地区。

2. 依靠现代产业和城镇发展,提高发展质量

西部地区重点发展区要加强产业配套能力建设,承接国外、沿海地区转入的产业,优化功能布局,促进产业集群发展,提高城镇化水平,承接限制开发区、禁止开发区转移出来的生态移民,逐步发展成为支撑区域经济和人口聚集的重要区域。

黔中经济区中心城市贵阳,按照城市规划将形成"两个开发区"①、"三个产业基地"②和"多个工业园区"③的产业布局,④"加快装备制造、磷煤化工、铝及铝加工、现代药业、烟草和特色食品六大产业发展,逐渐建成引领黔中经济区的煤电磷、煤电铝、煤电钢、煤电化四个一体化资源深加工基地、特色轻工业基地、装备制造业基地、战略性新兴产业基地、产业低碳化示范区和西部特色优势产业发展示范区。"⑤遵义经济技术开发区工业经济主体地位突出,开发区内有年创产值上亿元的工业企业十多家,依靠大中型企业引导中小型企业向专、精、高、新方向发展,形成以军工、卷烟、电气、机械、化学原料、绿色食品、白酒等为支柱的工业格局。安顺经济技术开发区重点发展汽车、飞机制造

---

① 指两个国家级经济开发区:一个是贵阳国家高新技术产业开发区,产业用地重点向沙文、麦架方向聚集和发展,白云省级经济开发区纳入此产业开发区。另一个是国家经济技术开发区,以小河国家经济技术开发区为基础,产业用地向南部孟关方向转移和延伸,打造小河—孟关工业走廊,优化功能布局,增强聚集能力。

② 指三个产业基地:一是开阳国家级磷煤化工生态工业示范基地:把金中、城关、双流、永温建成磷化工走廊,形成磷化工产业链和产品链,形成以开磷集团、开阳磷化工公司为龙头、一批民营企业为骨干的企业群落。二是清镇煤化工、铝工业循环经济生态工业基地:按照东区、西区进行工业布局,东区位于站街以东,做精做优;西区位于站街以西,沿站街—卫城—王庄—流长—犁倭布局,做强做大,将重点工业建设项目向西区布局,使污染企业逐步退出红枫湖、百花湖水源保护范围。三是息烽循环经济磷煤化工示范基地:依托资源和能源优势,走循环经济、集群化发展道路。加快小寨坝磷化工城建设,建设成为全省药磷铝工业基地的重要组成部分,形成复合肥生产基地。

③ 指多个工业园区:促进扎佐钢铁医药工业园、龙洞堡特色食品工业园、乌当医药食品工业园、花溪科技工业园等工业园区建设,逐步形成若干各具特色的区域产业集群。

④ 《贵阳市城市总体规划(2009—2020年)》,《贵阳日报》2009年10月15日。

⑤ 贵阳市人民政府网:《贵阳市"十二五"工业和信息化发展专项规划》,2012年9月3日。

业、精细化工、新材料、新能源、中成药业、电子元器件、机械设备研制与生产、计算机产品、数字通信产品及网络设备、网络与信息安全产品等工业。毕节经济开发区①产业发展定位为以汽车制造产业为龙头,集中发展先进制造产业,积极推进纺织工业的发展,主要发展载货汽车及汽车制造相关配套产业,先进制造、新材料、新能源、生物医药、电子信息、现代物流等产业。凯里经济技术开发区重点发展电子信息、装备制造、医药科技、食品工业、现代物流、文化旅游和动漫服务外包等主导产业。都匀经济技术开发区着重打造以机械制造、高新技术、桥梁生产、纺织、水泥制品、绿色食品及汽车销售等行业的工业。贵安新区将形成以航空航天为代表的特色装备制造业基地、重要的资源深加工基地,以大数据为引领的电子信息、大健康新医药、高端装备制造、文化旅游、现代服务业五大新兴产业高端起步基地②。

青东地区中心城市西宁市的工业主要分布在东川工业区、北川生物科技产业园、南川特色文化产业园、甘河循环经济工业园、西川工业区等5个工业园区中。园区工业将加大结构调整,"培育扶持新能源、新材料、生物医药等战略性新兴产业,构建特色产业集群,推动特色产业、优势产业延伸产业链"。③ 西宁机场综合经济区包括平安区以西的核心区、平安区以东的平东工业区和平安区北部的红崖子沟工业区,以先进制造业加工区、行政科研区、保税区、现代物流区和综合服务配套区构建5个功能区。④ 平安区与乐都、民和城镇发展带及以西宁为中心的"一小时经济圈",通过县域工业的快速发展,将建成全省重要的现代制造业、新型建材及城市群蔬菜基地。青海东部地区将进一步促进以西宁大城市为核心、周围各县城和重点建制镇为支撑的大都市经济区的形成。

---

①　作者在调研时发现,毕节经济开发区实际上已成为我国东部地区产业转移的重要场所。

②　蒋叶俊、郑官怡:《高起点 高标准 高品位——贵安新区抢抓发展机遇跑出"加速度"》,《当代贵州(特刊)》2016 年第 23 期。

③　毛小兵:《关于西宁市国民经济和社会发展第十二个五年规划纲要(草案)的报告》,2011 年 1 月 11 日。

④　《青海将建西宁空港综合经济区规划总面积51平方公里》,《西海都市报》2010 年 7 月 7 日。

3.把握开发时序,实施逐级开发

黔中经济区需要按照以线串点、以点带面的空间开发模式,推进形成以贵阳为中心,以安顺、遵义、毕节、凯里、都匀等次级中心城市为支撑,快速交通通道为主轴的空间开发格局,加快黔中城市群发展,辐射带动周边区域发展。按照2012年制定的《黔中经济区发展规划》实施,"到2015年,黔中经济区综合经济实力显著增强,地区生产总值力争达到6000亿元以上,地方财政收入达到450亿元以上。到2020年,地区生产总值和地方财政收入力争比2015年翻一番,现代产业体系基本形成,经济发展质量和效益明显提高,综合竞争力和辐射带动能力显著增强。"[1]

青东城市群属于兰西经济区的重要组成部分,是河湟谷地的核心区、青海省最重要的经济增长带。按照青海省委、省政府的规划定位:要把以西宁为中心的东部地区建成引领全省经济社会发展的综合经济区和促进全省协调发展的先导区。依托西宁—兰州发展轴,确定民和—西宁—西海镇发展轴为全省优先发展轴。重点建设乐都区、平安区、民和县城,发展城市新区,使三城镇有效串接,成为轴线的主体节点。围绕西宁这个发展中心,有序地建设三个经济圈:第一圈层由平安区、湟中、大通、互助县城及多巴镇等城镇构成,第二圈层由乐都区、湟源、尖扎、化隆、贵德县城等城镇构成,第三圈层由海晏、共和、同仁、门源、祁连、循化、民和等县城构成。

青海东部各县在推进工业化方面,重点加快海东工业园区建设步伐,将工业园区的"一区三园三个集中区"规划纳入相应的城市总体规划[2],统筹城市、园区基础设施建设。

三、适度发展区培育路径

我们所讨论的适度发展区主要涉及农产品主产区和重点生态功能区两类地区,这两类功能区的基本功能分别为提供农产品和生态产品,以保障国家或

---

① 闫坤、陈安庆:《黔中经济区发展规划》,经济观察网,2012年10月12日。
② 林玟均:《海东工业增速居全省首位》,《海东时报》2012年9月11日。

者地区农产品供给安全和生态系统稳定。在适度发展区域,特别要注意处理好发展与限制的矛盾关系问题。

1. 确定适度发展区域

黔中地区农产品主产区包括黔中丘原盆地都市农业区、黔北山原中山农—林—牧区、黔东低山丘陵林—农区、黔南丘原中山低山农—牧区,涉及数十个县、上百个乡镇;重点生态功能区包括桂黔滇喀斯特石漠化防治生态功能区、武陵山区生物多样性与水土保持生态功能区、苗岭水土保持与生物多样性保护生态功能区,涉及多个县。青东地区农产品主产区是指东部农产品主产区,包括西宁市大通县、湟中县、湟源县,海东市乐都区、平安县、民和县、互助县、化隆县的基本农田;重点生态功能区是指中部生态功能区中的西宁市、海东市的生态功能区部分。

2. 限制大规模高强度经济活动,扩大生态产品供给

为了保证国家或者地区粮食安全,各级规划部门将一些优质粮食基地列为限制开发区域。贵州全省范围内分为若干个农业区,其中黔中农业区又分为6个亚区①。黔中地区分布着一系列坝子,而这些坝子土层厚,地势比较平坦,可耕地面积大,水利条件好,是农业最发达的地区。青东地区的河湟谷地也是青海土地最肥沃的地区,是青海省最重要的农业区,集粮食、畜牧、蔬菜水果于一体的生产区。青东地区农牧基地型城镇主要有化隆、刚察、泽库、河南、贵南、甘德、达日等。对这些城镇而言,应有目标地限制工业化和城镇化规模的扩张,根据各地实际情况划定农牧业发展需要的土地红线,保障农牧业发展对土地的需求。

根据国家发改委对国土功能区的规划,贵州、青海等省份应划定生态型适度发展区。就黔中、青东地区而言,提供工业品的能力增强是以提供生态产品的能力减弱为代价的,部分生态保护的重点区域依然随着工业化与城镇化水平的提升而导致生态恶化。这就势必加重人们对生态产品的需求不断增加与

---

① 6个亚区为:贵阳城郊农业区,遵义—湄潭粮油烟茶猪、城郊农业区,瓮安—福泉粮油烟猪区,都匀—独山稻油猪牛辣椒区,安顺—镇宁粮油茶猪城郊农业旅游业区,黔西—织金烟粮油猪水保林区。

生态产品供给日渐缩小之间的矛盾。因此,我们需要把增强生态产品供给能力作为国土空间开发的重要任务之一。

3. 适度开发、科学发展

适度区的发展需要加大生态环境建设与修复力度,有效控制开发强度,以保护优先,形成"点上开发、面上保护"的空间结构,在保护和保留大片生态空间的基础上,人类在局部或者点上进行开发诸如矿床、水体等,这类经济活动占用的空间总体上应该不再扩大。我们应该努力实现生态资源经济化和经济发展生态化二者的双赢。适度发展区如果选择了正确的发展模式,既不至于破坏主体功能,又能使经济得到很好发展。

农产品主产区和重点生态功能区这两类功能区开发发展程度及产品应该具有明显的差异。农业型适度发展区在注重守住土地底线、保护耕地的基础上,从整体规划入手,加强农业基础设施建设,优化农业布局与农业产业结构,利用现代生物技术培育优良种子,以发展农业为区域首要功能,确保农产品基本供给,实现粮食增产、增收的目标。在此前提下,农产品主产区完全可以延长产业链,适当发展农林产品加工业、农畜产品加工业等。黔中、青东许多地区既是农牧业发达区,又是适宜工业化、城镇化推进的重要地区。为了实现农产品尤其是粮食供给安全,在农产品主产区不能侵占耕地。

生态型适度发展区则须在坚持水土保持、涵养水源与保护生物多样性的前提下,提供更多优质生态产品。在这类地区,必须谨慎选择不影响生态系统功能的产业,形成环境友好型的产业结构。与此同时,也应清晰地认识到,由于生态承载力的限制,生态型适度发展区应该引导超载人口逐步有序转移。如,贵州省中部湿润亚热带喀斯特脆弱生态区属于水源涵养区,在这一区域,通常需要实施封山育草、种草养畜、改变耕作方式、实行生态移民,同时根据生态承载力可以选择适度发展生态产业和优势非农产业。

特别需要注意的是,贵州、青海有些能源和矿产资源富集地区生态系统十分脆弱,而生态功能却非常重要,在这类地区不适宜大规模高强度地进行工业化与城镇化。根据需要,可以适度地开发和发展能源和矿产资源产业,且只能是"点上开发,面上保护"。这种开发需要在建立对区域生态环境评估的基础上进行,禁止成片蔓延式扩张。

四、禁止发展区培育路径

《全国主体功能区规划》明确指出国家禁止开发区域①的任务就是保护生态系统稳定性,维护生态功能。因此,在禁止发展区,严格禁止规定的各类开发活动,从源头上控制生态环境进一步恶化。

1. 确定禁止开发区域

黔中经济区与青东地区禁止开发区是指《贵州省主体功能区规划》与《青海省主体功能区规划》中规定的黔中经济区与青东地区所涉及的国家级自然保护区、风景名胜区、森林公园、地质公园、重要湿地等;省级自然保护区、风景名胜区、森林公园、地质公园、湿地公园、文物保护单位、重要水源保护地等。

2. 禁止不符合主体功能定位的开发活动

贵州、青海等省在《全国主体功能区规划》的基础上结合本区域的实际情况,在本区域均做了区域功能的细分。对于自然保护区,按核心区、缓冲区和实验区进行分类管理②。对于风景名胜区的核心景区、区域地表水系水体及重要水源保护区、区域重要生态建设与生态修复区、重大区域安全防治区、重要基础设施防护区和基本农田等,除了按照规划可以适度发展旅游业、种植业和畜牧业等以外,应严格限制甚至禁止工业生产,尤其是污染性工业生产。

3. 实施生态移民

如果按照资源环境承载力的理论进行思考的话,一个区域通过功能区的定位,在承载力低的地区需要通过人口迁移引入到承载力高的地区,对管理人员也要适时实行定员定编。

生态移民需要按照分类分时段原则进行,引导移民向承载力较强的城市

---

① 国家禁止开发区域是指有代表性的自然生态系统、珍稀濒危野生动植物物种的天然集中分布地、有特殊价值的自然遗迹所在地和文化遗址等,需要在国土空间开发中禁止进行工业化城镇化开发的重点生态功能区。

② 在核心区,严禁任何生产建设活动;在缓冲区,除必要的科学实验活动外,严禁其他任何生产建设活动;在实验区,除必要的科学实验以及符合自然保护区规划的旅游业、种植业和畜牧业等活动外,严禁其他生产建设活动。

郊区及周边县城和小镇转移。通常而言,生态移民点应该尽量采取就近原则,将移民集中安置,避免移民对新环境不适应及就业难问题的出现,防止新建移民点成为潜在生态脆弱之地。

此外,特别值得注意的是,西部省域经济增长极的培育离不开东部地区"三大增长极"的支持,更应该融入"长江经济带"、"一带一路"等国家发展战略之中。

第七章 西部省域经济增长极
产业选择及发展路径

——以黔、青两省为例

美国汽车城市底特律破产案①告诫我们：城市发展需要可持续的产业支持，一个城市的规模由产业的规模来决定，城市依靠产业生存与发展。产业是城市建设的基础和内核，是城市发展的引擎，城市发展不能过度依赖单一产业。

改革开放以来，我国所有成功的经济增长极的形成都是以产业开始吸引人口，以产业服务来发展第三产业，以第三产业发展推动城市建设。经济增长极在空间上表现为主导产业②所在地形成的增长中心。城市在产业发展时，需要进行合理选择，及时协调和周边及省外其他城市产业的差异性和互补性。

产业结构优化是增长极城市产业发展的必经之路。产业结构优化的实质就是产业结构合理化、高级化和生态化过程。产业结构优化是实现资源能源节约和生态环境保护结果的具体路径。在我国，经济区域结构不合理问题比较突出，西部地区的产业结构趋同问题尤其严重。因此，西部地区在产业转型

---

① "汽车城"底特律曾是美国最富足的城市之一，该城于 1899 年建立第一个汽车制造厂，从此与汽车行业结缘，在最高峰时，整个底特律有 90% 的人以汽车工业为生。由于来自日本及欧洲的行业竞争及城市管理问题，该城从 20 世纪 60 年代末开始步入衰落。至 2010 年，底特律的人口规模降到了美国城市的第 18 位，建筑大量废弃，失业率升高，税收下降、收不抵支，恶性循环，最终导致美国最大的城市破产案。参见张喆：《底特律破产启示录》，《东方早报》2013 年 12 月 5 日。

② 自产业革命以来，西方发达国家主导产业演进中经历了"纺织工业—钢铁工业—汽车工业—电子工业—生物工程工业"的发展逻辑。

过程中实现产业结构优化势在必行。一方面,西部地区的部分矿产资源经过几十年甚至上百年的开采,已基本枯竭或者接近枯竭,如果产业发展甚至城市发展仍然依托这些资源的话,就会受到极大的限制。另一方面,那些资源型产业或者资源型城市的生态脆弱性增强,迫使西部地区产业结构做出必要的调整或升级。

第一节 主导产业选择

经济学界有许多学者对主导产业进行过界定。美国经济史学家罗斯托(Walt Whitman Rostow)对主导产业的解释为,"主导产业的扩散效应有三种形式:第一种,回顾影响,即后向关联,指主导部门对向它提供生产资料投入部门的影响;第二种,前瞻影响,即前向关联,指主导部门对新工业、新技术、新能源等部门的诱导作用;第三种,旁侧影响,指主导部门对所在地区的带动作用。"[1]刘树成编撰的《现代经济辞典》对主导产业的定义为,"国民经济中那些由于有效地吸收了创新成果,发展速度较快,并对其他产业的增长有广泛的直接和间接影响,从而能够带动一系列相关产业发展的产业或者产业群体。"[2]陈新岗、单祥杰则认为,"主导产业是区域国民经济部门和产业结构中能够带来其他产业发展、具有高成长性、创新能力强、有巨大扩散效应和高度潜力的产业。"[3]综合上述对主导产业的界定,作者认为主导产业是指产业发展结合当地的要素和资源优势,发展速度明显快于其他相关产业速度,具有长期而稳定的市场容量,具有高成长性和竞争优势,在整个产业升级中相对稳定且能发挥带动和引领产业结构升级,对区域内部各产业具有巨大吸引力及高度发展潜力的产业。

区域主导产业是区域经济结构的核心,它能起着引导区域经济发展方向

---

① 罗斯托:《主导部门和起飞》(1998),引自 baike.baidu.com,2014 年 7 月 25 日。
② 刘树成:《现代经济辞典》,凤凰出版社 2005 年版,第 1258—1259 页。
③ 陈新岗、单祥杰:《区域主导产业选择的指标体系与实证研究——以西藏自治区为例》,《西藏大学学报(社会科学版)》2012 年第 4 期。

和影响区域经济整体发展水平的作用。通常而言,主导产业具有成长性快、扩张性强等特征,能对其他产业起着较大带动作用,能够促进整个区域产业结构升级和优化。主导产业选择是否合理直接关系到区域内部是否能够合理利用资源,充分发挥区域经济优势,形成合理有效的区域产业结构。

一、主导产业选择基准

主导产业选择基准涉及市场选择和政府选择两个层面。第一,从产业发展演变的逻辑来看,市场化选择过程就是主导产业自发演变的进程。在这一演变进程中,初始条件和初始结构变动、需求结构变动等因素起着决定性作用。其中,初始条件包括人均收入、资本结构、生产要素、资源禀赋等,初始结构包括地区经济发展开始进入工业化时的起始产业结构,需求结构变动包含消费需求结构变动和投资需求结构变动两大类。投资与消费的不同比例关系影响产业结构发展的方向。第二,主导产业自发演变过程的调整也需要借助其他力量来完成,其中政府选择就是其中力量之一。基于资源配置的效率与区域经济增长因素的考虑,政府会主动选择主导产业,通过区域规划和制度设计,提高资源配置效率,促进产业结构升级,实现经济增长。①

围绕着如何选择区域主导产业问题的研究成果较多,国内外学者从多种角度对主导产业的选择基准问题进行研究,提出了多种方法,我们在此做如下梳理。

主导产业选择基准是随着产业经济理论的产生和发展而在西方主要的工业化国家基础上发展起来的,是在吸取了古典经济学、现代经济学和发展经济学的思想基础上形成的。主导产业选择基准的最早思想来源于亚当·斯密的绝对优势理论,后来到瑞典的经济学家伊·菲·赫克歇尔(Eli F.Heckscher)和戈特哈德·贝蒂·俄林(Bertil Ohlin)提出了主导产业的资源禀赋基准。其后,罗斯托在《经济成长的阶段》一书中利用"主导部门分析法"将各国的产业

---

① 原枞:《区域经济开发模式与主导产业选择的理论依据》,《西安电子科技大学学报(社会科学版)》2004 年第 4 期。

经济部门按照对国民经济的贡献大小分为"主要增长部门"、"补充增长部门"及"派生增长部门",这里所指的"主要增长部门"就是主导产业部门①。随后,赫希曼在《经济发展战略》一书中提出了"产业关联度"基准,指出主导产业应该选择那些产业延伸链长,带动效应大的产业作为主导产业。

国内学者根据我国基本国情及产业特点,也提出了主导产业选择的基准。周振华首次提出了增长后劲、短缺替代弹性、瓶颈效应等基准;刘再兴提出市场占有率、区位商、产业综合波及效果、比较劳动生产率等选择基准;关爱萍、王瑜提出了持续发展基准、市场基准、效率基准、技术进步基准、产业关联度基准、竞争优势基准等六项基准。②

从上面主导产业选择的基准可以看出,不管是国内还是国外的学者,他们都是根据自己研究的区域特点,结合本国基本国情,根据政府意愿及市场选择而提出来的。虽然这些研究成果从不同侧面反映出主导产业的某些特征,为主导产业的选择提供了参考依据,但同时也可以看出,学者们对主导产业选择基准依据的研究随意性很大,且不能反映主导产业选择的独立性。最根本的问题在于,这些基准只能反映主导产业的静态选择,只能反应产业部门的静态状况,而在实际的经济生活中,主导产业的选择应该反映产业部门的动态变化特征。

在我国,区域主导产业的选择方式为:首先由政府通过区域发展规划、政策引导、政策鼓励等方式完成初步选择,但主导产业的最终形成和发展都必须依靠市场选择来完成。经过市场选择以后,就可能形成这样的态势:部分规划主导产业逐渐成长为区域主导产业,部分规划主导产业被市场所抛弃。

二、主导产业选择方法

主导产业选择是基于区域经济发展战略的需要,实现产业结构合理化和

---

① 罗斯托认为,主导产业目标选择的基准主要有两条:第一条,是否具有较高增长率和显著规模;第二条,是否能够带动其他部门的经济增长。参见罗斯托:《经济成长的阶段》,引自财经亿科,2014 年 4 月 21 日。

② 高晓敏:《马鞍山市主导产业选择问题研究》,河海大学硕士学位论文,2007 年。

高级化而确定的区域产业发展序列。选择主导产业首先要立足于地方经济发展特征、地方经济发展阶段与地方经济发展水平,借鉴国内外先行国家和地区主导产业发展的经验。主导产业如果选择不当,会引起资源在产业间的配置低效,导致诸如主导产业增长乏力、主导产业结构趋同等问题的出现。过去,我国各省市在主导产业选择问题上存在着共同的问题,那就是一味依靠政府提出的主导产业选择方向,缺少市场选择途径来确定各自的主导产业,主导产业雷同现象严重。"在过去的十几年时间里,有22个省份将汽车列为主导产业,16个省份将机械工业、化学工业作为主导产业,24个省份将电子工业列为主导产业,14个省份将冶金工业作为主导产业。这种主导产业选择趋同现象导致区域比较优势难以发挥,许多地区选择的主导产业不能成长起来甚至中途夭折。"①由此可以看出,主导产业选择是否合理,对促进区域产业结构合理化和高度化,拉动区域经济增长速度,引领区域整体经济发展,凝聚区域经济发展向心力有着重要的意义。

主导产业选择的方法很多,针对西部地区现有的省域经济发展条件而言,主导产业选择除了需要考虑区域经济发展水平以外,还需考虑资源禀赋、地理区位及具有比较优势的产业,考虑区域生态环境,考虑中央对西部地区经济社会发展的要求等因素,在此基础上,应尽量选择中央在政策、资金、技术及人力方面对西部省域投入倾斜大的产业作为西部省域经济发展的主导产业。

在此,我们拟采取偏离—份额分析方法(Shift Share Method,SSM)②,以西部地区具有主导产业潜力的产业生产总值的增长比例为参照系,分析贵州、青海各产业总产值增长相对于西部地区平均水平的偏离情况。现以西部地区经济发展为参照,为区别传统主导产业选择基准,在此引入被称为偏离份额基准的"三个选择基准",即份额偏离基准、结构偏离基准、竞争力偏离基准,将贵州、青海省域经济总量在某一时期的变动分解为份额偏离分量 N_{ij}、结构偏离

---

① 王文长:《西部资源开发与民族利益关系和谐建构研究》,中央民族大学出版社2010年版,第32—34页。

② 偏离—份额分析方法的基本原理是以一定时期内国内各产业生产总值的增长比例为参照系,分析区域各产业总产值的增长相对于全国平均水平的偏离情况。

分量 P_{ij} 和竞争力偏离分量 D_{ij}，用来分析西部省域经济增长或者衰退的原因，了解贵州、青海省域经济在整个西部地区的优势和劣势，找到两省经济发展的主导产业，确定省域经济发展方向和产业结构调整的合理范围。

三、模型的选取

假设区域 i 在经历了时间 $[0,t]$ 之后，经济总量和经济结构都发生了改变，设第 0 年区域 i 的经济总产值为 $b_{i,0}$，第 t 年经济总产值为 $b_{i,t}$（i = 1,2,3,…）。把现有的省域经济划分为 n 个部门，以 $b_{ij,0}$ 及 $b_{ij,t}$（j = 1,2,…,n）分别表示为省域 j 产业部门在 0 时期及在 t 时期的经济总产值，并以 B_0、B_t 分别表示 0 时期和 t 时期西部地区经济生产总值，以 $B_{j,0}$ 与 $B_{j,t}$ 表示西部地区 j 产业部门在 0 时期和 t 时期的生产总值。区域 i 的 j 产业部门在 $[0,t]$ 时间段的变化率为：

$$r_{ij} = \frac{b_{ij,t} - b_{ij,0}}{b_{ij,0}} \qquad (6.1)$$

西部地区 j 产业部门在 $[0,t]$ 时间段的变化率为：

$$R_j = \frac{B_{j,t} - B_{j,0}}{B_{j,0}} \qquad (6.2)$$

本书在研究的过程中主要以西部地区的省份作为参照系，以各个省份产业部门经济发展在西部地区该领域中所占的市场份额或者所占的比重为依据，将各个省份 j 产业部门生产总值进行标准化，对该部门 j 产业部门的数值进行标准化为：

$$b'_{ij} = \frac{(b_{ij,0}B_{j,0})}{B_0} \qquad (6.3)$$

通过对西部各省域产业部门的生产总值进行标准化，从而使得在时间 $[0,t]$ 段内在 i 省份 j 产业部门的生产总值的增长量记为 G_{ij}，从而我们可以将 G_{ij} 分解为份额偏离分量 N_{ij}、结构偏离分量 P_{ij} 和竞争力偏离分量 D_{ij} 三个分量。

由于 i 省份 j 产业部门的生产总值增长量表示为 G_{ij}，因而：

$$G_{ij} = b_{ij,t} - b_{ij,0} \tag{6.4}$$

而又因为我们可以将 G_{ij} 分解为份额偏离分量 N_{ij}、结构偏离分量 P_{ij} 和竞争力偏离分量 D_{ij} 三个分量,所以:

$$G_{ij} = N_{ij} + P_{ij} + D_{ij} \tag{6.5}$$

而又因为份额偏离分量主要是指 j 产业部门生产总值相对整个参照系经济发展区来说究竟偏离多大,因而:

$$N_{ij} = b'_{ij}R_j \tag{6.6}$$

而结构偏离分量主要是指 i 省份 j 产业部门从结构上看在整个参照系区域中的偏离程度,主要以 i 省份 j 产业部门的初期生产总值与标准化后的 i 省份 j 产业部门的生产总值的差额为结构偏离绝对总量,故:

$$P_{ij} = (b_{ij,0} - b'_{ij})R_j \tag{6.7}$$

而竞争力偏离分量则主要反映的是 i 省份的 j 产业部门相对于整个参照系的整个生产总值的增长率相比的偏离程度,所以:

$$D_{ij} = b_{ij,0}(r_{ij} - R_j) \tag{6.8}$$

联立方程(5)、(6)、(7)、(8)可以得到方程(4),而方程(4)是以 i 省份 j 产业部门的生产总值增长量定义的一个方程。根据上述方程(4)—(8),我们同样可以将省份 i 总的国民生产总值增量 G_i 表示为:

$$G_i = \sum_{j=1}^{n} G_{ij} = \sum_{j=1}^{n} (N_{ij} + P_{ij} + D_{ij}) = N_i + P_i + D_i \tag{6.9}$$

从而:

$$N_i = \sum_{j=1}^{n} N_{ij} \tag{6.10}$$

$$P_i = \sum_{j=1}^{n} P_{ij} \tag{6.11}$$

$$D_i = \sum_{j=1}^{n} D_{ij} \tag{6.12}$$

联立方程前面 12 个方程则可以得到:

$$N_i = \sum_{j=1}^{n} N_{ij} = \sum_{j=1}^{n} b'_{ij}R_j = \sum_{j=1}^{n} \left\{ \frac{(b_{ij,0}B_{j,0})}{B_0} \frac{(B_{j,t} - B_{j,0})}{B_{j,0}} \right.$$

$$= \sum_{j=1}^{n} \left(b_{ij,0} \frac{B_{j,t} - B_{j,0}}{B_0} \right) \tag{6.13}$$

$$P_i = \sum_{j=1}^{n} P_{ij} = \sum_{j=1}^{n} (b_{ij,0} - b'_{ij}) R_j = \sum_{j=1}^{n} \left\{ \left[b_{ij,0} - \frac{(b_{ij,0} B_{j,0})}{B_0} \right] \left[\frac{(B_{j,t} - B_{j,0})}{B_{j,0}} \right] \right\}$$

$$= \sum_{j=1}^{n} \left[b_{ij,0} \frac{(B_{j,t} - B_{j,0})}{B_{j,0}} \right] - \sum_{j=1}^{n} \left[b_{ij,0} \frac{(B_{j,t} - B_{j,0})}{B_0} \right] \tag{6.14}$$

$$D_i = \sum_{j=1}^{n} D_{ij} = \sum_{j=1}^{n} \left[b_{ij,0} (r_{ij} - R_j) \right] = \sum_{j=1}^{n} \left\{ b_{ij,0} \left[\frac{(b_{ij,t} - b_{ij,0})}{b_{ij,0}} - \frac{(B_{j,t} - B_{j,0})}{B_{j,0}} \right] \right\}$$

$$= b_{ij,t} - \sum_{j=1}^{n} \left(b_{ij,0} \frac{B_{j,t}}{B_{j,0}} \right) \tag{6.15}$$

$$G_i = b_{i,t} - b_{i,0} \tag{6.16}$$

为了整体评价 i 区域 j 产业部门在整个参照系中的重要程度,需要对 i 地区 j 产业的生产总值在整个考察区域中的地位进行分析,以评价区域经济整体的产业结构特征,这样就选取 i 区域 j 产业生产总值在不同时期对作为整个参照系的国民生产总值的比重来对区域经济的整体产业结构特征进行评价。

因此, $K_{j,0} = \frac{b_{ij,0}}{B_{j,0}}$, $K_{j,t} = \frac{b_{ij,t}}{B_{j,t}}$, 其中 $K_{j,0}$、$K_{j,t}$ 分别表示 i 区域 j 产业在整个分析区域中所占的比重,也是表示 i 区域 j 产业在分析区域中的重要程度。同时为了更好地评价区域的产业结构特征,引入区域相对增长率指数①、区域结构效果指数及区域竞争效果指数进行分析。

在此,我们用 L 表示区域相对增长率指数。这样:

$$L = \frac{b_{j,0}}{b_{j,t}} : \frac{B_t}{B_0} \tag{6.17}$$

又因为 $K_{j,0} = \frac{b_{ij,0}}{B_{j,0}}$,$K_{j,t} = \frac{b_{ij,t}}{B_{j,t}}$,也即 $b_{ij,0} = K_{j,0} B_{j,0}$、$b_{ij,t} = K_{j,t} B_{j,t}$,而 $b_{j,0} = \sum_{i=1}^{n} b_{ij,0}$、

---

① 区域相对增长率指数是指在所研究的整个区域范围内某产业部门生产总值的增长率与整个研究区域范围内所有产业部门生产总值的增长率之间的比重。

$$b_{j,t} = \sum_{i=1}^{n} b_{ij,t}, B_0 = \sum_{j=1}^{n} B_{j,0}, B_t = \sum_{j=1}^{n} B_{j,t}, 所以：$$

$$L = \frac{\sum_{j=1}^{n} K_{j,t} B_{j,t}}{\sum_{j=1}^{n} K_{j,0} B_{j,0}} : \frac{\sum_{j=1}^{n} B_{j,t}}{\sum_{j=1}^{n} B_{j,0}} = WU \qquad (6.18)$$

WU 为上面所讨论的区域增长率指数分解的区域结构效果指数（用 W 表示）和区域竞争效果指数（用 U 表示），具体分解如下：

$$W = \frac{\sum_{j=1}^{n} K_{j,0} B_{j,t}}{\sum_{j=1}^{n} K_{j,0} B_{j,0}} : \frac{\sum_{j=1}^{n} B_{j,t}}{\sum_{j=1}^{n} B_{j,0}} \qquad (6.19)$$

$$U = \frac{\sum_{j=1}^{n} K_{j,t} B_{j,t}}{\sum_{j=1}^{n} K_{j,0} B_{j,t}} \qquad (6.20)$$

四、贵州省主导产业选择分析

本书根据国家西部大开发的前提条件，以偏离—份额分析方法为基础，选取贵州有可能成为主导产业的 22 个产业部门为分析对象，利用全国同一产业部门为分析参照系，分析 2006 年到 2014 年贵州省各产业部门的变化情况及变化特点，选取有可能成为贵州省主导产业的产业部门，为政府制定相关的政策提供依据。

依照前面推导的方程式（9）式至（20）式，我们可以得到贵州省各产业的效果指数，具体如表 7.1 所示。

表 7.1 贵州省各产业总得效果指数

Gi	Pi	Di	Ni	W	U	L
6217.18	2069.64	3956.86	190.68	0.99215686	1.0392478	1.03109683

分析表 7.1 可以看出，由于 L=1.03109683，绝对数值大于 1，表示贵州各

产业的发展速度略微高于全国平均水平,这种现象的产生可以归纳到贵州省整体经济发展水平比较低、绝对量小等方面上来。这种现象的存在也从另一方面说明,贵州产业发展空间大。在西部大开发的政策环境下,贵州省各产业的发展速度略微高于国家平均水平,国民经济在近几年得到快速发展,且增长势头强劲。这也说明主导产业的带动作用是比较明显的。贵州省继续发挥主导产业优势,推进朝阳产业快速发展,不断改造升级夕阳产业的空间明显存在。其中 P_i 较大表示 U 大于 1,表示贵州产业构成中有比较好的朝阳产业,产业结构总体上处于良好状态,各产业在全国具有较大的竞争力; D_i 大于 0,表示贵州省快速发展的产业部门较多,且 W 小于 1,表示产业结构对产业增长的贡献不是很理想,夕阳产业所占比重较大,说明需要对贵州省的产业结构做进一步调整。

依据前面推导的方程式(1)式至(8)式,我们可以得到贵州省各产业结构偏离度中间数据及贵州省各产业部门的偏离—份额指数,具体如表 7.2 与表 7.3 所示,其中表 7.3 中的 PD_{ij} 表示 P_{ij} 与 D_{ij} 之和。

表 7.2　贵州省各产业结构偏离度中间数据

序号	产业	中间分析指标			序号	产业	中间分析指标		
		r_{ij}	R_j	b_{ij}'			r_{ij}	R_j	b_{ij}'
A	农业	0.85	0.49	22.9	L	医药制造业	1.48	0.66	1.44
B	林业	0.81	0.49	0.12	M	非金属矿业制品业	4.01	0.71	2.20
C		0.84	0.47	8.48	N	黑色金属冶炼	1.48	0.60	16.6
D	煤炭开采业	7.20	0.75	2.80	O	有色金属冶炼	0.53	0.64	7.67
E	黑色金属采矿业	5.73	0.82	0.01	P	计算机、通信及电子设备制造业	0.97	0.48	2.45
F	有色金属矿采业	2.85	0.67	0.03	Q	仪器仪表制造业	1.38	0.54	0.05
G	非金属矿采业	1.33	0.73	0.09	R	电力、热力生产和供应业	0.84	0.54	34.6

序号	产业	中间分析指标			序号	产业	中间分析指标		
		r_{ij}	R_j	$b_{ij}^{'}$			r_{ij}	R_j	$b_{ij}^{'}$
H	农副食品加工业	3.15	0.71	1.37	S	水的生产和供应业	0.94	0.39	0.01
I	食品制造业	2.41	0.66	0.34	T	建筑业	1.64	0.64	38.9
J	酒、饮料、精制茶制造业	1.10	0.62	5.95	U	零售业	1.54	0.58	158
K	化学原料和化学制品制造业	1.72	0.66	11.2	V	旅游业	2.69	0.61	9.98

依据表 7.3,从 r_{ij}-R_{ij} 除了有色金属冶炼其他都大于 0,可以看出贵州省各产业增长速度都高于全国各产业的平均增长速度,而且可以看出贵州的煤炭开采业及旅游业在全国具有很强的优势,且增长速度近五年来成倍数的高于全国平均水平。由于份额偏离分量 N_{ij} 均大于 0,反映贵州省的 22 个产业部门在国内属于处于增长性的产业部门,也表明近五年来贵州省各产业部门具有较好的发展势头。所有的 P_{ij} 都大于 0,说明贵州省产业部门结构基础相对较好,具有一定的优势。从 D_{ij} 值的大小可以看出,只有 1 个产业部门小于 0,这说明贵州省大部分产业部门是具有区域竞争优势的。再从 PD_{ij} 都大于 0 这一点可以说明,贵州省绝大部分的产业部门具有较好的部门优势。

表 7.3 贵州省各产业部门的偏离—份额指数

序号	产业	G_{ij}	P_{ij}	N_{ij}	D_{ij}	r_{ij}-R_{ij}	PD_{ij}
A	农业	300.72	161.00	11.10	128.10	0.36	289.58
B	林业	20.81	12.50	0.06	8.23	0.32	20.75
C	牧业	174.31	93.70	3.99	76.57	0.37	170.32
D	煤炭开采业	932.98	95.20	2.10	835.70	6.45	930.88
E	黑色金属采矿业	13.36	1.91	0.01	11.44	4.91	13.35
F	有色金属矿采业	17.07	3.98	0.02	13.07	2.18	17.05
G	非金属矿采业	38.69	21.3	0.07	17.35	0.60	38.62
H	农副食品加工业	111.31	24.00	0.97	86.35	2.44	110.34

序号	产业	G_{ij}	P_{ij}	N_{ij}	D_{ij}	r_{ij}-R_{ij}	PD_{ij}
I	食品制造业	57.86	15.80	0.23	41.88	1.74	57.63
J	酒、饮料、精制茶制造业	307.78	169.00	3.68	135.20	0.48	304.10
K	化学原料和化学制品制造业	313.87	113.00	7.40	193.00	1.06	306.47
L	医药制造业	142.17	62.90	0.96	78.34	0.81	141.21
M	非金属矿业制品业	251.64	42.90	1.56	207.20	3.30	250.08
N	黑色金属冶炼	324.33	122.00	10.00	192.50	0.88	314.30
O	有色金属冶炼	105.68	122.00	4.90	−20.90	−0.10	100.78
P	计算机、通信及电子设备制造业	24.00	10.70	1.18	12.10	0.49	22.82
Q	仪器仪表制造业	6.47	2.49	0.03	3.95	0.84	6.44
R	电力、热力生产和供应业	451.18	273.00	18.90	158.90	0.30	432.31
S	水的生产和供应业	6.29	2.62	0.01	3.66	0.55	6.28
T	建筑业	512.38	176.00	25.10	310.90	1.00	487.30
U	零售业	1061.85	311.00	92.30	658.60	0.95	969.57
V	旅游业	1042.43	232.00	6.13	804.70	2.08	1036.30

Shift-Share 图分析。利用 Shift-Share 图对贵州省的不同产业发展及其在我国整个国民经济中的竞争力进行分析,依据分析表所得的数据,绘制 Shift-Share 图。

1. 产业优势分析图

利用表 7.3 表示的贵州省各产业部门的偏离—份额指数表中的数据,对贵州省的产业优势绘制图 7.1,反映了贵州省各产业在全国各产业中的增长优势。从图 7.1 可以看出,贵州选取的 22 个产业在与全国的比较中均处于图形的第一象限,所以在全国来讲都具有很好的竞争优势。但贵州大部分产业的增长并不是很理想,全省经济总量在全国所占比重非常低,增长速度仅略高于全国平均水平,在国内并没有明显的优势。从图中可以看出,除了 U(零售业)、T(建筑业)、R(电力、热力生产和供应业)、V(旅游业)、D(煤炭开采业)

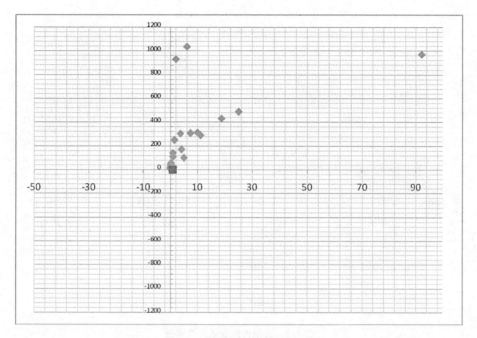

图 7.1　贵州省产业优势分析图

外,其他各点并不是很理想。

2. 产业偏离份额图

利用表 7.3 表示的贵州省各产业部门的偏离—份额指数表中的数据,对贵州省的产业偏离份额绘制图 7.2。从图中可以看出,除了有色金属冶炼这个点以外,其他点都在第一象限,证明这些行业竞争力较好,并且发展还是不错。但是,原有基础很好,且竞争力较好的产业没有;竞争力很好,有基础较好的产业则有 V(旅游业)、U(零售业)、M(非金属矿业)、H(农副食品加工业)、D(煤炭开采业)、F(有色金属采矿业)。

通过以上对贵州省的各个产业的分析可以得出结论:贵州省产业的整体竞争力较强,主要由于贵州省各行业处于起步阶段,基础较差;贵州省产业发展在全国具有一定优势,主要得益于本省丰富的资源;各行业的增长速度之所以在全国处于高速增长状态,主要由于贵州各行业发展起步晚,基础数据较低;贵州省各产业部门结构较合理,具有较强竞争力。结合贵州省产业优势图

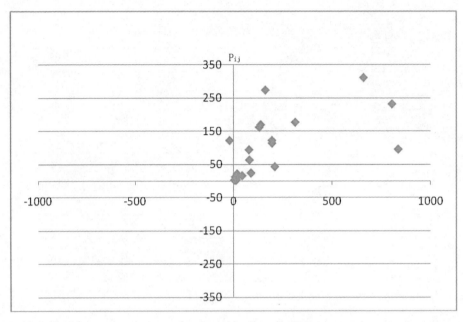

图 7.2　贵州省产业偏离份额图

和产业偏离份额图可以看出,贵州省在选择主导产业时,应该选择具有产业竞争优势且具有较好发展基础的产业作为主导产业,这些产业有:零售业、旅游业及煤炭开采业。另外,烟酒业、食品工业、电力行业、黑色金属冶炼及建筑业等也具有较好的发展基础,具有作为主导产业培育的一定的优势。

五、青海省主导产业选择分析

本书依据西部大开发的前提条件,以偏离—份额分析方法为基础,选取青海有可能成为主导产业的 18 个产业部门为分析对象,利用主成分分析方法,对青海省 18 个产业部门的经济综合力进行分析,同时对各产业利用生态补偿机制确定各产业对整个经济变化的贡献,利用全国同一产业部门同样经济综合力为分析参照系,分析 2006—2012 年青海省各产业部门的变化情况及变化特点,选取有可能成为青海省主导产业的产业部门作为分析对象,为政府制定相关的政策提供依据。

首先根据调查分析及选取 10 位专家对 18 个产业在充分考虑生态补偿机

制的条件下这些产业对整个经济影响的贡献指数,利用对社会的贡献程度
(或者称为对生态环境的促进程度)进行分析。对社会的贡献指数可以分为:
很好(指数为1)、好(指数为0.8)、一般(指数为0.6)、差(指数为0.4)、很差
(指数为0.2),具体如表7.4所示。

表7.4　青海省18个产业对经济影响的贡献指数表

序号	产业	指数
A	农业	1
B	林业	1
C	牧业	1
D	煤炭开采业	0.2
E	黑色金属采矿业	0.4
F	有色金属矿采业	0.4
G	非金属矿采业	0.4
H	农副食品加工业	0.8
I	化学原料和化学制品制造业	0.4
J	医药制造业	0.6
K	非金属矿业制品业	0.4
L	黑色金属冶炼	0.2
M	有色金属冶炼	0.2
O	电力、热力生产和供应业	0.8
P	水的生产和供应业	0.8
Q	建筑业	0.6
R	零售业	0.8
S	旅游业	1

依照前面推导的方程式(9)式至(21)式,我们可以得到青海省各产业的
效果指数,具体如表7.5所示。

表 7.5　青海省各产业总效果指数

G_i	P_i	D_i	N_i	W	U	L
1094.198	313.269589	742.4003661	38.528	0.99931156	2.5544372	2.552678

从表 7.5 可以看出,L=2.552678,绝对数值大于 2,表示青海省各产业发展速度远远高于全国平均水平,根本原因在于,青海省整体经济发展水平比较低,基数较小,发展空间较大。在国家大力开发西部的政策环境下,青海省各产业的发展速度远高于国家的平均水平,总体经济发展速度快,增长势头强劲,说明主导产业的带动作用明显。因此,需要继续发挥主导产业优势,推进朝阳产业建设,改造升级夕阳产业。其中 P_i 较大且 W 小于 1,说明青海具有比重较大的朝阳增长行业,很多行业在全国具有比较优势,经济结构状况良好,各行业在全国具有很强的竞争力;根据表 7.5 的数据进行分析,D_i 约为742.4,数值较大,而且 U 值约为 2.56,比 1 要大,说明相对于全国来说,青海很多行业发展迅速,竞争力较强,在全国的竞争地位不断上升。

依据前面推导的方程式(1)式至(8)式,我们可以得到青海省各产业结构偏离度中间数据及青海省各产业部门的偏离—份额指数,具体如表 7.6 与表7.7 所示,其中表 7.7 中的 PD_{ij} 表示 P_{ij} 与 D_{ij} 之和。

表 7.6　青海省各产业结构偏离度中间数据

序号	产业	中间 r_{ij}	分析 R_i	指标 b_{ij}'
A	农业	1.664681512	0.48678689	3.810303253
B	林业	1.095477387	0.486653635	0.014595996
C	牧业	1.206730769	0.470708983	3.377346012
D	煤炭开采业	20.86537173	0.750772567	0.019707395
E	黑色金属采矿业	-0.55902778	0.824363954	0.002928921
F	有色金属矿采业	-0.65815684	0.66795705	0.106971273
G	非金属矿采业	0.151111111	0.732450372	0.00339353
H	农副食品加工业	95.45551601	0.705990559	0.213644269
I	化学原料和化学制品制造业	-0.99249233	0.663811429	1.416631839
J	医药制造业	9.164202335	0.664104982	0.106300613

序号	产业	中间 r_{ij}	分析 R_i	指标 b_{ij}'
K	非金属矿业制品业	−0.49286351	0.708276651	0.192511935
L	黑色金属冶炼	−0.07814959	0.603480763	0.443512877
M	有色金属冶炼	0.745486384	0.639720811	0.392356458
N	电力、热力生产和供应业	1.199793058	0.544918586	6.712832304
O	水的生产和供应业	−0.88303342	0.393248508	0.032591504
P	建筑业	1.947494694	0.644991592	7.422933505
Q	零售业	1.247793015	0.584544467	40.3260919
R	旅游业	0.957446809	0.61424881	1.851935744

表 7.7　青海省各产业部门的偏离—份额指数

序号	产业	G_{ij}	P_{ij}	D_{ij}	N_{ij}	r_{ij}-R_{ij}	Pd_{ij}
A	农业	64.29	16.945	45.5	1.85	1.18	63.1
B	林业	2.18	0.9613	1.21	0.01	0.61	2.18
C	牧业	65.26	23.866	39.8	1.59	0.74	64.2
D	煤炭开采业	62.304	2.227	60.1	0.01	20.1	311
E	黑色金属采矿业	−0.644	0.9473	−1.6	0	−1.4	−1.6
F	有色金属采矿业	−22.996	23.267	−46	0.07	−1.3	−58
G	非金属采矿业	0.272	1.3159	−1	0	−0.6	0.67
H	农副食品加工业	429.168	3.0233	426	0.15	94.7	536
I	化学原料和化学制品制造业	−37.544	24.17	−63	0.94	−1.7	−98
J	医药制造业	70.656	5.0497	65.5	0.07	8.5	118
K	非金属矿业制品业	−4.42	6.2155	−11	0.14	−1.2	−12
L	黑色金属冶炼	−1.49	11.238	−13	0.27	−0.7	−12
M	有色金属冶炼	24.692	20.938	3.5	0.25	0.11	119
N	电力、热力生产和供应业	102.04	42.686	55.7	3.66	0.65	124
O	水的生产和供应业	−10.992	4.8823	−16	0.01	−1.3	−14
P	建筑业	126.63	37.151	84.7	4.79	1.3	202
Q	零售业	179.792	60.653	95.6	23.6	0.66	201
R	旅游业	45	27.732	16.1	1.14	0.34	44.3

依据表 7.7，r_{ij}-R_{ij}项中黑色金属采矿业、有色金属采矿业、非金属采矿业、

化学原料和化学制品制造业、非金属矿业制品业、黑色金属冶炼、水的生产和供应业小于0,其他的行业 $r_{ij}-R_{ij}$ 都大于0,表明除了上述主要矿业及相关的制品行业的平均增长速度低于全国水平以外,青海省其他行业的平均增长水平比全国的同类行业的增长速度要快,特别是农副产品的增长速度比全国平均水平增长快得多。由于份额偏离分量 N_{ij} 均不小于0,可知青海18个产业部门在全国属于增长性产业部门,说明近五年来青海省各产业部门在全国具有较好的发展势头。所有的 P_{ij} 都大于0,可以看出青海省产业部门结构基础相对较好,具有一定的优势。观察 D_{ij},只有7个产业部门小于0,说明了青海省大部分产业部门是具有区域竞争优势的,但还是有一部分产业在全国是属于夕阳行业,不具有行业优势,所以青海省产业结构还不是很合理,需要做进一步调整。PD_{ij} 大部分大于0,说明大部分产业部门具有较好的优势,但还是有一部分不具有产业优势,产业结构有待进一步调整。

Shift-Share 图分析。利用 Shift-Share 图对青海省不同产业的发展及其在我国整个国民经济中的竞争力进行分析,依据分析表所得的数据,绘制 Shift-Share 表格。

1. 产业优势分析图

利用表7.7显示的青海省各产业部门的偏离—份额指数表中的数据,为青海省产业优势绘制图,体现出青海各产业在全国各产业中的优势增长。从图7.3产业优势图可以看出,从青海选取的18个产业来看,其中有黑色金属采矿业、有色金属采矿业、化学原料和化学制品制造业、黑色金属冶炼、水的生产和供应业五大产业在第二象限外,其余的都处于第一象限,说明除了这五大产业外,青海的其他产业都具有一定的区域优势。

2. 产业偏离份额图

利用表7.7显示的青海省各产业部门的偏离—份额指数表中的数据,对青海的产业偏离份额绘制图,如图7.4表示的青海省产业偏离份额图,从图中可以看出,除了黑色金属采矿业、有色金属采矿业、非金属采矿业、化学原料和化学制品制造业、非金属矿业制品业、黑色金属冶炼、水的生产和供应业外,其他点都在第一象限,证明青海各行业竞争力较好,并且发展得不错。

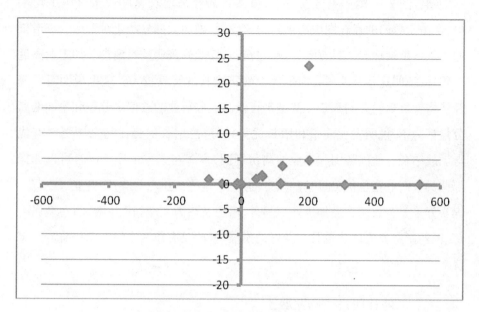

图 7.3　青海省产业优势分析图

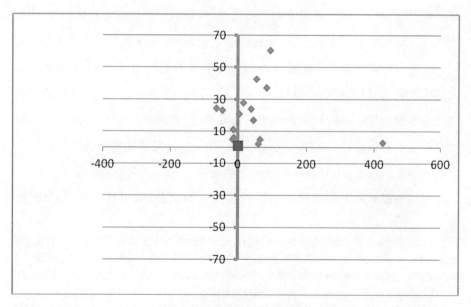

图 7.4　青海省产业偏离份额图

结合图 7.3、图 7.4 可以看出，虽然青海经济增长速度快于全国平均水平，但由于普遍的点在图中离远点都比较近，说明大部分产业对青海经济增长的贡献不是很理想。只有零售业、建筑业、煤炭开采业及农副食品加工业离远点较远，说明这些行业对青海的整个经济增长的贡献较大。这也说明对青海经济增长贡献较大的都是一些基础行业。这些行业的总偏离分量和份额偏离分量都为正，说明发展前景和增长优势较好，总增长优势比起全国更具有优势。故结合产业优势图和产业偏离份额图，青海在选择主导产业时可以选择那些具有产业竞争优势且基础较好的产业，这些产业主要有：零售业、建筑业、煤炭开采业及农副食品加工业。另外，电力及热力生产和供应业、有色金属冶炼、医药制造业等产业也具有较好的发展基础，具有作为主导产业培育的一定优势。

六、战略性新兴产业发展

美国汽车城市底特律破产案给我们的启示是：一个城市除了需要通过培育产业，扩大就业机会，避免单一产业依赖，经济结构要达到多元化以外，还应该围绕主导产业发展多元产业，研究产业生命周期，培育新兴产业便于产业替代。战略性新兴产业[1]具有强渗透和倍增性及其他特征[2]，可以无障碍地渗入传统产业，并对传统产业进行改造，促进其转型升级。因此，发展战略性新兴产业是推动产业结构调整和传统产业升级、提升国家或地区竞争力、抢占经济制高点的有效途径。2008 年国际金融危机以后，发展战略性新兴产业成为世界各国振兴经济、应对国际竞争的必然选择。

我国各级政府非常重视战略性新兴产业的发展，引至其发展速度极快。

---

① 战略性新兴产业是以重大技术突破和重大发展需求为基础，对经济社会全局和长远发展具有重大引领带动作用，知识技术密集、物质资源消耗少、成长潜力大、综合效益好的产业。主导产业的形成皆源于初创期的战略性新兴产业，而在成熟期将发展为一国或地区的支柱产业。

② 战略性新兴产业不仅自身具有很强的发展优势，对经济发展具有重大战略意义，而且直接关系国民经济社会发展全局和国家安全；战略性新兴产业具有巨大的增长潜力，对提升区域竞争力具有重要促进作用；战略性新兴产业关联度比较高，能够带动一批相关产业发展，能发展成为未来的支柱产业或主导产业。

按照产业发展规律而言,如果某个产业是地方政府的重点发展产业,那么这样的产业就能获得更多的各项优惠政策,获得的发展机会就很大。2010年,中央政府确定了七大战略性新兴产业,包括:节能环保、新一代信息技术、生物、高端装备制造、新能源、新材料和新能源汽车等产业。按照国家产业发展规划,我国战略性新兴产业发展将达到一个很高的水平。(见表7.8)

表7.8　2015—2030年国家战略性新兴产业发展目标

时间	目标值
2015	产业增加值占国内生产总值的比重力争达到8%左右。
2020	占国内生产总值的比重力争达到15%左右,吸纳、带动就业能力显著提高。节能环保、新一代信息技术、生物、高端装备制造产业成为国民经济的支柱产业,新能源、新材料、新能源汽车产业成为国民经济的先导产业;创新能力大幅提升,掌握一批关键核心技术,在局部领域达到世界领先水平;形成一批具有国际影响力的大企业和一批创新活力旺盛的中小企业;建成一批产业链完善、创新能力强、特色鲜明的战略性新兴产业集聚区。
2030	战略性新兴产业的整体创新能力和产业发展水平达到世界先进水平,为经济社会可持续发展提供强有力的支撑。

资料来源:国务院办公厅:《国务院关于加快培育和发展战略性新兴产业的决定》,中央政府门户网站,
　　2010年10月18日。

相关资料表明,2015年,我国各级政府对战略性新兴产业的投入力度大,战略性新兴产业快速增长,增幅超过全国平均水平。据统计,新一代信息技术、生物、节能环保以及新能源等新兴产业领域27个重点行业规模以上企业主营业务收入达21.9万亿元,实现利润总额近1.3万亿元,同比分别增长15.3%和10.4%。[1] 西部地区各省市希望利用战略性新兴产业的发展,力图改变过去长期走的那种高消耗、重污染的粗放型发展模式,依靠现代科技发展新型产业的模式,既快速发展经济又不至于破坏生态环境。尽管如此,贵州、青海等西部地区省市,高技术产业发展起步低,产业总值小,总体发展水平相对低。

---

　　[1]　中商产业研究院:《2016年中国战略性新兴产业市场规模预测分析》,中商情报网,2016年4月13日。

表 7.9 2014 年全国各地高技术产业生产经营情况

地区	企业单位数（个）	从业人员平均人数（人）	资产总计（亿元）	主营业务收入（亿元）	利润总额（亿元）	利税（亿元）	出口交货值（亿元）
全国	27939	13250267	100316.5	127367.7	8095.2	12188.6	50765.2
东部地区	19069	9465854	70758.7	92205.9	5729.0	8511.1	41718.5
中部地区	4850	2024387	13204.9	17014.1	1061.9	1729.2	4525.5
东北地区	1262	443715	4414.4	4652.0	385.0	566.6	418.3
西部地区	2758	1316311	11938.5	13495.7	919.3	1381.6	4102.8
贵州	193	72532	764.4	566.3	44.7	71.5	12.8
青海	36	7084	77.6	57.2	6.2	9.4	0.1

资料来源：《中国高技术产业统计年鉴》，中国统计出版社 2015 年版。

　　贵州、青海等西部地区各省市加快发展高新技术产业势在必行，一方面，有利于缩小与东部地区发展的差距；另一方面，有利于发挥后发优势，在未来国际社会竞争中占据有利地位，推动产业结构升级，建设高水平现代产业体系，提高产业竞争力。可喜的是，贵州、青海等西部省市制定了自己的高新技术产业发展规划及发展路径。我们有理由相信，贵州、青海只要按照各自有关规划和发展路径发展，经过一定时期以后，其高新技术产业一定会取得理想的发展成绩。具体内容如下：

　　第一，贵州省高新技术产业发展规划及发展路径。《贵州省"十二五"工业布局及重点产业发展专项规划》与《贵州省"十二五"发展循环经济和节能减排专项规划》指出，到 2015 年，全省用于研究与开发经费支出和高新技术产业增加值占生产总值的比重分别达到 1.2% 和 8% 以上，高新技术和战略性新兴产业总产值力争年增 20% 左右，省级以上企业技术中心、工程技术研究中心、重点实验室等研发机构达到 200 家以上。[1]"十二五"期间，贵州省确定一批高新技术产业作为重点发展产业。详见表 7.10。

---

　　① 贵州省发展与改革委员会：《贵州省"十二五"工业布局及重点产业发展专项规划》，2014 年 5 月 21 日。

表 7.10　"十二五"期间贵州省战略性新兴产业和高技术产业发展重点

序号	产业名称	产业领域及发展路径
1	新材料	重点发展金属及其合金材料、无机非金属材料、化工材料、聚合物材料、电子功能材料、新能源材料,加快发展高强度铝合金、钛合金、锰合金、镁合金新材料,形成以贵阳市、遵义市为核心的新材料产业聚集区。
2	电子及新一代信息技术	重点发展电子元器件、软件产业与集成电路产业、"三网融合"、物联网、下一代互联网(IPV6)等,大力培育信息服务产业,形成以贵阳为核心的新一代信息技术产业聚集区。
3	高端装备制造	重点发展航空航天产业、工程机械及其零部件、数控机床及其功能部件、特色装备等。
4	生物技术	重点发展生物医药产业和生物育种产业,形成以贵阳市为核心,遵义市、安顺市和黔南州为重点的生物医药产业聚集区;以贵阳市为重点的生物育种产业聚集区。
5	节能环保	以中心城市为依托,加快污染物治理适用技术研发和产业化应用,大力发展节能技术和产品。
6	新能源	在黔西南州、黔南州和贵阳市形成生物能源技术和产品研发制造基地,在贵阳、遵义等地形成风能、太阳能、地热能技术和产品研发制造基地。
7	新能源汽车	以锂离子动力电池、驱动电机、电控系统的研发生产为切入点,培育轻型电动车和电动汽车产业,建设以贵阳市为重点的新能源汽车产业基地。

资料来源:《贵州省"十二五"工业布局及重点产业发展专项规划》,2014 年 5 月。

　　"十二五"期间,全省"五大新兴产业"[①]发展迅猛,大数据信息产业年均增长 37.7%。"十三五"期间,贵州省将着力发展以大数据为引领的电子信息产业,打造全国大数据产业聚集区;加快发展以大健康为目标的医药养生产业,打造医药养生基地;加快发展以无公害绿色有机为标准的现代山地特色高效农业,建设全国绿色有机农产品供应基地;发挥全省旅游资源优势,加快发展以民族和山地为特色的文化旅游业,大力发展山地新型旅游业态,建成山地旅游大省;加快发展以节能环保低碳为主导的新型建筑建材业,促进建筑业与建材业融合发展。经过 5 年的发展,全省新兴产业占生产总值的比重将提高

---

　　① 贵州省"五大新兴产业"是指:大数据、大健康、现代山地高效农业、文化旅游、新型建筑建材等产业。

到 20%。

第二,青海省高新技术产业发展规划及发展路径。青海省按照《青海省贯彻"十二五"国家自主创新能力建设规划实施意见》,积极组织完成了《青海省"十二五"工业和信息化发展规划》、《青海省战略性新兴产业规划》、《青海省生物领域战略性新兴产业发展专项规划》、《青海省节能环保领域战略性新兴产业发展专项规划》、《青海省冬虫夏草产业发展规划》、《青海省物联网发展规划》、《青海省促进信息消费发展规划》以及全省新能源、新材料、高端装备制造、新一代信息技术、新能源汽车等五大领域的战略性新兴产业发展专项规划的编制工作,努力培育战略性新兴产业。这些规划产业的具体培育路径多种多样,如,新能源发展需要"加快水能、风能和太阳能资源开发,积极发展绿色能源,建立绿色能源基地"。医药制造业发展需要"引进强势企业,加快行业重组;强化自主创新,推进技术升级;加强品牌建设,扩大市场份额;合理规划,调整产业布局;建立市场主导型的中药材生产质量管理规范推行机制;大力扶持藏医药开发;建立多渠道科研合作机制;限制野生药材的采挖,加强野生药材的保护,加快野生药材的人工种植步伐"。化学原料及化学制品制造业需要"优化产业布局,促进产业集聚;加大园区建设,提升配套功能;完善激励政策,扶持优势企业;完善基础设施,壮大承载能力;提高资源综合开发利用水平,降低资源损耗;进一步详细勘察盐湖矿床,为开发利用盐湖资源打下坚实基础;加强与有色金属冶炼和黑色金属冶炼的融合程度,加快冶炼化工一体化进程"①。事实上,"十二五"期间,青海省战略性新兴产业增长 20% 以上。《青海省"十三五"战略性新兴产业市场观察及投资咨询报告》分析了"十三五"期间青海省战略性新兴产业投资环境,提出了青海省"十三五"期间战略性新兴整体规划、新一代信息技术产业、新能源、新材料、节能环保、高端装备、生物产业、新能源汽车领域规划建议。

当然,贵州、青海省应该鼓励条件相对成熟的贵阳、西宁等城市加强与东

---

① 王建军、陈雪梅、曲波:《青海省战略性新兴产业发展研究》,民族出版社 2012 年版,第 137—146 页。

部沿海地区城市的创新要素对接,争取建立研发中心,发展总部经济,建立高新技术产业化基地和产业"孵化园",促进创新成果转化成生产力。战略性新兴产业发展必须注意的问题是明确产业发展本身存在技术发展路线、市场需求等不确定性,尽量避免发展中存在的风险,保持该产业的发展活力。

第二节　发展产业链经济

赫希曼在《经济发展战略》一书中提出,企业关联度越大,该企业所属产业对经济增长的作用就越大,在国民经济中的地位就越高。事实上,拥有完整的产业链,对企业的稳定效益是大有裨益的。产业链的延长能增强抗风险能力,上下游产业可以实现互补,原料和产品在内部互供,有助于资源优化、成本降低。就西部地区而言,发展后向关联度较高的产业,培养接续产业,占据产业链价值高端部分显得尤其重要,只有这样,才能将西部地区的资源优势转变为市场优势、价格优势和产品优势,进而形成产业链优势,才能将利润转移到关联行业及其他产业之中。因此,如何把握产业内在发展规律,制定区域产业政策,合理调整产业结构,发展优势产业,加强产业配套能力,增强产业关联度,努力促进产业链形成,对于促进产业升级、提升产业核心竞争力及本地区的经济实力显得十分重要和迫切。

一、产业链与产业链经济

产业链是指产业前向、后向、侧向关联过程,由供需链、企业链、空间链和价值链有机组合构成的链条。一条完整的产业链以产品的研发为起点、产品到达消费者手中为终点,涉及原材料加工、中间产品生产、制成品组装、销售、服务等多个环节。产业链反映了不同产业层次间的关联性。(见图7.5)

总括起来,产业链大体包含了四层含义:(1)产业的关联度;(2)资源加工的深浅度;(3)产业的层次性;(4)产业利益的整体性与分割性。产业链按照行业性质进行分类,可以分为农业产业链、林业产业链、蔬菜产业链、汽车产业链、钢铁产业链、煤化工产业链、服装产业链、高新技术产业链、旅游产业链等。

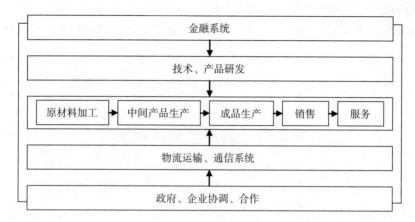

图 7.5　产业链分解图

一般而言,产业链条关联性越强,说明产业链条越紧密,产业系统资源配置效率越高;产业链条越长,则说明资源加工程度越深,产业附加值越高。意大利学者米纳(C.Milana)用"横向关联系数"和"纵向关联系数"对意大利各个产业进行了比较。按照产业间关联方向和程度的差别,区域产业可分为四类,具体情况见表 7.11:

表 7.11　产业联系分类表

联系方向		前向联系	
		高	低
后向联系	高	钢铁工业、石油工业、化学工业、煤炭工业、造纸业、纺织业、印刷业	食品加工业、木材加工业、造船业、非金属制造业
	低	农业、能源、采矿业	捕捞业、交通运输业、商业、服务业

资料来源:申俊华:《基于多层次增长极的我国区域金融结构研究》,湖南大学博士学位论文,2007 年。

产业链的乘数效应①说明,产业链中的某一个节点的企业发生市场变化时,会导致产业链中的其他关联产业发生相应地变化。如,"汽车产业每增值

---

　　① 根据约翰·梅纳德·凯恩斯(John Maynard Keynes)的投资乘数理论表明,在一定的边际消费倾向下,增加的新投资经过一定时间后,可导致收入与就业呈数倍的增加,或导致数倍于投资的 GDP。

1 元,就会给钢铁、塑料、机械装备等上游产业,带来 0. 65 元的增值,给石化、销售维修、金融、服务等下游产业,带来 2. 63 元的增值。"①

二、发展产业链经济

在某一区域内,同一产业上、中、下游各环节及各节点之间要求彼此分工、协调与合作,形成完整的产业链关系。产业链条越完整,则该区域内的产业发展就会越稳定。产业链节点之间的联系与协调越紧密,产业链运行效率就越高,产业竞争力就越强。如果某个区域存在一条完整产业链的话,那么这个区域一定有丰富的资源(包括有形资源和无形资源)、生产某种产品的众多生产型企业、为企业提供智力与技术支持的科研机构和高校、专门从事销售的销售型企业及完善的销售网络、为企业提供信息和服务的中介机构等。这些条件的满足对该地区的软硬件建设都提出了很高的要求,然而以西部地区现在的情况而言,很少有省份及城市可以同时具备这些条件。因此,西部地区迫切需要加强产业环境建设,为产业链经济的发展创造条件。

从国际经济发展的经验来看,随着经济一体化的深入,国际产业分工逐渐向产品内分工延伸,企业之间的竞争已逐步从单纯商品的竞争演化为产业链的竞争。一个国家或地区产业链的配套状况、协作程度等也已经成为衡量投资环境优劣和地区核心竞争力强弱的重要组成部分。各个国家、各个地区产业发展差异巨大,产业链经济发展模式多种多样②。

价值链增值环节可以划分为技术环节、生产环节和营销环节三个主要环

---

① 虞洪:《循环经济产业链稳定性研究》,西南财经大学硕士学位论文,2007 年。

② 产业链发展模式通常可以分为这样几种:(1)市场交易式产业链。它是指产业链中的企业之间是完全的市场交易关系,企业都相对独立,在产业链中的地位平等,主要是靠供需链而组成一个有机的链条。(2)纵向一体化式产业链。它是指企业通过向产业链上游和下游的纵向一体化扩展过程而形成的产业链。(3)准市场式产业链。它是指核心企业或龙头企业通过虚拟、OEM、ODM、特许经营连锁、外包、战略联盟、租赁等等既非市场交易又非产权控制的形式,和处在自己上游和下游中的企业形成的一种既非完全市场交易又非企业集团的关系,从而形成的产业链形式。(4)混合式产业链。它是指含有市场交易式、纵向一体化式、准市场式这三种模式产业链的两种或三种的产业链模式。参见邵昶:《产业链形成机制研究》,中南大学硕士学位论文,2005 年。

节,价值链 U 形曲线表明,价值链的高端在曲线的两端。发展产业链经济是以占据产业链末端和价值链高端为目标。"产业链是产业环节逐级累加的有机统一体,某一环节的累加是对上一环节追加劳动力投入、资金投入、技术投入以获取附加价值的过程。"①按照产业链延伸的规律,产业链环节越往下移,说明产业的资金密集性、技术密集性越显著;反之,越往上延伸,则资源加工性、劳动密集性越显著。目前,在全球产业链分工体系中,发达国家或发达地区,逐渐由生产环节开始向研发设计和品牌营销环节转移,占据产业链的上游环节;而欠发达国家或地区,由于技术、资金及管理原因,则由上游生产环节向下游生产环节转移。

我国东部地区主要从事精深加工的经济活动,产品附加价值相对较高,而西部地区更多地从事资源开采、劳动密集型的经济活动,产品附加价值相对较低。贵州、青海等西部省份产业链缺损现象严重,工业部门结构往往高度倾斜于能源、原材料为主的重化工业,产业链往下游延伸的加工工业十分薄弱。2011 年,贵州省规模以上工业增加值轻工业与重工业之比为 1∶2.1;青海省规模以上工业增加值轻工业与重工业之比则仅为 1∶14.0。产业链条短,导致深加工产业附加值流失严重。如,2008 年,贵州主要工业产品的磷矿石②,因未深加工,而导致附加值流失高达 131 亿元。原煤、电解铝、铁合金、生铁、成品钢材、粗钢等情况基本相似。③ 青海省虽然有发展经济的资源优势,但产业链短,产业附加值不高。如,"格尔木昆仑经济开发区资源开发模式仍处于低层次和粗放型阶段,各种资源联合开发的层次较低,产业关联度不高,产业链短,精深加工能力不足,产品附加值偏低。"④

---

① 吴彦艳:《产业链的构建整合及升级研究》,天津大学博士学位论文,2009 年。

② 据调查,1 吨磷矿石原矿市场价值 300 余元,加工成黄磷或饲料级磷酸氢钙价值 1300 元,加工成磷复肥价值 1850 元,加工成农药级磷酸盐价值 2800 元,加工成医药级磷酸盐价值 3000—4000 元,加工成电子级磷化工产品则价值 1 万元以上。转引自胡晓登:《贵州工业产业结构调整的硬约束与工业强省》,《贵州财经大学学报》2011 年第 1 期。

③ 胡晓登:《贵州工业产业结构调整的硬约束与工业强省》,《贵州财经大学学报》2011 年第 1 期。

④ 盛国滨:《青海工业园区生态化发展模式研究》,《青海社会科学》2009 年第 2 期。

未来产业竞争的重点是产业链的竞争,拥有核心技术优势的产业链,就拥有产业竞争力。因此,在西部地区,地方政府在指导区域经济发展时,应该集中区域优势,发展产业链集群,延伸产业链,提高产业链环节附加值,将资源合理地配置到相关产业部门,利用现代科学技术,增强对资源利用程度,提升产业价值,提高产业创新能力,从而提升产业、区域的竞争力。在西部地区,发挥资源优势,延伸产业链的方式主要包括纵向内涵式、横向外延式与复合式延伸三种①。通过全新产业群的建立,进行产业升级和产业替代,降低对资源的依赖程度。在此,我们以煤化工、磷化工、盐化工、旅游产业及生物制药产业为例,进一步分析发展产业链经济的路径。

1.煤化工产业链②。近几年来,全国各地主要产煤区都在争取上大项目,纷纷做出煤化工产业发展规划,旨在发生产业链经济。煤化工产品除了合成氨、甲醇、PVC 等传统煤化工产品快速发展以外,煤制油、甲醇、二甲醚和甲醇制烯烃等产品正处于扩张和规划建设之中。进入煤化工产业的企业涉及煤炭企业、电力企业、化工企业等。③

素有"西南煤海"之称的贵州煤炭藏量达到南方 9 省储量之和。贵州虽有发展煤化工的优势,但这种优势并没有加以很好地利用。目前,贵州煤化工

---

① 　纵向内涵式主要是集中在产业链的核心环节资源产业上,即在资源开发的基础上,发展下游加工业,建立起资源深度加工和利用的产业群;横向外延式注重对资源产业的营销和服务产业的延伸,延伸主要方向是在现有生产过程和产品以外的其他产业,实质是企业进行产业链和价值链的双重升级;复合式延伸,即以上两种模式的复合,通常是在产业链发展的初期表现为纵向内涵式,主导产业逐步由资源开掘业转变为以资源深加工业为主导的产业群,且随着资源深加工业的发展,新兴产业不断发展,表现为横向外延式,逐步建立起基本不依赖原有资源的全新产业群。参见战彦领:《煤炭产业链演化机理与整合路径研究》,中国矿业大学博士学位论文,2009 年。

② 　煤化工产业链从生产工艺与产品角度进行划分,可以分为:煤焦化、煤电石、煤气化和煤液化共四条主要生产链。其中,煤焦化、煤电石、煤气化中的合成氨等属于传统煤化工,而煤气化制醇醚燃料、煤液化、煤气化制烯烃等则属于现代新型煤化工领域。新型煤化工是指以煤气化为龙头,以碳化工技术为基础,合成、制取各种化工产品和燃料油的煤炭洁净利用技术,与电热等联产可以实现煤炭能源效率最高、有效组分最大程度转化、投资运行成本最低和全生命周期污染物排放最少的目标。参见司训练、李鑫:《煤化工产业链与技术链耦合机理及实证研究》,《能源研究与管理》2012 年第 1 期。

③ 　潘连生、张瑞和、朱曾惠:《对我国煤基能源化工品发展的思考》,《中国化工报》2008 年4 月 3 日。

产业仍以初级产品为主,品种不多,产业链短、附加值低。贵州省"十二五"重点产业发展规划明确提出,要改造提升以煤化工、磷化工、铝工业和冶金工业为主的资源精深加工业。因此,贵州应该以大型骨干企业为依托,利用已有现代煤化工技术与引进先进技术,以甲醇后加工为重点,延伸下游产品深加工产业链,争取形成煤—甲醇—烯烃—合成材料及深加工产品、煤—甲醇—醋酸—精细化工产品、煤—焦化—焦油—成品油及系列产品、煤—液化制油等4条产业链。

青海省煤炭资源较丰富,全省累计探明储量49.85亿吨。其中,炼焦用煤占总储量的91%,主要集中在木里煤田。因此,青海省发展煤化工具有较好的资源条件。目前,柴达木循环经济试验区大柴旦工业园区着力培育煤化工产业链:(1)煤—甲醇—甲醛—甲缩醛,(2)煤—甲醇—甲醛—脲醛树脂、酚醛树脂,(3)煤—甲醇—二甲醚,(4)煤—合成氨—尿素,(5)天然气—合成氨—尿素,(6)石灰石、焦炭—电石。

2.磷化工产业链。目前加工技术下,磷化工产品品种(不包括磷肥和农药)约为200种,可谓产品种类繁多,由此可以窥见发展磷化工产业链前景颇为壮观。贵州省是一个磷矿资源大省,至2009年12月底,全省磷矿消耗资源量约为1.9亿吨,累计查明资源量约为23亿多吨,已查明的资源储量居全国第二位。贵州磷化工产业链经济正在形成过程中[①],尽管如此,目前贵州省磷化工产业与发达国家磷化工产业相比,在价值链中的分工地位不高,处于全球价值链的低端,低附加价值产品占比过大,获利空间较小。如果按照贵州省"十二五"重点产业发展规划,大力发展磷化工产业经济,则应该借鉴国际磷化工产业发展的经验,在应用和专用品的研发方面加大投入,对基本原料型产品和初级产品采取延长产业链的手段,逐步进行精细加工,占据产业价值链的高端。"通过低品位矿山采选及尾矿再选技术、磷矿中伴生碘和氟回收技术及碘和氟化学品生成技术、磷复肥加工技术、磷精细化工技术、磷煤化工共生

---

① 作者在调研过程中发现,福泉经济区依托瓮福集团、国电福泉电厂、天福公司等龙头企业,形成由磷煤化工大宗产品为上游产业,精细化工产品、伴生资源产品和深加工产品为中游产业,磷煤化工固废物综合利用为下游产品的循环经济产业链。

耦合技术等本土化技术的创新及运用,使得磷化工产业技术中的辅助技术和配套技术得以发展,产业技术链不断分裂、延长和升级,促进相关技术链和产业链的形成和发展。"①

3.盐化工②产业链。我国盐湖资源主要集中于青海省柴达木盆地和新疆罗布泊。目前,青海省已探明的保有盐湖资源储量占全国已探明储量的90%以上,位居全国第一。盐湖资源潜在经济价值达 12 万亿元,占全省资源潜在经济价值的70%以上。③ 因此,青海省发展盐化工产业具有非常明显的优势,如果通过深加工,那么还可大幅度提高盐的附加值。如,通过盐熔融电解可以得到金属钠及其下游产品靛蓝粉;盐熔融电解还可以得到氯气,通过利用国际先进生产工艺可以将氯气转化为金红石型钛白粉,对于这种重要的进口替代战略品氯化法钛白粉而言,具有巨大的潜在市场。此外,烧碱和纯碱是盐化工的下游产品,故该产业链还有向下游延伸的空间。青海盐湖集团作为国内最大的钾肥生产企业,每年钾盐产能已提高到 200 万吨,但其他盐化工产品开发一直未能起步。为此,柴达木循环经济试验区大柴旦工业园区应着力培育盐化工产业链,具体路径可以表述为:(1)芒硝——硫化碱——聚苯硫醚,(2)芒硝——元明粉,(3)盐湖水——氯化钠——纯碱,(4)盐湖水——氯化钾——硫酸钾(副产氯化氢),(5)盐湖水——硼酸——碳酸锂——溴素——氧化镁,(6)盐湖水——氯化钠——氯酸钠——高氯酸钠——高氯酸钾。

4.生物制药产业链。当下,制药产业被称为朝阳产业,它集资本、技术和知识密集型为一体,业已成为发展最快的产业之一。生物制药是我国各级政府发展高技术产业的重点选择。贵州省生物种类繁多、多样性突出,蕴藏着丰

---

① 张伟、吴文元:《全球价值链下我国资源型产业链升级研究——以贵州中部瓮福磷化工产业链为例》,《研究与发展管理》2010 年第 6 期。

② 盐化工是以利用氯化钠为主要原料,通过化学方法生产纯碱、烧碱、氯酸钠等含钠化学品以及氯加工产品的过程,纯碱和氯碱(烧碱和氯加工)是盐化工的主要行业。

③ 中国银监会青海监管局课题组:《金融支持青海盐化工行业调查》,《青海金融》2011 年第 10 期。

富的中药资源①。丰富的资源为贵州中药制药产业的发展创造了十分便利的条件。贵州益佰药业、神奇药业、同济堂、信邦、百灵药业等中药龙头企业和骨干企业发展势头良好,逐渐形成了具有特色的中药现代化产业集群。2015年,贵州全省医药工业总产值达381亿元,到2017年贵州新医药产业总产值将达到1000亿元规模,医药产业将成长为贵州新的支柱产业。青海省中药资源产藏量也非常丰富,尤其是有着丰富的藏药资源,发展生物制药有着非常好的条件。目前,已经成立了很多知名的生物制药公司,如青海琦鹰汉藏生物制药有限公司,青海华纳生物制药有限公司,青海省生物化学制药厂,青海金诃藏药药业股份有限公司,青海省格尔木制药厂,青海月王青藏药业有限责任公司,青海高原生化制药有限责任公司等。其中,西宁经济技术开发区生物科技产业园作为重点建设的生物医药产业园区,申报获批成为国家级高新技术产业开发区。到2010年底,园区集聚了金诃藏药、晶珠藏药、久美藏药、珠峰药业、清华博众、康普生物等一批生物医药骨干企业,初步形成了生物医药产业集群,生物医药产业已成为全省重点发展的十大特色优势产业之一。2010年生物医药规模以上工业企业达到29家,年销售收入21亿元。2015年,园区全年实现地区生产总值96亿元。

　　生物制药产业属于典型的生态产业,原料可以就地取材,选择本地所拥有的农产品、药材等资源,生产过程中产生的废水可以用于沼气,废渣可以生产化肥、动物饲料添加剂等;②生物制药产业也属于高附加值产业,在该产业价值链中,虽然原料药生产处于价值链低端水平,但研发创新③和营销品牌运作具有较高的附加值。当前欧美国家主要的生物医药产业集群大多占据价值链的高端,而我国大部分生物医药产业集群还处于价值链较低位置,要想获得快速发展的话,特别需要重视发展价值链高端部分,打造全产业链创新模式。因

---

　　① 贵州是全国中药材四大主产区之一,现有中药材品种资源4802种,占全国中药材种类总数4成,居全国第二位;中药材种植抚育面积达400万亩,居全国第3位;2013年中药材产量103万吨,约占全国产量的11%,总产值91亿元,居全国第4位。

　　② 姜照华、李鑫:《生物制药全产业链创新国际化研究——以沈溪生物制药产业园为例》,《科技进步与对策》2012年第23期。

　　③ 据统计,欧美的大医药公司每年在研究费用上的投入约为其销售额的16%—17%。

此,贵州、青海等省为了更好更快地发展生物制药产业,需要逐步向全产业链模式挺进,形成高端、中端、低端不同层次的市场需求,构建具有国际竞争力的产品结构。

5.旅游产业①链。旅游产业链条可以向纵向延伸,也可以向横向延伸。纵向延伸是指向上游延伸到旅游资源的规划、开发与产品概念设计等环节,向下游延伸到旅游产品的营销与市场反馈等环节。横向延伸是指经营同类型旅游企业之间收购、兼并或者联合经营,不断拓展经营业务范围,扩大经营规模,实现规模经济,增强竞争力。目前,全国各地诸多地方政府都将旅游产业作为本地支柱产业进行培育。贵州省、青海省等西部省份,旅游资源丰富且均具有一定的特色,发展前景广阔。但长期以来,由于欠发达,旅游产业发展滞后,突出表现在:旅游资源的规划、开发与旅游产品概念设计滞后;交通成为制约旅游发展的瓶颈问题没得到根本改变,配套设施建设滞后;旅游产业链条短,产业面窄,带动辐射能力没有充分发挥;旅游商品开发滞后,旅游产品结构层次低,"门票经济"十分突出,核心景区产品精细化程度低,还不适应旅游产业发展需要。

为此,贵州、青海等西部省份要想实现旅游产业的优化升级,需要提升旅游商品档次,打造旅游商品品牌;需要对各旅游行业进行整合,使之成为一体化的产业链条,为旅游者提供系列化和连续化的旅游服务,延长旅游产品的生命周期。

贵州、青海等西部省份在发展产业链经济、延长产业链之际,需要明了价值最丰厚的区域集中在高附加值"微笑曲线"②的两端——研发和市场,故企业需要在品牌、研发和市场端有更多思考、更多作为。

当然,当我们在发展产业链经济时,要对产业链的长度和宽度进行科学论

---

① 旅游产业直接涉及旅行社、饭店、旅游交通、旅游商品与旅游景区等行业和企业,这些行业或企业直接或间接地为旅游者提供旅游产品和服务。

② 1992年宏碁集团创办人施振荣为了"再造宏碁"提出了著名的"微笑曲线"(Smiling Curve)理论。微笑嘴型的一条曲线,两端朝上,在产业链中,附加值更多体现在两端——设计和销售,处于中间环节的制造附加值最低。

证。对特定经济区域而言,产业链条不是越长越好,产业链过"细"容易发生"断链"现象。

第三节　产业集群与产业生态化

产业集群已经成为当今世界各国产业发展的最重要形态[①],世界上成功的产业园区都是集群性产业园区。在我国很多地区,产业园区甚至已成为产业集群的代名词。

产业生态化[②]是实现经济、生态、社会可持续发展的重要途径,日渐成为世界产业发展的大趋势。目前,国内各地十分重视生态文明建设及生态产业[③]的发展,要求建立全新的经济体系,借此催生出一批新的经济增长点。先行国家发展经验证明,生态产业的出现和发展,能够有效地减少环境污染、保护自然环境和合理利用资源,实现资源配置的优化。

一、产业集群形成机理

产业链的发展,势必出现产业各环节向前向、后向两端延伸,每个环节又向两边扩展。这样,产业链逐渐向产业集群演化。美国著名管理学家迈克尔·波特在其竞争优势理论中指出,要想获得国家竞争优势,关键在于获得产业竞争优势,而产业优势的获得取决于具有竞争力的产业集群。产业集群利用地理集中性,产生广泛的规模经济效应、集聚经济效应;集群企业

---

① 产业集群理论很好地向世人解读了:德国为什么成为全球印刷机产业、高级轿车、化工产业的集中地,瑞士为什么成为世界重要的药厂、巧克力食品与贸易业的基地,美国为什么能在个人电脑、软件、信用卡、电影等产业中独占鳌头,意大利的企业为什么可以在瓷砖、雪靴、包装机械以及工厂自动化设备方面表现强势,而日本企业又为什么主导了家用电器、照相机、传真机以及工业机器人等产业。

② 产业生态化,就是依据生态经济学原理,运用生态、经济规律和系统工程的方法来经营和管理传统产业,以实现其社会、经济效益最大、资源高效利用、生态环境损害最小和废弃物多层次利用的目标。转引自袁增伟、毕军、张炳、刘文英:《传统产业生态化模式研究及应用》,《中国人口资源与环境》2004年第2期。

③ 生态产业包括修复和优化生态环境的环保产业、新能源产业、绿色工矿业、高端生态农业、低碳型建筑业和交通运输业、生态型旅游业和生态文化产业等。

可衍生出新的产业,在技术装备、经营理念等方面不断创新,提高企业竞争力。

企业间的空间接近也可以共同分享由规模经济衍生的市场资源、原材料与设备资源、人力资源、金融资源、公共信息资源、市场网络和基础设施资源等;通过合资、合作等方式共同从事生产、销售等价值活动,减少损耗和运输成本,降低成本价格;通过建立共同的废气、废热、废水、废渣等利用、排放系统,减少企业生产成本;通过建立共同的销售中心、批发市场,降低信息成本及库存成本,形成价格竞争优势。

二、搭建生态产业集群平台——生态工业园区

生态工业园区是一个新生事物,国内外建立生态工业园区的时间均未超出 20 年。生态工业示范园区按照国家环保总局在《生态工业示范园区规划指南(试行)》中的定义是:"依据清洁生产要求、循环经济理念和工业生态学原理而设计建立的一种新型工业园区。它通过物流或能流传递等方式把不同工厂或企业连接起来,形成共享资源和互换副产品的产业共生组合,使一家工厂的废弃物或副产品成为另一家工厂的原料或能源,模拟自然系统,在产业系统中建立'生产者—消费者—分解者'的循环途径,寻求物质闭环循环、能量多级利用和废物产生最小化。"[1]生态工业园区的建设,可以在提高资源、能源利用效率,增加经济、社会效益,保护生态环境,发展循环经济方面起到重要作用。

生态工业园区设计时通常模拟自然生态系统,形成企业间共生网络。在园区内,集中体现为产业集群的出现,企业间物质和能量等资源可以梯级利用及综合利用。为了规范加强生态工业园区建设,国家环保总局发布了生态工业园区标准(见表 7.12、表 7.13)。

---

[1]　国家环境保护总局:《生态工业示范园区规划指南(试行)》(环发〔2003〕208 号),2003年 12 月 31 日。

表 7.12　行业类生态工业园区指标评价标准

项目	序号	指标	单位	指标值
经济发展	1	工业增加值增长率		≥12%
	2	单位工业增加值综合能耗	吨标准煤/万元	
物质减量与循环	3	单位工业增加值新鲜水耗	m³/万元	达到同行业国际先进水平
	4	单位工业增加值废水产生量	t/万元	
	5	工业用水重复利用率	%	
	6	工业固体废物综合利用率	%	
	7	单位工业增加值 COD 排放量	kg/万元	
	8	单位工业增加值 SO_2 排放量	kg/万元	
	9	危险废物处理处置率		100%
	10	行业特征污染物排放总量*		低于总控指标
污染控制	11	行业特证污染物排放达标率*		100%
	12	废物收集系统		具备
	13	废物集中处理处置设施		具备
	14	环境管理制度		完善
	15	工艺技术水平		达到同行业国内先进水平
园区管理	16	信息平台的完善度		100%
	17	园区编写环境报告书情况		1 期/年
	18	周边社区对园区的满意度		≥90%
	19	职工对生态工业的认知率		≥90%

资料来源:国家环保部:《行业类生态工业园区标准(试行)》(HJ/T 273—2006),2006 年 9 月。

说明:*行业特征污染物指 COD、SO_2 等常规监测指标外,行业重点控制的污染物。

表 7.13　综合类生态工业园区指标评价标准

项目	序号	指标	单位	指标值或要求
经济发展	1	人均工业增加值	万元/人	≥15
物质减量与循环	2	单位工业用地增加值	亿元/km²	≥9
	3	单位工业增加值综合能耗	吨标煤/万元	≤0.5
	4	综合能耗弹性系数	>	<0.6
	5	单位工业增加值新鲜水耗	m³/万元	≤9
	6	新鲜水耗弹性系数		<0.55
	7	单位工业增加值废水产生量	t/万元	≤8
	8	单位工业增加值固废产生量	t/万元	≤0.1
	9	工业用水重复利用率	%	≥75
	10	工业固体废物综合利用率	%	≥85
	11	单位工业增加值 COD 排放量	kg/万元	≤1
	12	COD 排放弹性系数		<0.3
污染控制	13	单位工业增加值 SO_2 排放量	kg/万元	≤1
	14	SO_2 排放弹性系数		<0.2
	15	危险废物处理处置率	%	100
	16	生活污水集中处理率	%	≥85
	17	生活垃圾无害化处理率	%	100
	18	废物收集和集中处理处置能力		具备
	19	环境管理制度与能力		完善
	20	生态工业信息平台的完善度	%	100
园区管理	21	园区编写环境报告书情况	期/年	1
	22	重点企业清洁生产审核实施率	%	100
	23	公众对环境的满意度	%	≥90
	24	公众对生态工业的认知率	%	≥90

资料来源:国家环保部:《中华人民共和国国家环境保护标准》(HJ274—2009),2009 年 6 月。

说明:园区内没有城市污水集中处理厂的不考核该指标。

西方发达国家从 20 世纪 70、80 年代就开始生态工业园区建设的理论探讨和实践。丹麦卡伦堡生态工业园①是世界上最早也是最著名的生态工业园,为世界生态工业园建设树立了典范。卡伦堡 16 个废料交换工程建设共计投资了 6000 万美元,每年产生的效益却超过 1000 万美元。② 1993 年起,美国就着手建设生态工业园区,各地已形成超过 200 个各种类型的企业集群③,意大利的产业集群④数量达到 199 个,已建成近 20 个生态工业示范园区。⑤

我国于 1999 年启动生态工业园区建设试点工作。2001 年至 2013 年 12 月 20 日经批准建设的国家生态工业示范园区有 59 个,其中西部地区有:贵港国家生态工业(制糖)建设示范园区、包头国家生态工业(铝业)建设示范园区、贵阳市开阳磷煤化工国家生态工业示范基地、包头钢铁国家生态工业示范园区、昆明高新技术产业开发区国家生态工业示范园区、西安高新技术产业开发区国家生态工业示范园区、重庆永川港桥工业园、贵阳经济技术开发区、乌鲁木齐经济技术开发区等共 9 个。2008 年至 2014 年 3 月 20 日国内通过验收批准命名的国家生态工业示范园区共有 26 个,这些园区全部集中于东部沿海

---

① 20 世纪 70 年代,卡伦堡几个重要的企业企图在减少费用、废料管理和更有效的使用淡水等方面寻求合作,建立了企业的互相协作关系。20 世纪 80 年代以来,当地的管理与发展部门意识到这些企业自发地创造了一种新的体系,将其称为"工业共生体",现已稳定地运行了 30 多年。卡伦堡工业共生体系中主要有 5 家企业,包括燃煤火力厂、炼油厂、石膏板材厂和生物工程公司,这 5 家企业间相互作用、相互依存形成了整个体系。这 5 家企业、单位相互间的距离不超过数百米,由专门的管道体系连接在一起。此外,工业园区内还有硫酸厂、水泥厂、农场等企业参与到了工业共生体系中。由于有合理的链接,能源和副产品在这些企业中得以多级重复利用:发电厂建造了一个 25 万立方米的回用水塘,回用自己的废水,同时收集地表径流,减少了 60% 的用水量。自 1987 年起,炼油厂的废水经过生物净化处理,通过管道向发电厂输送,作为发电厂冷却发电机组的冷却水。发电厂产生的蒸汽供给炼油厂和制药厂(发酵池),同时也把蒸汽出售给石膏厂和市政府,甚至还给一家养殖场提供热水。发电厂一年产生的 7 万吨飞灰被水泥厂用来生产水泥。

② 刘美华:《创建生态工业示范园区之——世界生态工业园的源起与发展》,wenku.baidu.com/view/,2009 年 11 月 26 日。

③ 美国企业集群类型很多,如聚集在美国硅谷的微电子、生物技术、风险资本产业集群,聚集在底特律的汽车制造业集群,聚集在纽约的华尔街金融投资集群等。

④ 意大利产业集群主要涉及日用品等行业,其中纺织业 69 个、家具业 39 个、制鞋业 27 个、机械业 32 个、食品业 17 个,此外还有金属制品、化学制品、造纸等相关集群。

⑤ 劳爱乐、耿勇:《工业生态学和生态工业园》,化学工业出版社 2003 年版,第 99 页。

地区。我国生态工业园区主要包括两大类:具有行业特点的生态工业园区和具有区域特点的国家生态工业示范园区。

我们在调查中发现,贵州、青海等西部省份的生态工业园区建设起步较晚,发展过程中存在诸多问题,一方面,工业园区缺乏规划、审批不严、企业准入门槛低,典型特征表现为"新瓶装旧酒",即园区内的企业依然是过去的老企业;另一方面,工业园区企业多数是由政府通过提供各种优惠政策引入园区,企业间关联度弱,企业采取封闭生产体系,企业间无法建立起有实效的分工和相互学习、相互依存的机制。因此,在西部大开发的背景下,应充分发挥生态工业园区的示范作用,大力发展工业园区,推动产业聚集及发展,实现经济发展与生态保护共赢。

"十二五"期间,贵州在"工业强省"战略思想指导下,工业园区得以快速发展。据统计,2013年上半年,贵州省产业园区工业总产值达到2315亿元,同比增长34%,较2011年增加总产值达到338亿元。[①] 按照《贵州省"十二五"产业园区发展规划》,到2015年,全省建成100个具有一定规模、产业优势突出、基础设施配套完善的各具特色的产业园区,力争建成8—10个年工业产值超过200亿元的国家新型工业化产业示范基地,20个年工业产值超过100亿元的省重点产业园区,建成一批体现地方特色的产业园区;完成园区基础设施、公共服务平台建设投资800亿元以上。[②] 2016年上半年,全省"100个产业园区"完成规模以上工业总产值4356亿元,新增从业人员8.2万人,同比增长15.5%。贵州全省工业园区的单位产值能耗、单位产值建设用地使用、污染物排放率先达到省控指标。[③] 目前,正在制定的《贵州省"十三五"产业园区发展规划》将成为全省产业园区发展的重要指南(见表7.14)。

---

① 新华社:《贵州大力建设工业园区助推经济发展》,见中央政府门户网站,2012年7月12日。

② 贵州省人民政府:《贵州省"十二五"产业园区发展规划》(黔府办发〔2011〕19号),2011年1月31日。

③ 贵州省发展与改革委员会:《贵州省"十二五"工业布局及重点产业发展专项规划》,贵州省人民政府网,2013年2月2日。

表 7.14　贵州省"十二五"重点产业园区

市（州）	产业园区名称
贵阳市	重点建设和发展贵阳麦架—沙文高新技术产业园、贵阳市小河—孟关装备制造业生态工业园区、开阳磷煤化工生态工业基地、清镇市铝煤生态工业园区、息烽磷煤化工生态工业基地、贵阳国家高新技术铝及铝加工基地、龙洞堡食品工业园、修文扎佐医药工业园、乌当医药食品工业园、贵阳金石石材工业园、贵阳特殊钢有限责任公司新特材料循环经济工业基地等工业园区。
遵义市	重点建设和发展遵义汇川机电制造工业园区、仁怀名酒工业园区、遵义市湘江工业园区、遵义市和平工业园区、桐梓煤电化循环经济工业园区、务正道煤电铝循环经济工业园区、遵义苟江冶金工业园区、绥阳循环经济型煤电化工业基地、赤水竹业循环经济基地、桐梓煤电铝化工产业园。
六盘水市	重点建设和发展六盘水红桥新区、董地—老鹰山产业园区、六盘水钟山区水月循环经济园、首黔公司盘县新技术新工艺循环经济基地、发耳煤电化循环经济产业园、六枝煤化工基地等工业园区。
安顺市	重点发展装备制造业及高新技术产业。重点建设和发展安顺市民用航空产业国家高技术产业基地、西秀工业园区、黔中新产业示范园区、平坝夏云科技工业园区、普定循环经济工业基地等工业园区。
毕节市	重点建设和发展织金新型能源化工基地（煤、磷化工工业园）、毕节高新技术产业基地（先进制造工业园）、毕节试验区药品食品工业园、黔西煤电化工循环经济工业园等工业园区。
铜仁市	重点建设和发展大龙经济开发区、大兴科技工业区、松桃城北工业园等工业园区。
黔南州	重点建设和发展福泉市磷化工新型工业化示范基地、瓮安磷化工循环经济工业聚集区、长顺威远工业聚集区、惠水长田中小企业成长示范基地、都匀甘塘工业园区等。
黔东南州	重点建设和发展凯里市炉山循环经济工业园区（凯里炉山、麻江碧波）、黔东循环经济工业区、洛贯产业园区等。
黔西南州	重点建设和发展兴义清水河（威舍）循环经济产业聚集区、兴仁、兴义（顶效、郑屯）轻工业园区、郑鲁万工业园区等工业园区。

资料来源：贵州省经济和信息化委：《贵州省"十二五"工业布局及重点产业发展专项规划》，国家企业政策网，2015 年 3 月 8 日。

2013 年建立的贵州环保生态产业园①，至当年 8 月，已有 113 家国内外环保领域科研生产企业进驻，仅上半年，产业园就实现产值 30.95 亿元。按照规

---

①　贵州省环保生态产业园由贵州省环保厅、贵阳国家高新、白云区三家合作共建，以环保技术研发、环保产品制造、环保服务、配送、仓储、物流等产业为主体的多功能园区，园区位于贵阳市白云区西部，规划面积约为 22 平方公里。园区建设目标为：打造成为贵州省最具潜力的战略性新兴产业增长极、环保产业研发、成果转化、环保科技引进、吸收、再创新的硬平台。

划,预计"到 2020 年,将实现工业总产值 500 亿元,聚集产值亿元以上企业 100 个以上,拥有各项环保专利 40 项以上。"①

贵阳市重点规划建设的一类工业园区——小河—孟关装备制造业生态工业园区,是西部地区第一个国家层面的中外合作生态工业示范园区。开阳磷煤化工(国家)生态工业示范基地,逐步减少资源初加工产品比重,推动产业链的纵向、网络型发展;建立起精细磷化工、高效磷肥、煤化工、氯碱化工、建材、能源等多产业配套(如"煤—电—磷—化"一体化)的产业发展体系,以及物质循环利用的立体化产业结构新格局。

毕节七星关工业园区,规划范围"一园三区"②,重点发展四大核心产业,即特色食品药品、高新技术、新型环保建材、现代商贸物流。一系列项目已经在园区落地并进入生产阶段,如,TM 绿色高效节能电机及电动汽车项目、乌蒙人家酒业项目、土老哥食品加工项目、神农草中药产业化项目等。③

青海省生态工业园区建设起步较晚,且主要集中于青海东部地区及西部地区。以西宁市为中心的东部地区工业园区建设已经取得了较大的成绩。到 2009 年底,青海省西宁经济技术开发区、生物科技产业园、青海甘河工业园、南川工业园、装备制造工业园、格尔木循环经济实验区、朝阳物流园区等园区相继成立,部分中小企业迁到园区内集中办公,形成了具有一定关联性的中小企业在园区内的集中(见表 7.5)。

表 7.15　2009 年青海省四大重点工业园区基本情况表

(单位:km²、户、亿元)

园区名称	东川工业园	生物科技产业园	甘河工业园	南川工业园
成立时间	2000.7	2002.4	2002.7	2008.2
规划面积	12.79	4.03	14.77	53.1

① 吴玉庭、涂俊超、孙鲁荣:《贵州环保生态产业园聚集优势资源加快发展掠影》,《贵阳日报》2013 年 8 月 22 日。

② 2014 年上半年,作者在调研时了解到,七星关工业园区包括:A 区(食品药品和高新技术产业区)、B 区(酿造和农产品加工产业区)、C 区(循环经济产业区)共三区。

③ 本资料由贵州七星关经济开发区管理委员会投资促进局提供。

续表

园区名称	东川工业园	生物科技产业园	甘河工业园	南川工业园
入驻企业数	390	316	33	12
地区生产总值	52	29	55	10
实现增加值	31	25.5	45.5	7
工业销售收入	85	61	185	20
完成固定资产投资	56	20	100	20
地方一般预算收入	2.2	2.62	1.5	0.32

资料来源:汪凤英:《青海省中小企业集群发展研究》,兰州大学 MPA 学位论文,2010 年。

柴达木循环经济试验区是国家首批 13 个循环经济产业试点园区之一。根据规划要求,到 2020 年,柴达木循环经济试验区将建设成为国家循环经济示范区。实验区内重点发展格尔木循环经济工业园、德令哈循环经济工业园、大柴旦工业园区、乌兰循环经济工业园四个循环经济示范园区。格尔木循环经济工业园将建设成为国家重要的钾肥、盐湖化工、油气化工产业基地。[①] 德令哈循环经济工业园将建设成为国家重要的碱化工、锶化工产业基地。大柴旦工业园区发展能源、煤化工、盐湖化工、有色金属产业,建设国家重要的盐湖化工、能源、碳—化工、铅锌产业基地。乌兰循环经济工业园将建设成为青藏高原重要的煤焦化工、特色生物产业基地。

通过产业集群模式发展工业园区,首先需要在园区内由无数具有产业关联的企业共同建立起一个或数个产业集群,这些企业之间能够形成专业化分工与协作,并建立起彼此间基于信任与合作的非正式联盟。在经济全球化时代,任何一个国家或地区工业园区的建设必须要考虑的问题都是园区内这些具有关联的企业通过竞争与合作,推动创新,催生出新的产业。园区内的新老产业始终围绕着具有核心地位产业的产业链和价值链,形成纵横交错的网络关系,进而发展成为产业集群。其次,产业链上优势环节可以不断分解,衍生出新生产业链。当这些产业链不断延伸、扩张之后,会促成在一个园区内形成多个相关产业的产业集群。

---

① 格尔木循环经济工业园:见 baike.baidu.com/,2014 年 12 月 24 日。

为了进一步推进贵州、青海等西部地区生态工业园区建设,通过清洁生产,实施循环经济发展战略,实施资源再生利用产业化,还需要强调的是:在建设生态园区时,迫切需要加强生态园区规划,推行各生产领域清洁生产示范和深化循环经济示范试点;加强园区生态化和集聚化,合理及梯级利用园区内热电能源,集中处理工业"三废",通过企业间"相依群落式"发展模式,构建循环产业链;①需要推行排污许可制度,提高行业污染物排放标准和清洁生产评价指标。

三、构建产业融合支持体系

边界模糊融合论认为,传统产业分类的主要依据是技术边界、业务边界、运作边界以及市场边界等四个产业边界特征的固定化趋势存在,致使整个经济处于产业分立状态。产业融合是建立在产业边界由固化走向模糊化的基础上的,产业融合的过程就是四个产业边界消失的过程,也是对传统产业分类颠覆的过程。具体而言,从技术融合到产品融合、业务融合,再到市场融合,最后到产业融合,这是一个新产业不断形成的轨迹。通过产业融合,产生新的产业形态,创造新产品,开辟新市场,促进就业增加和人力资本发展,推动资源的整合。如,日渐发展的电子商务、跨媒体、大电信、网络出版等行业融合多个产业特性的组织形态不断涌现。

按照周振华的研究成果,产业融合带来的效应是:产业融合导致了许多新产品与新服务的出现,促进资源的整合,带来了就业的增加。② 随着产业融合在整个经济系统中越来越具有普遍性且成为一种趋势,最终会改变整个经济和社会的面貌。

产业融合对促进西部地区传统产业创新、催生新兴产业形成、推进制造业与服务业融合、促进市场融合等方面都具有重要的作用。西部地区需要依托

---

① 鲍丽洁:《基于产业生态系统的产业园区建设与发展研究》;武汉理工大学博士学位论文,2012 年。

② 周振华:《产业融合拓展化:主导因素及基础条件分析》,《天津社会科学》2003 年第3 期。

各种优势,推进高新技术产业与装备制造业、新能源新材料、生物制药等产业的融合,促进第二、三产业的融合,推进农业与现代服务业的融合。① 当我们在积极推动产业融合之际,特别需要建立相关支持体系。

首先,产业融合需要政策制度支持。产业融合需要有良好的社会环境,政府在这一方面具有决定性的作用。因为在产业融合方面,政府可以通过制定产业融合政策性的指导文件及强制性的指令发挥较强作用,为产业间融合搭建良好的产业平台。

其次,积极搭建产业融合技术平台。产业链和技术链二者之间是相互促进、相互制约的一个有机整体。我们知道,技术进步是产业演进的动力,而产业演进是技术进步带来的必然结果。由于产业融合使得产业边界模糊甚至消失,一些传统产业顺势能够转换到高新技术产业中,现代产业技术在产业创新中得以运用,产业结构得以不断转换和升级,产业竞争力得到提升。

再次,培育完善的市场体系,促进市场融合。当数字化信息流和服务流平台构建起来以后,传统的分隔行业、企业的壁垒不断实现突破,企业间甚至行业间业务交叉越来越多,特别是当网上银行支付功能日益活跃起来以后,企业间许多交易活动的业务就能在电子商务平台上完成,越来越多的服务产品在同一平台上完成,迅速传递到顾客手中,起到促进市场融合的作用。② 目前,在美国,得益于数字化信息流和服务流平台的建设,高新技术服务业和制造业已经日益融合,组成附加值网络,分割的市场早已融合成一种综合性市场。市场融合是产业融合的基础③,为了产业的发展,需要深入市场化改革,培育完善的市场体系,让市场在产业融合中发挥决定性作用。

最后,建立产业融合的管理平台,使产业融合顺利实现。在实现产业融合的过程中,政府可以采取政策支持等手段,搭建产业融合的管理平台,引导企业走产业融合之路。通过产业融合,培育一批有竞争力的企业,最终提升产业竞争力。

---

① 张慧:《关中一天水经济区产业融合发展研究》,《渭南师范学院学报》2011 年第 11 期。

② 周振华:《产业融合:产业发展及经济增长的新动力》,《中国工业经济》2003 年第 4 期。

③ 例如,目前我国国内电脑、家具、房屋装修、机械工具、食品、教育、旅游、投资等行业,大多已采用了组合的方法,组成了一条龙生产与服务。

四、产业生态化路径

生态文明视域下,判断产业发展良性与否的最重要标准,不仅要考虑资源能源的节约及有效利用,更重要的是考虑产业发展对环境的影响,这就决定走产业生态化之路的必然性①。产业生态化通过仿照自然生态系统的循环模式,构建合理的产业生态系统,以"减量化、再利用、再循环、无害化"为原则进行生产,促进产业和生态环境协调发展。产业生态化是产业生态系统群多层次共同作用的结构,包括产业布局生态化、产业结构生态化及产业行为生态化。产业生态化主要手段包括纵向闭合、区域整合、横向耦合以及自我调节等,最终实现变污染负效益为资源正效益的目的。

产业生态化最终需要通过清洁生产、发展生态产业来完成。产业生态化主要是强调工业布局、工业生产、工业排放过程中的生态化,为此,需要做到:(1)充分合理布局工业园区及企业;(2)清洁生产,节约利用能源、资源,实现物质能量循环利用;(3)把工业生产和消费过程纳入大生态系统中。

产业生态化需要建立一个较为完善的产业生态系统②,有效协调生态系统与经济系统的平衡发展,并使两大系统的融合不断向深入拓展(见表7.16)。

表 7.16　产业生态系统与自然生态系统的组成

组成	自然生态系统	产业生态系统
生产者	利用太阳能或化学能将无机物转化成有机物,或把太阳能转化成化学能,供自身生长发展需要的同时,为其他生物种群提供实物和能源,包括绿色植物和自养微生物	初级:利用基本环境要素(空气、水、矿产等自然资源)生产初级产品。高级:初级产品的深度加工和高级产品生产

---

① 实际上,产业生态化是新型工业发展的基本趋势,是以产业可持续发展为目标的新型产业发展模式。

② 产业生态系统的建立是获取和维持可持续发展的有效实践手段,它将生产、消费、流通、回收、环境保护等纵向结合,将不同行业、不同企业的生产工艺横向结合,将生产基地与周边环境纳入生态产业园统一管理,谋求资源的高效利用和有害废弃物向系统外的零排放或无害排放。

续表

组成	自然生态系统	产业生态系统
消费者	利用生产者提供的有机物和能源,供自身生长发育,同时进行次级生产,产生代谢产物,供分解者使用,包括动物和人类	以提供社会服务为目的的人类服务业为第三产业;以研究、开发、教育与管理为目的的智力服务业为第四产业
分解者	将动植物的排泄物和残体分解成简单化合物供生产者利用,主要有细菌、真菌、原生动物	以物资还原、环境保育和生态建设为目的的自然生态服务业

资料来源:周文宗等:《生态产业与产业生态学》,化学工业出版社 2005 年版。

产业生态系统与自然生态系统的组成者在各自系统中所发挥的功能不同,各自不同功能的共同作用使得两大系统实现均衡发展成为可能,并且两大系统不断实现融合。从产业生态系统与自然生态系统的形态结构和营养结构上进行分析,可以得出相似的结果(见表 7.17)。

表 7.17　产业生态系统与自然生态系统的形态结构和营养结构

系统结构	自然生态系统	产业生态系统
形态结构	物种数目、种群数量、群落结构	行业种类、企业数量、产业结构配置
营养结构	营养关系	物流、能流和信息流关系

资料来源:周文宗等:《生态产业与产业生态学》,化学工业出版社 2005 年版。

西部地区大多数省份正处于工业快速发展期,也处于工业转型期。工业发展迫切需要生态化,需要走可持续发展之道。工业园区各企业也应实现绿色制造,为此,需要遵循几个原则:产品设计遵循资源消耗少、污染小、回收易的资源节约化原则;包装设计遵循易回收和再利用、减量化和易处置的无公害绿色包装原则;工艺规划遵循设计生产环节少、消耗资源能源少、无污染或少污染的清洁生产工艺原则;生产原料选用遵循市场易获得、对环境友好的原则;车间布局遵循生态性、经济性、效率性的原则;回收再利用遵循易拆卸、易再加工、易再生的原则。工业园区各企业应该向欧洲、日本学习[1],尽量实行

---

① 欧洲和日本人均能耗是美国的 1/2,碳排放只有美国的 1/3 到 1/2,却实现了和美国同样水平的现代化。

低碳生产。低碳路径已经成为通向现代化的唯一选择,它将以新的增长点重塑经济,实现经济高质量的发展。

贵州省需要实施生态立省战略,以生态文明理念引领经济社会发展,培育更多的走生态化之路的产业园区。通过发挥生态产业园的示范作用,带动一批产业园区着实走产业生态化之路。目前,贵州出现了一批产业生态化示范园区:(1)贵州环保生态产业园。该产业园长期以来致力于打造良性循环发展的绿色生态体系,以无污染的水资源循环利用、环境污染防治及可再生资源回收利用成套技术—产品—装备生产业、新材料产业、食品医药产业等环保产业为主导产业,以环保技术研发、环保产品制造、环保服务等产业为主体的多功能园区。① (2)贵阳开阳磷煤化工(国家)生态工业示范基地。贵阳作为国家循环经济试点城市,长期以来十分重视抓好循环企业试点示范工作,建立完善鼓励循环经济发展的政策体系。现以支持与鼓励贵阳开阳磷煤化工(国家)生态工业示范基地建设为例,该基地是 2004 年 6 月由国家环保总局组织专家论证并获批准的全国第一个磷煤化工国家生态工业示范基地规划项目。基地以磷、煤多种资源综合利用为基础,分企业、群落和基地三个层次贯彻循环经济 3R 原则,提高基地综合效益。基地建设与当地自然生态系统相协调,为开阳县创造了良好的工作、生活及旅游环境。

青海省在产业生态化方面也做了规划,付诸实践,并取得了较大的成绩,培育了一批走生态化之路的产业园区。(1)西宁经济技术开发区。开发区十分重视循环经济的发展,餐厨垃圾资源再生项目、生物有机肥项目等被列入国家资源节约和环境保护备选项目;百通公司烟气余热发电项目,填补了硅铁行业余热发电的空白,投产的高纯硅铁项目实现了铅锌废渣的综合回收利用。② (2)青海生物科技产业园。该产业园建设目标是建设成为生态工业园区。青海具有丰富的独特生物资源,故青海生物科技产业园发展具有很大的优势。为了充分发挥资源优势,壮大生物科技产业,青海生物科技产业园需要在原来

---

① 吴玉庭、涂俊超、孙鲁荣:《贵州环保生态产业园聚集优势资源加快发展掠影》,《贵阳日报》2013 年 8 月 22 日。

② 《西宁(国家级)经济技术开发区园区简介》,中国经济网。

基础上,调整、优化生物医药产业布局,突出以生产低毒、高效、多品种的麻醉药品为重点,积极开发地方生物资源,发展民族医药技术产业。(3)甘河工业园。该工业园区长期以来走有色金属产业共生型发展模式,在深入实施产业生态化过程中,形成了循环利用的环保产业链。[1] 2015 年,青海省循环工业增加值占工业比重已经超过 60%。

西部地区产业生态化的空间仍然很大,不过,尚需为此付出巨大努力:(1)建立生态产业孵化机制。政府、企业及中介机构要负责制定出台一系列有利于物质流动和循环利用的制度、政策和管理措施。(2)财政投入更多专项资金,支持园区企业实施节能降耗和减排技术改造。(3)通过各种举措鼓励与推广应用新技术、新设备、新工艺。(4)严格执行环境影响评价制度。[2](5)应该建立完善的生态管理体系。园区生态管理体系可以分为宏观与微观两个层次。从宏观上看,应建立 ISO14000 园区环境管理体系;微观上看,园区企业应清洁生产和污染零排放,推广 ISO14000 环境管理系列标准,根据产品生命周期分析、生态设计等方法,开发和生产生态产品。

值得注意的是,我们只有把生态环境保护与建设和地方产业发展结合起来,融生态建设于产业发展之中,才能真正达到产业生态化的目标。

第四节　产业梯次转移选择

经济学相关原理表明,产业转移的方向是由经济梯度高的区域指向经济梯度低的区域,即产业转移的现象表现为由"高地"向"低地"的转移。具体表现为:(1)资源要素差引起的移动。通常而言,产业移出地具有技术优势、管理优势及资金优势等,而对于产业承接地而言,资源能源丰富、环境容量空间大、市场竞争力较弱,二者存在较大的互补性,当交易意愿达成一致时,产业转移就会发生。(2)比较利益差引起的移动。日本经济学家小岛清的边际产业

---

① 盛国滨:《青海工业园区生态化发展模式研究》,《青海社会科学》2009 年第 2 期。
② 马玉宏:《综合利用资源　发展循环经济》,《经济日报》2010 年 7 月 28 日。

扩张理论及英国经济学家邓宁的对外直接投资折中理论等产业转移理论说明,通过产业转移的方式能够获得更高的比较利益。产业转移理论突破了生产要素在区际流动的限制,使比较优势理论得到了新的运用与发展。产业转移的诱因是成本压力和市场拉力,尤其是对于扩张性产业而言尤其如此。产业利益差通过产业转移而放大,这是产业转移的根本动力。(3)环保强度差引起的移动。环境是一种生产要素,环保强度低的国家或地区,环境生产要素较为富裕;反之,环境生产要素则相应匮乏。环保强度低的地方利用充裕的环境生产要素,生产污染密集型产品。发达国家环保标准高于发展中国家,故将高污染产业转移到发展中国家。① 产业转移,从地域角度可以分为国际产业转移和国内产业转移,区际产业转移和区域内产业转移;从产业技术角度可以区分为传统产业转移和高新技术产业转移。

一、产业转移的国内外经验

在产业结构转换中,世界各地曾经历了四次大的产业转移②过程,产业结构呈现出由以劳动密集型为主发展到以资本密集型为主和以技术、知识密集型为主的演进轨迹。

纵观世界经济发展史,通过产业转移与技术引进实现经济高速增长最成功范例的国家非属日本不可。"二战"结束以后,作为战败国的日本,国内许多产

---

① 引自 Alistair Ulph & Laura Valentini & Tom Jones & Joaqiuim Oliveira Martins, *Environmental Regulation*, *Multinational Companies and International Competitiveness. Discussion Papers Conference on Internationalization of the Economy*, *Environmental Problems and New Policy Options*, *Potsdam*, Oct.1998。

② 世界范围内四次大规模的产业转移为:第一次大规模的产业转移发生于20世纪50年代。美国将钢铁、纺织等传统劳动密集型、资本密集型产业通过直接投资转移到新兴工业国家日本、西德等国。第二次大规模产业转移发生在20世纪60年代中后期。科技革命加快了美、德、日等发达国家产业升级的步伐,在加快发展自身化工、钢铁和汽车等资本密集型产业以及电子、航空航天和生物医疗等技术密集型产业的同时,逐步将纺织等劳动密集型产业向东亚、拉美等发展中国家转移。第三次大规模产业转移发生在20世纪80年代后期。欧美、日本及亚洲"四小龙"将自身不具有竞争优势的产业向以中国沿海地区为代表的发展中国家、区域转移,重点发展自身具有竞争优势的产业。第四次大规模产业转移发生在20世纪90年代后期并持续至今。参见毛广雄:《区域产业转移与承接地产业集群的耦合关系》,华东师范大学博士学位论文,2011年。

业基本处于全面崩溃、经济处于大幅衰落状态。日本利用承接美国转入产业的机遇，逐渐实现了经济复苏，并步入发达国家行列①。目前，日本站在向亚洲各国转移产业的历史高度。总结经验可知，日本之所以能在短短时间内实现经济转型迅速步入发达国家行列，主要在于日本注重技术、资本引进，并经过简单模仿后，进行二次创新，再投入批量生产，得到技术和价格均具有竞争力的产品，成功走出了一条"引进—吸收—提高"产业转移与技术引进之路（见表 7.18）。

表 7.18　东亚"雁行模式"产业梯度转移情况一览表

时间	产业移出地	产业承接地	转移产业类型
20 世纪 50 年代	美国	日本	资本密集型
20 世纪 60 年代	美国	日本	技术密集型
	美国、日本	亚洲 NIES	劳动密集型
	美国	日本	技术密集型
20 世纪 70 年代	美国、日本	亚洲 NIES	资本密集型
	美国、日本、亚洲 NIES	东盟国家	劳动密集型
	美国	日本	知识技术密集型
20 世纪 80 年代后	美国、日本	亚洲 NIES	技术密集型
	美国、日本、亚洲 NIES	东盟国家	劳动密集型、部分资本、低技术密集型

资料来源：娄晓黎：《产业转移与欠发达区域经济现代化》，东北师范大学博士学位论文，2004 年。

在新型国际分工大背景下，中国凭借良好的投资环境及前景广阔的大市场优势，成为一系列产业投资的首选目的地。"近 30 年来，我国东部地区承接了三次大的产业转移。"②这三次大的产业转移的规律是：所转入的产业门

---

① 20 世纪 60 年代起，日本连续 10 多年保持 10%以上的高速经济增长，出现了"经济奇迹"。到 80 年代，日本经济继续发展，人均收入及工业技术水平已达到欧美水准，部分工业技术甚至赶超欧美国家。

② 三次大的产业转移为：第一次是 20 世纪 80 年代，中国香港的大部分轻纺、玩具、钟表、消费电子、小家电等轻工和传统加工业的转移；第二次是 90 年代初，主要是中国台湾以及日本、韩国的电子、通讯、计算机产业的低端加工和装配的大规模转移；第三次是从 2002 年开始直到现在还在进行中的欧美及日本等发达国家跨国公司以制造中心、产品设计中心、研发中心、采购中心为代表的高端产业的转移。参见刘奇葆：《关于产业转移和承接产业转移的调查》，《广西日报》2007 年 11 月 23 日。

类大体呈现出"劳动密集型产业——资本技术密集型产业"转变趋势,与世界产业结构升级方向与趋势基本一致。近几年以来,随着我国东部地区产业发展水平提高,产业体系日臻完善,产业结构升级在即,东部地区产业逐渐向中西部地区转移,一些具有优势的产业正大量转移到国外。

综合国内外产业转移的历史,可以得出这样的结论:(1)产业转移的发生存在着前提条件。产业转移的发生是因为区域间生产要素禀赋存在差异,这种差异足以引起企业迁移,即从短期及长期来看,企业"迁移后形成的总收益"≥"迁移成本与迁移前收益之和"。否则,只会有生产要素的流动,而不会发生产业的转移。(2)大规模产业转移具有周期性。纵观国际产业转移的浪潮可知产业转移的周期为大规模产业转移浪潮平均每10年就有1次,国内产业转移同样也具有类似的时间周期性。(3)产业转移与产业结构转换具有高度相关性。产业发展的核心问题就是结构转换问题,而结构转换的关键就是产业转型。(4)产业转移过程实质是产业创新过程。产业转移最主要的表现形式是企业对外投资,实现生产要素跨地区流动,并实现重新组合,也就是奥地利政治经济学家约瑟夫·熊彼特(Joseph Alois Sohumpeter)所论述的创新过程。这就是说,产业创新是产业转移成功的结果,产业转移是产业创新的过程。(5)国内外各地产业结构具有相似的演进秩序。无论是国际上经济发达国家的产业发展,还是国内东部沿海发达地区的产业发展,其经验告诉我们,产业结构普遍表现为从劳动密集型为主发展到以资本密集型为主,最后上升到以技术、知识密集型为主的演进路径。

二、西部地区承接产业转移的必要性

"改革开放以来,我国东部地区利用率先开放和地域上的有利条件,抓住发达国家和港澳台地区产业转移的机遇,承接和发展了大量以劳动密集型产业为主的加工工业,不仅有力地推动了当地经济发展,而且成为拉动我国经济增长的重要力量。"[①]当前,国际上悄然掀起新一轮大的产业转移,转移重心转

———————

① 刘奇葆:《关于产业转移和承接产业转移的调查》,《广西日报》2007年11月23日。

变到商务、金融、贸易、电子信息等服务性领域,中国俨然成为国际产业转移的重要承接地。

就国内而言,东部地区产业向中西部地区进行大规模转移。国内先行先试的东部地区资本已经处于相对饱和状态,本地市场满足资本增值的空间大大缩小,资源能源、劳动力等生产要素供给日趋紧张,产业发展和升级成本增大,区域资源环境约束矛盾日益突出,大大制约了产业结构的转型升级和地方经济发展。与此形成鲜明对比的是,处于"两欠"状态的西部地区,资源禀赋条件好,自身缺乏发展动力,借助东部地区产业结构升级之际承接其产业转移可谓是两厢情愿之事。更为客观的原因是,东西部地区产业发展水平存在的巨大落差,决定了在未来相当长时期内两地区的产业转移必然发生。现以制造业产业结构为例,东西部发展水平差距巨大。在此,我们首先对东部地区的上海市 6 个重点工业行业、天津市 8 大优势产业的发展情况进行对比分析,前者总产值占全市规模以上工业总产值的比重达到 66.9%,后者更是达到89.0%(详见表 7.19)。2015 年,上海市节能环保、新一代信息技术、生物医药、高端装备、新能源、新材料、新能源汽车等战略性新兴产业制造业部分工业总产值达到 8064.12 亿元,占规模以上工业总产值的 25.97%。2014 年,天津市高新技术产业工业总产值 8503.36 亿元,占规模以上工业总产值的 30.3%。

表 7.19 上海、天津重点工业制造业生产情况

上海(2015)			天津(2014)		
指标名称	总产值及占全市规模以上工业总产值的比重		指标名称	总产值及占全市规模以上工业总产值的比重	
工业制造业名称	总产值(亿元)	所占比(%)	工业制造业名称	总产值(亿元)	所占比(%)
电子信息产品、汽车、石油化工及精细化工、精品钢材、成套设备和生物医药制造业	20769.44	66.9	航空航天、生物医药、新材料、新能源、轻纺工业、汽车制造、机械装备、电气机械	24998.04	89.0%

资料来源:《2015 年上海市国民经济和社会发展统计公报》,2016 年;《2014 年天津市国民经济和社会发展统计公报》,2015 年。

与此形成鲜明对照的是贵州、青海制造业结构低端化现象非常明显。2015年,贵州省全年煤电烟酒四大传统行业增加值占规模以上工业增加值的比重为58.3%,而装备制造业和高技术产业工业增加值尽管比上一年均有20%以上的增长,但所占比例依然非常小。青海省的装备制造业尽管较上一年增长了22.0%,但是,增加值依然仅占规模以上工业增加值的5.6%,而且高技术产业增加值也仅占规模以上工业增加值的6.2%。还有值得注意的问题是,贵州、青海两省化学原料及制品业、黑色金属冶炼及压延、有色金属冶炼及压延等高耗能产业增加值所占比重还是很大(详见表7.20)。

表7.20　2015年贵州、青海规模以上工业制造业增加值

贵州		青海	
指标名称	增加值 (亿元)	指标名称	增加值 (亿元)
规模以上工业制造业(以下8大行业)名称	1812.6	规模以上工业制造业(以下8大行业)名称	646.07
酒、饮料和精制茶制造业	716.05	有色金属冶炼和压延加工业	249.81
烟草制品业	303.81	化学原料和化学制品制造业	170.00
非金属矿物制品业	248.63	石油加工和炼焦业	66.32
化学原料及化学制品制造业	159.75	黑色金属冶炼和压延加工业	54.42
有色金属冶炼及压延加工业	151.11	非金属矿物制品业	38.10
医药制造业	101.63	医药制造业	24.87
黑色金属冶炼及压延加工业	79.11	酒、饮料制造业	23.29
计算机、通信和其他电子设备制造业	52.51	农副食品加工业	19.26

资料来源:《2015年贵州省国民经济和社会发展统计公报》,2016年;《2015年青海省国民经济和社会发展统计公报》,2016年。

可以说,当前,国内产业转移主要是由东部地区指向中西部地区,而且,在今后相当长一段时期内,这种转移趋势只可能进一步强化。现以浙江产业向中西部地区转移为例,浙江省作为东部地区经济发展的重要省份,省内大量过

剩的资金投资于中西部地区。据调查,2010年浙江有超过640万人在省外投资创业,共创办企业26.4万家,投资总额达3.89万亿元。其中在西部地区,共创办企业达6.3万家。① 同时,在得到国家发展和改革委员会的重视及推动下,中西部地区承接产业转移示范区应运而生。

产业集群的形成与产业转移存在着必然的联系,在中国产业集群形成的10种路径中,有一半与区域产业转移相关联(详见表7.21)。

表7.21　中国产业集群的发展路径及其与产业转移的相关性

序号	产业集群发展路径	代表性产业集群	是否与产业转移直接相关
1	依靠当地企业家发展的特色产业集群	温州的打火机集群等	否
2	依靠历史传统产业基础形成和发展的产业集群	湖南浏阳花炮制造业集群等	否
3	依靠当地资源形成发展的产业集群	江苏邳州木材加工业集群等	是
4	依靠外部市场和人脉形成和发展的产业集群	晋江的制鞋业集群等	是
5	引进外资,在"三来一补"基础上形成的外向型加工业集群	珠三角的电子信息产业集群等	是
6	配套大型企业形成和发展的产业集群	重庆嘉陵摩托车集群等	是
7	依靠高校资源和科技人员创业自发形成的产业集群	中关村科技园区等	否
8	在中心城市城区出现的都市型产业集群	都市型工业园区	否
9	通过政府规划发展起来的产业集群	工业园和开发区	是
10	政府与民间两种力量混合作用发展起来的产业集群		是

资料来源:刘世锦:《中国产业集群发展报告(2007—2008)》,中国发展出版社2008年版。

---

① 徐益平:《近4万亿"浙籍资本"汹涌省外　官方促回归》,《东方早报》2011年1月5日。

实际上,经济增长与产业转移之间有着密切的关系。现代经济增长是由一个产业部门通过现代技术的运用与扩散开始的,它对产业结构转换发生作用,从而使经济增长成为可能。当人均消费随着经济增长达到一定程度时,就会直接拉动产业结构变动,随之而来的是产业转移的发生。①

随着全球经济日益融合,国内外产业转移将逐渐常态化。产业转移将引起利益的重新分配,尽管产业转移对资本输出地和资本输入地都是一种福利最大化的选择,但各方利益主体仍将产生利益博弈。对此,我们对产业转移的移出地与承接地的利益博弈做进一步分析。

1. 对于输出地而言

对于产业发展到一定程度的地区而言,产业尤其是主导产业不断升级是顺理成章的事情。前面已经论述到,主导产业的升级方向通常是从以劳动密集型为主到以资本密集型为主再到以技术、知识密集型为主,遵循从低级到高级的发展顺序,这也反映了欠发达区域承接产业转移的方向。

第一,剩余要素输出及充分利用输入地各种资源要素的需要。发达国家或发达地区想充分利用企业家、技术资源、资金、管理制度等优势,进行跨区域甚至跨国企业并购活动,实现资本、技术、管理等要素的集体流动,实现生产方式的整体转移。利用低成本土地资源是产业发生转移的又一个重要而具有诱惑力的因素。因为,当一个区域经济快速发展、产业高度集聚之际,土地因十分稀缺价格急剧上升,并通过住房成本、劳动力价格等区位成本增加的方式极大地增加该区域的企业运营成本。这就告诉我们,一个国家或地区经济成熟度达到一定高度以后,假如没有产业创新或新的增长点出现,就有可能出现要素拥挤现象②。这时,高梯度区域经济要素就会向低梯度区域流动,并通过产

①　李荣林、张岩贵:《我国对外贸易与经济增长转型的理论与实证研究》,中国经济出版社2001年版,第73页。

②　所谓要素拥挤,按照 Brockett 等人的定义为:"当一种或多种投入要素减少会引起一种或多种产出增加,同时没有使其他投入和产出变坏;或者反过来,当增加一种或多种投入要素时会引起一种或多种产出减少,同时没有使其他投入产出有任何改善"的状态。引自 Brockett P L, Cooper W W, Wang Yuying, Shin Hong-chul. Inefficiency and congestion in Chinese production before and after the 1978 economic reforms[J]. Socio-Economic Planning Sciences, 1998, 32(1): 1-20。

业转移这个平台实现。

当然,产业转移是在移出地充分利用承接地资源要素的情况下发生的,借以延长传统劳动密集型产业在国内的生命周期。

第二,"边际产业"撤退性转移①需要。产业转出地向区域外转移的应该是在投资地内已经丧失比较优势,而对移入地而言却具有一定优势或具备潜在优势的产业。毋庸置疑,我国东部发达地区向西部发展滞后地区的产业转移更多地是考虑低成本问题,以便于延长产业生命周期,获得产业收益的最大化。

东部地区向中西部地区撤退性转移的产业主要以加工制造业尤其是劳动密集型加工工业为主,在资源能源依赖度高的上游产业转移方面表现得比较明显。但不可否认的是,当东部地区产业结构升级完成以后,转移的产业也将会从以"劳动密集型产业"为主逐步向以"技能密集型"、"资本密集型"、"技术和知识密集型"为主的方向转化。

第三,产业结构优化升级的需要。产业转移实际上是产业结构调整升级的重要途径。作为当前世界最大投资国的美国,为了大量发展高新技术产业和服务业,实现产业结构升级,主动转移出技术陈旧、丧失竞争力的传统制造业。"据统计,在世界经济衰退期间,美国 IT 业的数据处理员以及 IT 设备的组装人员有 18.3 万个岗位被取消,而因产业转移,美国国内却增加了 27.6 万个软件工程师、分析师和高级行政管理人员的岗位。"②

我国东部地区在面临产业竞争力增大的压力下,被迫将衰退产业和已经或正在失去竞争优势的成熟产业转型为日益兴起的新兴产业。为了顺利完成转型,东部地区被迫向中西部地区转移日渐式微的产业。况且,从长期发展来看,产业转移是对产业结构进行动态调整的过程,是提高区域整体产业竞争力的必然途径,对于推动东部地区经济转型升级和全国范围内产业优化布局有着战略性意义。如,广东省佛山市自 2006 年至 2016 年上半年,共关停并转各

---

① 撤退性产业转移是指因区域间产业竞争优势消长转换而引致的产业区位重新选择的结果。

② 谢代银:《全球产业转移区域战略抉择》,西南师范大学出版社 2008 年版,第 106—108 页。

类低端产能企业1300多家,同时加速发展先进制造业。2015年全市先进制造业在制造业整体低迷的背景下同比增长15%。[①]

第四,城市中心城区改造过程中产业发展的需要。根据国内外城市发展的经验可知,随着市场规模的扩大和城市功能定位的变迁,中心城市地理空间在不断拓展,制造业所占比重逐渐下降,现代服务业特别是高新技术服务业所占比重逐渐上升,中心城区实现了产业结构升级。历史上,英国的曼彻斯特城曾把纺织品加工迁往周边城镇,中心城区代替以纺织品贸易。美国的纽约中心城区在20世纪包括造船业在内的制造业所占比重逐渐下降,而服务业比重却大幅上升。而我国首都北京在城市规划中提出,凡是不符合首都城市战略定位功能的产业,尤其是制造业向天津、河北等地转移布局,以加速城市功能的转型。

随着城市化水平提高,城市规模不断扩大,那些大城市特别是特大型城市中心城区土地价格迅速飙升,经济、人口、环境的多重压力随之而来,加上城市规划对中心城区功能进行重新定位,城市中心区不合时宜的工业为了靠近市场或开拓新的市场,只得选择向郊外甚至周边的中小城市、中心镇转移。

值得注意的问题是,在中心城市改造过程中,沿海地区城市与西部内陆城市企业外迁的原因存在着较大差异。据国务院发展研究中心调查发现,沿海地区企业外迁的原因中,房价高、厂房租金贵成为首要原因;而西部大中城市[②]开始将位于主城区的污染性工业外迁至周边农村地区,主要是由于生态环境的压力,而非经济因素使然。

2. 对于承接地而言

美国经济学家罗伯特·索洛(Robert Merton Solow)的经济增长理论说明欠发达国家和地区只有增加人均资本存量并获得技术持续进步,人均产出才

---

① 斯琴、樊一民:《为什么九死一生也要去产能? 广东副省长说实话了》,央视财经,2016年8月9日。

② 如,重庆市、成都市的"十一五"规划中都提出了"退二进三"产业策略,即促使第二产业退出主城区,发展以服务经济为主的第三产业结构。

会持续提高。西部地区资金、技术等要素十分稀缺,创新性严重不足,如果完全依靠本地通过创新来发展产业甚至实现产业转型,则需要相当长的时间,这就完全有必要借助承接产业转移来完成。

第一,加大利用外资发展现代科技从而推动产业发展的需要。对于欠发达地区来讲,在产业发展过程中,科研经费投入非常有限,经济与技术处于相对落后的地位。2014 年,全国用于研究与试验发展(R&D)经费投入 13015.6 亿元,经费投入强度①为 2.05%,首次达到多数发达国家 2%的水平。西部地区除了陕西省经费投入达到全国平均水平以外,其他各省均低于全国水平。其中,贵州省、青海省分别投入 55.5 亿元、14.3 亿元,投入强度分别为 0.60 与 0.62,低于全国水平。

世界经济发展史表明,随着现代科学技术的快速发展,科技进步对经济增长的贡献率呈加速递增趋势。20 世纪初,科技进步贡献率在一些发达经济体经济增长因素中所占比重仅为 15.2%;到了 20 世纪中叶,迅速上升到 40%;20 世纪 70 年代则进一步上升到 60%以上。当前,一些发达国家的这一数据已经上升到 70%—80%。

在国内,依靠科技进步促进经济增长的空间分布是不均衡的。2013 年,在科技促进经济社会发展指数的排序中,广东、北京、上海、浙江、江苏、福建、辽宁、天津、黑龙江、吉林排在前 10 位,且高于全国平均水平 62.84%。② 西部省份科技促进经济社会发展指数均低于全国平均水平。其中,青海省为 58.28%,贵州省为 44.54%,后者位居全国倒数第二(见图 7.6)。

对于西部地区而言,新产业的生长虽然也可能催生独立的创新,但这种创新大多是在承接产业转移过程中完成的,源自于国内外资金、技术与管理的引进。而且,西部地区每年引进的资金、技术是非常有限的。2015 年,西部地区实际使用外资金额 617 亿元,不及东部地区的 1/10,仅占全国 7.9%。因此,对于诸如贵州、青海等西部省份而言,资金缺乏,技术引进和消化吸收滞后,创

---

① R&D 投入强度是指投入该领域的经费总和与国内生产总值之比。
② 《2013 全国及各地区科技进步统计监测结果(二)》,中国科技统计网,2014 年 2 月 3 日。

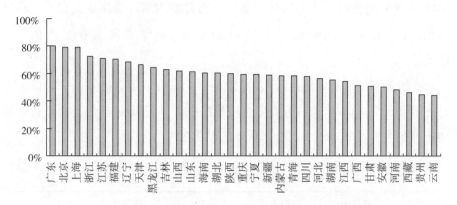

图 7.6　2013 年全国各省份科技促进经济社会发展进步指数

资料来源：国家统计局、科学技术部、财政部统计资料，2013 年 9 月。

新程度不够，创新水平低，在这种不利条件下，只有充分发挥后发优势，积极主动利用外资，承接大规模、多层次的产业转移，现实后发赶超。

第二，培育新经济增长点的需要。纵观国际、国内经济发展史可知，建立在现代科学技术基础上的高新技术产业已经成为区域经济发展的重要增长点。因为，经济增长是依赖一批高于平均增长率的新兴产业来实现的。世界高新技术产业的设计和制造中心——美国"硅谷"，是高新技术企业的孵化器和高新技术产业增长点①。"硅谷"依靠技术创新促进经济增长堪称历史典范。2008 年，硅谷人均 GDP 高达 83000 美元，当时美国全国人均 GDP 为47000 美元，前者为后者的 177%，这足以反映出技术创新在促进经济效率提升方面的作用。被称作中国"硅谷"的北京中关村科技园区，是我国最早设立的国家级高新技术产业开发区。自成立以来，中关村科技园区始终保持两位数的经济增长速度。中关村科技园已经成为北京市经济发展的重要增长点。

西部地区在经济快速发展之际，迫切需要借鉴先行经验，借助产业转移的机会推动高新技术产业发展，并将其作为经济增长点进行重点培育。

---

① 高新技术产业增长点是一个极富生命力和竞争力的新的增长中心，能够带动区域经济以超常的速度发展。

2011 年贵阳高新技术产业园区招商引资市外境内实际到位资金完成 22.28 亿元,境外实际到位资金完成 3312 万美元,全年实现工业总产值 789 亿元。[①]

贵州省中关村贵阳科技园[②]的建设是一个很有说服力的案例。2013 年 9 月贵阳市、北京市和中关村管委会共同筹建中关村贵阳科技园,科技园共签署 106 个项目,总投资 465.65 亿元。[③]（见表 7.22）

表 7.22　北京·贵阳创新驱动区域合作部分签约项目

项目类别	项目名称	投资企业	建设内容
产业类	物联网平台下的智慧城市和智慧社区设备生产基地	北京海汇天创科技有限公司	建立国内首家物联网智能楼宇产业园,同时向国家发改委申请建立智能楼宇控制工程中心,引入联想、海信、康佳、长虹、TCL 等国内知名企业入驻,并将现有深圳等地生产基地回迁形成从市场调研、产品研发、测试、生产到服务等一条龙园区基地。
	北京航天石化技术装备工程公司贵州加工中心	中国航天科技集团北京航天石化技术装备工程公司	充分利用贵州华工公司现有设备、人员和生产厂房,承接北京航天石化技术装备工程公司军转民产品泵、阀门等零部件加工制造并负责西南地区产品的维修、返修和售后服务,建立"北京航天石化技术装备工程公司贵州加工中心"和"北京航天石化技术装备工程公司销售联络中心"。
	西南信息港	中通金域（北京）通讯网络有限公司	在绿谷科技城 A 区约 150 亩范围内建设 EDC 和 IDC 为核心的大数据服务平台,移动互联网产业孵化平台、金融和互联网企业后台服务中心;在生态田园风光小镇 150 亩范围内建设高端综合配套服务区。

---

① 见《2012 中国高新技术产业开发区年鉴》,中国财政经济出版社 2013 年版,第 231 页。

② 中关村贵阳科技园是两个"国家级示范"的联合,是创新创业生态系统和自然生态系统的"双生态系统"的结合。

③ 《贵阳市政府和中关村科技园管委会签署合作协议》,参见金黔在线,2013 年 9 月 9 日。

项目类别	项目名称	投资企业	建设内容
科研类	大型模锻压机/挤压机高压大排量轴向及径向柱塞变量泵及大流量二通插装阀系列化研制	浙江大学	针对大型模锻压机、挤压机等铸锻设备液压系统关键部件，排量为440、540、500、1000ml/r、最高压力达50MPa轴向、径向重载柱塞变量泵及20000—5000L/min大流量二通插装阀的关键共性技术、优化设计技术、工艺检测技术展开研究，完成样机研制并应用于8000MN模锻和360MN挤压机。
	齿轮形性测试仪的开发和应用	北京工业大学	以北京工业大学现有齿轮测量技术和已研制的齿轮测量仪器为基础，将齿轮传动中的几何综合误差测量与齿轮传动的性能测试集成在一起，能同时给出迄今齿轮传动最全面的信息，包括传动误差、最佳安装位置、振动、噪声和齿面磨削损伤等；进行模块化开发，形成齿轮传动形性测试仪系列化产品。
	车联网手持智能移动终端产品研发	吉林省中交华驿物流信息科技股份有限公司	该项目为手持式智能移动终端的研发。为最终实现手持式智能移动终端产品生产线及一汽车联网项目落地乌当奠定基础。
	中央空调全系统仿真实验平台	清华大学建筑学院	通过对中央空调制冷主机、水泵、冷却塔、管网、表冷器等组件仿真模型的研究，开发中央空调全系统仿真软件硬件装置，建设形成16条中央空调节能控制产品仿真实验平台。
	中药6类新药妇科花菊颗粒制剂关键技术研究	中国中医科学院	完成以"头花蓼"药材为君药的中药六类新药"妇科花菊颗粒"关键工艺技术研究，现行干燥工艺所得样品吸湿性强，不易粉碎的关键技术问题，制定关键技术参数、制定符合生产实际的工艺流程，协助甲方完成中药六类新药"妇科花菊颗粒"向国家食品药品监督管理总局申请新药证书，为其成功上市及扩大头花蓼产业链的发展奠定基础。
科技服务类	华融金融中心	中国华融资产管理股份有限公司	拟建设城市高端金融区域中心。
	贵阳京诚测验中心	北京理化测试中心	打造贵州省最大的检验检测产业聚集区。将西南地区贵阳检测科技园建成一个集科学技术研究、技术成果转化、科技人才培养和科技企业项目孵化加速于一体的世界一流的开放性科技园区。

中关村贵阳科技园高新技术产业签约项目涉及研发、生产、物流、信息、金融等众多产业,在科技园区内初步构建起高新技术产业链。高新技术产业链的形成,势必成为贵阳市乃至贵州省新的经济增长点①。

青海国家高新技术产业园区通过产业转移等方式,着力培育具有竞争力和发展力的高新技术产业,特色产业聚集效应开始显露出来。"十一五"期间,青海国家高新技术产业园区地区生产总值年均增长57%,其增长速度为西宁市地区生产总值增长率16%的3.6倍;工业增加值年均增长74%,为西宁市年均增长率21%的3.5倍。2013年,青海国家高新技术产业园区入驻企业达到399家,从业人员1.2万人,工业总产值达178亿元。2014年,高新区实现地区生产总值93.6亿元,较"十一五"末增长2.3倍,年均增长23%;完成工业增加值78亿元。高新区以"打造青海高新技术产业聚集区"为目标,目前已初步形成以生物技术、中藏药加工、高原绿色食品加工等为主导的产业集群,是全省生物产业的中心聚集区,并已拥有国家驰名商标7个、青海省著名商标15个,分别占全省驰名商标总数的50%和著名商标总数的20%。高新区还将建设成为青海省的高新技术产业转化区、特色产业的聚集区、科技创新先行区、循环经济的引领区、新型工业化示范区。

尽管如此,贵州、青海等西部地区高新技术产业化指数依然偏低。根据统计资料显示,2013年,贵州高新技术产业化指数为43.63%,低于全国平均水平的50.00%;青海省仅为26.64%,只到全国平均水平的一半以上。因此,对于贵州、青海等省而言,高新技术产业发展的空间还很大。

第三,发挥比较优势及产业结构升级的需要。产业结构转换与升级是区域经济增长的重要推动力,区域产业结构调整与升级速度的快慢直接影响到区域经济活力和竞争力的大小。通过产业转移,能在较短的时间内,快速促进

---

① 2015年10月19日中关村贵阳科技园高新区举行是年第三批重大项目集中开工暨呼叫山庄动工仪式,集中开工23个项目,总投资约201亿元。其中,产业类项目12个,功能配套类项目3个,基础设施类项目8个。当年,高新区入驻企业纳税总额超过亿元的商务楼宇有3栋,即西部研发基地、交勘院大楼和水电院大楼。

产业结构调整与升级。产业转移可以通过产业关联效应与技术效应①,使承接地产业结构得到改善并实现产业升级。具体表现在两个方面,一方面,通过直接投资承接地,建立技术密集型产业以改善产业结构;另一方面,通过技术和资本的优势投资承接地,改造传统产业,促进产业结构优化升级。

从当前国际国内产业转移的发展规律可以看出,转移产业逐步从劳动密集型为主转向以资本技术密集型为主、从传统产业为主转向以新兴产业为主、从制造业为主转向以服务业为主、从低附加值产业为主转向以高附加值产业为主。当前,我国的产业转移出现了服务业特别是高端服务业占直接投资比重不断上升的趋势,有的地方甚至超过制造业而高达50%以上的比例,金融、保险、咨询、管理和法律等专业服务已成为转移的重点领域。

贵州省、青海省等西部地区省份大多产业层次低,产业链缺损严重。贵州、青海两省产业链缺损,分工层次低,产品附加值低,具体表现在:上游端产业比重大,下游端产业、高技术产业比重小,第二产业中的优势产业集中体现在以能源、原材料和重化工为主的资源密集型产业。② 因此,对于如贵州、青海等西部欠发达地区而言,产业转移可以使其在短时期内获得一批技术密集型产业、资本密集型产业,尤其是高新技术产业的植入,能够直接促进承接地的产业结构调整与升级。

表7.22说明,贵阳中关村科技园区的产业大多属于高新技术产业,如果这些产业及时投产的话,对于贵阳市乃至贵州省来说,提升产业增加值中高新技术比例的前景是非常乐观的。2014年贵阳市新增高新技术企业40家、增长23.1%,高新技术工业占规模以上工业增加值比重38.7%,科技进步贡献率达56.4%。③ 2015年全市规模以上工业企业高技术制造业增加值106.37

---

① 产业关联效应与技术效应是指产业转出地企业对产业承接地的前后向关联产业产生影响,使得承接地的产业结构得到调整。承接地吸收的大部分转移产业来自技术相对先进的地区,这些地区对外产业转移大都具有明显的技术效应。

② 张虹、陈厚义:《贵州产业结构低度化实证分析》,《贵州社会科学》2014年第4期;刘志:《青海产业结构定量分析及存在问题研究》,《青海师范大学学报(哲学社会科学版)》2008年第1期。

③ 刘文新:《2014年工作回顾》,贵阳网,2015年2月4日。

亿元,占规模以上工业增加值的 14.9%。①

2015 年上半年,青海高新技术产业开发区高新技术企业和科技型企业累计完成产值 47.6 亿元,占高新区整体产值比重的 37.8%,区内工业企业研发投入占销售收入比重达到 2.4%,成为全省科技投入比最为突出的区域。青海时代新能源科技有限公司②作为青海省光伏产业链条中的重要节点项目,它的建成投产有利于构建光电转换、储能材料到智能化电网的完整产业体系。该公司的发展对于推动青海从资源大省向新能源产业强省的转变,对加快青海省战略结构转型升级,打造国家级光储示范项目、积极培育储能技术国家级龙头地位都具有重要的战略意义。③

第四,承接地工业化及区域经济发展水平提升的需要。国际国内产业转移轨迹表明,整条产业链转移趋势较为明显,在转入地发展配套产业并建立起关联产业群,能实现零部件生产供应和专业服务的本地化。如,20 世纪 90 年代以前,原本工业基础很差的广东东莞市,承接台湾等地的 IT 企业转入,逐渐形成了配套完善的 IT 企业集群。东莞市 IT 产业集群经历数十年的发展,电脑资讯产业已发展成为该市支柱产业。④

近年来,全球范围内区域分工格局变化的一个重要趋势是:以区域主导产业为基础的垂直型传统分工得以不断强化的同时,以区域经济要素为基础的水平型混合分工的地位正在逐步提升。通过产业转移,生产要素在区域之间实现了优化配置,自然资源和劳动力资源顺利实现了由西部地区向东部地区甚至国外流动,产业则由国外、国内东部地区尤其是港澳台向西部地区转移,促进了珠三角、长三角及环渤海地区产业升级,从而带动东部地区及西部地区的经济发展,促进国际与国内、沿海与内地经贸关系紧密化。

贵州、青海等西部欠发达地区,工业化水平及经济发展整体水平仍然不

---

① 贵阳市统计局:《贵阳市 2015 年经济运行情况分析》,贵阳市人民政府、政务网,2016 年 2 月 16 日。

② 青海时代新能源科技有限公司是总部位于香港的新能源科技有限公司的独立子公司,其全球研发中心位于福建省宁德市。

③ 晓风:《引进先进储能技术 助推青海光伏产业梦想》,青海新闻网,2014 年 1 月 10 日。

④ 程小旭:《广东东莞:制造业产业群竞争力强劲》,《中国经济时报》2005 年 12 月 28 日。

高,迫切需要借助产业转移实现区域经济发展。在此,我们拟从人均 GDP、三次产业结构及城市化水平三个方面进行分析(见表 7.23)。

表 7.23　工业化不同阶段的标志值

阶段指标 ＼ 工业化不同阶段名称		前工业化阶段	工业化初级阶段	工业化中级阶段	工业化高级阶段	后工业化阶段
人均 GDP	1995 年/美元	610—1220	1220—2430	2430—4870	4870—9120	9120 以上
	2000 年/美元	660—1320	1320—2640	2640—5280	5280—9910	9910 以上
	2007 年/美元	797—1593	1593—3186	3186—6373	6373—11949	11949 以上
三次产业产值结构		A>I	A>20% A<I	A<20% I>S	A<10% I>S	A<10% I<S
制造业占 GDP 比重		20% 以下	20%—40%	40%—50%	50%—60%	60% 以上
人口城市化率		30% 以上	30%—50%	50%—60%	60%—75%	75% 以上

资料来源:《云南"十一五"新型工业化研究》,云南省政府发展研究中心,2004 年 12 月;钟良晋:《贵州工业化与生态文明协调发展研究》,贵州财经大学硕士学位论文,2012 年。

首先,以人均 GDP 大小进行判断。按照表 7.23 美国经济学家钱纳里和库兹涅茨 2007 年标准测算,2015 年,贵州人均 GDP 为 4852 美元,依此判断,贵州正处于工业化中级阶段;青海人均 GDP 为 6897 美元,处于工业化高级阶段。

其次,以三大产业结构进行判断。世界银行关于三大产业产值占 GDP 比例的统计数据,也能够较好地说明一个国家或地区所处发展水平的状况(见表 7.24)。

表 7.24　世界银行关于三大产业产值占 GDP 比例的统计

按收入水平划分	第一产业产值比重	第二产业产值比重	第三产业产值比重
低收入国家或地区	15	43	42
下中等收入国家或地区	14	40	46
中等收入国家或地区	12	38	50
上中等收入国家或地区	10	34	56

资料来源:龚仰军:《产业结构研究》,上海财经大学出版社 2002 年版。

2015 年,贵州省第一产业、第二产业、第三产业增加值占地区生产总值的比重,分别为 15.6%、39.5%、44.9%。按照世界银行统计资料判断,贵州处于下中等收入水平,依然处于工业化中期阶段。青海省第一、第二、第三产业增加值占生产总值的比重分别为 8.64%、49.95% 和 41.41%。按照世界银行统计资料判断,青海也处于下中等收入水平,不过其工业化程度较高,第三产业所占比例过小、发展比较滞后。

再次,以制造业总产值占 GDP 的比重进行判断。2015 年,贵州省规模以上工业制造业增加值(8 大行业)占全部工业增长值的 43.7%,按此判断,贵州省应处于工业化的中级阶段。青海省规模以上工业制造业增加值占全部工业增长值的 53.5%,依此判断,青海省应处于工业化的高级阶段。但是,贵州、青海两省制造业的主要情况是原材料等重化工工业制造业增加值所占比例大,而轻工业制造业增加值所占比例小,恰好说明其工业品生产仍处于价值链的低端状态。

最后,以城市化水平高低进行判断。2015 年贵州省城市化率为 42.01%,青海省城市化率为 50.30%。如按照表 7.23 所列标准进行判断,贵州省目前处于工业化初级阶段,青海省则处于工业化中级阶段。

总体而言,贵州、青海两省工业化程度、技术水平及经济发展整体水平仍然较低。自国外或国内发达地区转移产业的技术水平一般要高于移入地产业平均水平,产业的技术溢出效应经过一定时期以后将发生作用,在一定程度上带动贵州、青海区域经济的发展。因此,对于贵州、青海等欠发达地区而言,想要缩短产业自然演进的过程,在最快的时期内建立起自身没有能力发展的产业,在短时期内实现快速发展,加速本地工业化进行,完全可以大胆尝试采取承接发达国家或发达地区转移产业的发展方式。

三、西部地区承接产业转移路径选择

在当前国际国内产业转移已成为大趋势之际,中央政府相继出台了《鼓励东部地区向中西部地区进行产业转移》、《继续推进西部地区基础设施和生态建设》、《增加西部大开发投资》、《关于支持中西部地区承接加工贸易梯度

转移工作的意见》等促进东西部经济互动及有关产业转移的政策,使得区域产业转移有了较为完善的制度保证,为东部产业向中西部转移扫清了政策障碍。2010 年国务院印发的《国务院关于中西部地区承接产业转移的指导意见》(国发〔2010〕28 号)为我国产业转移提出了指导思想和基本原则,加速了相关地区产业转移的步伐。

由于中西部地区资金、技术的稀缺性,使得其承接东部地区产业转移时的竞争显得十分激烈。这种竞争压力主要来自三个方面:第一,来自中西部地区内部竞争。在承接产业转移时,中西部地区为了本地获得更多的项目,竞相采取恶意竞争的手段。第二,来自东部地区内的边缘地区的竞争。东部发达地区在实施产业转移时,本省市域内欠发达地区积极争取承接发达地区产业转移。第三,来自国外的竞争。当前,东南亚一些国家在吸引日韩以及我国东部地区、港澳台的产业转移方面具有劳动力价格、自然资源等优势,这些因素均对中西部地区承接外来资本构成巨大的竞争压力。

实际上,产业转移是一场经济、政策大博弈。在这场特殊的博弈过程中,产业转出地与产业转入地都出现过系列冲突及其他一系列问题。诸如,产业转移规划问题,产业转移技术问题,产业转移能否实现产业升级换代问题,源自发达国家和发达地区污染性产业的无阻碍转入已造成产业转入地生态系统失去平衡等问题。如何解决这些问题,实现共赢局面,是当前亟须研究的课题。

1. 就转出地而言

为了追求利润最大化,发达国家及地区的企业设法延长产业或产品的生命周期。为此,可以采取两种方案,一种为在本地更新技术,提高劳动力素质,延长产业链;另一种为实施产业转移战略,这种方式越来越成为企业向外发展的重要选择方式。企业通过构建国际或国内一体化生产体系,将价值链某环节进行转移甚至将整个价值链进行转移,实现网络化发展。

第一,转出产业选择。发达地区需要转移出去的产业大多是劳动密集型或者资源密集型产业。这类产业的生存及发展大体存在着三种情况:第一种情况是,这类产业在生产过程中目标明确地就是充分利用自然资源,而过多地开掘自然资源势必会破坏当地生态系统,或者导致自然资源枯竭,如煤炭矿产开采、黑色金属开采及压延加工业;第二种情况是,这类产业属于污染较严重产业,企业排放的"三废"等对环境的破坏作用较大,故因不堪承受环境保护压力及逃避环境税而选择转出,如钢铁、水泥、火力发电等企业。贵阳市在城市改造时,将贵阳钢厂转移至贵阳市周边的郊县修文县,贵阳发电厂移出至毕节市织金县并命名为织金电厂。第三种情况是,转移出去的都是在本区域内丧失了技术水平优势的产业,它们大部分依靠用工、用水、用电高投入的劳动密集型产业,如纺织服装、建材化工、机械电子等。2006年,浙江通过实施《当前淘汰落后生产能力、工艺和产品的目录》及《当前优先发展的重点行业产品指导性目录》,不断增强产业导向政策的刚性约束,引导投资方向,促进产业结构优化升级。2008年,广东省提出产业转移和劳动力转移的"双转移"战略,引导劳动密集型产业向环珠三角地区转移,达到优化产业区域布局的目的。

转出地在做出产业转移之际,还必须考虑承接地对承接产业的需求度,需要参考国家发展和改革委员会颁布的《中西部地区外商投资优势产业目录(2017年修订)》及各省自行颁布的优先发展产业目录(如,《贵州省优先发展产业工业项目目录》),有重点的选择性地实施产业转移。

第二,创新环境选择。发达国家或地区在转移产业过程中,需要承接地有产业承接园区,而且要有良好的创新环境以实现转移产业集群,并在当地结网产生根植性,进而提高产业创新能力。实践证明,创新环境越好,越能吸引外来企业的投资。西部大开发以来,贵州、青海等西部省份在创新硬环境方面已经取得了巨大的进步:新一轮西部大开发过程中,国家再一次投入巨额资金改善西部地区的投资条件。目前,西部地区高速公路网络已经形成,铁路建设尤其是高速铁路建设速度非常之快,高速信息网已经织成,人才引进与储备大有收获,通过建立一系列的产业园区,积极"筑巢引凤"。创新软环境方面同样有了很大的进步:贵州、青海等西部各省为了吸引更多的投资,努力营造优良的投资环境,出台了一系列优惠政策,如降低税率、减免税收,降低土地出让金、减少土地使用费,地方政府对企业提供财政补贴、所得税返回,提高行政办事效率等。创新软硬环境的改善将为西部承接产业转移营造良好的氛围。2013 年 9 月,国务院正式批复设立了贵阳综合保税区①,拟将其打造成国内首个山地生态型综合保税区。截至 2014 年 12 月 27 日贵阳综合保税区正式封关运行当日,已签约项目 102 个,注册企业 72 家,其中包括惠普、富士康等世界 500 强企业。2014 年成立了贵州省贵安新区,开发建设为国家战略,有关新区建设需要的更加开放和优惠的特殊政策和权限由国务院直接批复,旨在鼓励新区进行各项制度改革与创新。2015 年 1 月,国务院正式批复设立贵安新区综合保税区,该区位于贵州省国家级新区贵安新区内,也是贵州省第二个获准设立的综合保税区。依据规划,贵州省将在全省建立 100 个工业园区以后,由各地、市、县主要负责同志亲自上阵,到国内外各地招商引资。

2013 年,青海省颁布的《青海省实施西部大开发战略若干政策措施》,制定了一系列鼓励产业发展与外资进入的改革措施及优惠政策。诸如,涉及放开经营范围、放宽对注册资本限额要求、改革注册登记制度、简化投资项目审批程序等市场准入政策,涉及所得税、资源税、耕地占用税、增值税、农业税和牧业税及其他税收等税收优惠政策,涉及土地使用和矿产资源开发优惠政策等,及技术引进、鼓励创新与其他一系列软环境改善的措施。这些创新环境的营造,为产业转移后植入本地产业园区建立了一个独特的区域性创新系统,搭建了一个较为完备的产业创新平台。2013 年,海东市实施招商引资项目 150 项,到位资金 134 亿元,同比增长 66.5%。2014 年,中国青海绿色发展投资贸易洽谈会上,海东市落实 31 项,总投资 160.8 亿元。2015 年上半年,海东市实施招商引资项目 140 项,总投资达 793 亿元,到位资金 92.48 亿元,同比增长 46.3%。

第三,产业转移地域选择。根据世界产业转移规律可以发现,产业转移容

---

①　综合保税区是内陆地区开放层次最高、功能最齐全、政策最优惠、手续最简便的海关特殊监管区,由海关参照有关规定对综合保税区进行管理,执行保税港区的税收和外汇政策,集保税区、出口加工区、保税物流区、港口的功能于一身,可以发展国际中转、配送、采购、转口贸易和出口加工等业务。根据现行有关政策,海关对保税区实行封闭管理,境外货物进入保税区,实行保税管理;境内其他地区货物进入保税区,视同出境;同时,外经贸、外汇管理部门也对保税区实行相对优惠的政策。

易在移入国或地区某些特定区域形成集中。影响产业转移的区位因素很多，如，基础设施是否完善，交通运输与物流成本大小，经济开放度高低，激励机制是否可行，市场规模大小与市场发育水平高低，劳动力成本大小等都是十分重要的因素，此外，科研机构、高校的技术力量强弱及人文历史因素也日益成为产业集聚的重要因素。企业在做出投资决策时，为了强化产业比较优势、增强竞争力，必然要综合考察、全面衡量，最终做出正确的区位选择。世界经济发展经验表明，产业转移尤其是总部经济发展往往集中于区位条件优越的地方，如：日本东京市区集中约有 4/5 的外国分支机构，其销售总额占所有外国分支机构的 90%左右。美国加利福尼亚、纽约、德克萨斯、伊利诺斯和新泽西 5 个州的外国分支机构占了全美国外分支的一半。①

近年来，我国西部地区为了加大招商引资规模，纷纷做出产业承接规划，以产业园区为载体，制定产业承接重点区域和产业承接重点项目。由于企业在做出决策选择承接地和投资领域的时候，非常重视承接地的综合投资环境，因此，它们会尽量选择中央政府、地方政府鼓励的重点承接地区和重点承接产业。

黔中经济区特别是贵阳市，青东地区特别是西宁市的区位条件在各自的省内是相对较好的，是外部投资的首选地，也是外部产业转入的理想地。根据《黔中经济区发展规划》，在东西部地区合作之际，贵州省"着力建设以发展磷化工、冶金、机电制造为主的息烽—乌江—汇川产业承接园区，以发展纺织、服装、玩具、家电为主的都匀—麻江—凯里承接园区，以发展能矿机械制造、中药材精深加工、特色食品为主的黔西—大方—七星关产业承接园区，以发展轮胎、生物医药、飞机发动机为主的贵阳—安顺产业承接园区。"②

贵州省东南部特色综合经济区和拟构建的黔北工业综合经济区也将成为贵州省产业转移重要承接地。按照贵州省承接产业规划，贵州省东南部特色综合经济区包括黔东南州、黔南州和铜仁市，是贵州省承接东中部地区产业转

---

① 商务部、国务院发展研究中心联合课题组：《跨国公司产业转移与产业结构升级》，中国商务出版社 2007 年版，第 86—88 页。

② 贵州省人民政府：《黔中经济区发展规划》（黔府发〔2012〕30 号），2012 年 8 月 12 日。

移和发展特色资源深加工产业的重点地区;拟构建的以遵义市的红花岗区、汇川区、遵义经济技术开发区为核心及以遵义市其他县区市和铜仁市部分县及毕节市金沙县等为节点的黔北工业综合经济区,将建成为贵州北部新型工业基地、承接产业转移基地。

此外,黔南州处于"两高经济带"(贵广高速与贵广高铁经济带),理所当然成为承接产业的重点区域之一。据调查,2012 年 10 月,入驻黔南州贵定昌明经济开发区的浙商产业园为贵定县成功招引并签约 5 个机械装备制造配套项目,项目总投资达 4.4 亿元。2013 年以来,成功签约落户的黔坤制药、施工电梯、辉煌能源等一批大项目 23 个。①

青海省为了引导企业进入重点鼓励承接地区,于 2011 年专门划定了重点承接产业转移的地域,及时制定了重点承接产业目录。其中,青海省东部地区主要包括西宁国家经济技术开发区、海东工业园区、西宁三县、海东地区,省中西部地区主要包括环湖地区、柴达木地区、三江源地区,承接的重点产业规划目录在下文将做介绍。

2. 就承接地而言

我国经济后发地区大部分尚处于工业化初期阶段,产业化程度低,经济总量小。为了尽快壮大区域工业,扩大经济总量,实现后发赶超,欠发达地区渴望承接大量外来产业。但是,我们知道,任何企业进行产业转移的主要目的都是降低成本,获得更大的收益,而转移企业进入承接地后进行创新、采用新技术方面的动力却是明显不足的。目前,贵州、青海等西部地区在资源和劳动力成本方面具有优势,而在投资环境及研发配套能力等方面与发达地区相比差距很大。研究经济发达国家或地区可能转出什么样的产业,了解贵州、青海等西部地区需要承接什么样的产业,从而选准产业转移的承接点,增强承接产业转移的针对性和有效性是具有重大价值的。

第一,选择有利于产业结构优化及升级的产业。产业结构优化是伴随着技术进步和生产社会化程度的提高而推进高级化的,产业结构高级化的一般

---

① 该资料为作者对黔南州工业园区发展调研时所得。

方向为:加工高精深度化、知识技术密集化、产业结构软性化,其表现形式是主导产业有序更替。20世纪80年代,我国东部沿海地区承接自发达国家转入的以轻纺产品为代表的劳动密集型产业,借机加快了轻纺产业快速更新的步伐;20世纪90年代,东部沿海地区利用国际产业结构调整和转移的机遇,促进了我国机电产业的发展和出口;21世纪之初,长江三角洲、珠江三角洲、环渤海湾、福建等沿海地区再一次利用国外高科技产业制造环节向我国大规模转移之机遇,初步形成了各具特色的信息产业集群,从而实现了自己的产业升级。可见,东部沿海地区的产业结构优化升级是在承接国外、境外产业转移中实现的。因此,贵州、青海等西部省份在承接产业转移之际,可以借鉴我国东部沿海地区的先行经验,借助外来产业实现本地产业结构升级。在承接外来转入产业时,需要坚持三点:其一,所转入产业必须符合本地区域经济结构由低级到高级的发展需要,其技术水平应该高于区域内现有产业技术水平。其二,能够尽量利用资源优势承接精深加工产业转移,发展产业链。其三,需要利用承接产业,将产品生产向价值链高端延伸,提高产品的科技含量和附加值。

第二,根据区域功能合理选择产业。西部地区在承接产业转移时,需要根据区域功能对承接产业进行选择,产业承接重点区域应该设置于重点发展区,而限制发展区和禁止发展区在承接产业时必须对产业科学合理地进行选择,在这些区域,承接产业必须符合区域生态功能的定位,禁止在重点流域江河源头新建污染严重的项目。如,作为贵阳市民重要水源地的贵阳市"两湖一库"区①周边及作为贵阳市民母亲河的南明河的上游及近岸区,禁止承接有污染的产业,可以选择承接生态型的高端服务业。青海省为了更好地引进投资项目,引导企业进入重点鼓励承接地区和重点鼓励承接产业,于2011年制定了产业转移指导目录(详见表7.25),其中,环湖地区重点承接现代畜牧业、特色农业和特色旅游业等,三江源地区重点承接特色旅游业、民族手工业、商贸流通业等劳动密集型产业。

---

① "两湖一库"区是贵阳市红枫湖、百花湖、阿哈水库饮用水源区的简称,该库区提供了贵阳市城区城市用水量的60%,地位极其重要,堪称贵阳市民的"三口水缸"。

表 7.25　青海省承接东部地区产业转移指导目录

承接地区		重点承接产业
东部地区	西宁国家经济技术开发区	新能源、新材料、装备制造、有色金属冶炼及精深加工、纺织、生物产业和现代服务业
	海东工业园区	新能源、新材料、装备制造、有色金属精深加工、精细化工、生物、特色农畜产品加工等产业
	西宁三县、海东地区	农产品加工、建材、轻工、节能环保高载能新技术应用等产业
	柴达木地区	盐湖化工、油气化工和煤化工产品的精深加工、冶金工业
	环湖地区	现代畜牧业、特色农业和特色旅游业
	三江源地区	特色旅游业、民族手工业、商贸流通业等劳动密集型产业

资料来源:青海省发展和改革委员会:《青海省承接东部地区产业转移实施方案》,2011 年 6 月。

第三,选择生态循环型产业。在区域经济发展初期,生态环境资源表面上显得比较充裕,加上这一阶段生态环境自身的恢复能力、净化能力较强,生态环境资源的稀缺性往往被视而不见。这时,人们为了经济利益,可能会牺牲生态环境的利益。随着经济的发展和生态破坏及环境污染的负面效应逐渐积累,生态环境已经成为最为稀缺的资源,也不能再承载经济发展之重。到了这一阶段,人们才愿意对生态环境问题进行深刻的反思。当然,随着产业结构的升级和人们生活水平的提高,生态恶化、环境污染问题将逐渐得到控制,并逐渐得到改善。

表 7.26　不同工业化阶段产业对自然资源及生态环境的动态影响

工业化阶段	代表性产业	自然资源和生态环境特征
Ⅰ 轻工业阶段	纺织、服装、食品	资源消耗不大,但生态、环境问题初步显现
Ⅱ 重化工业阶段	非金属矿物制品业、黑色金属冶炼及制造业、石油化工、电力	资源消耗加速,生态问题爆发,环境污染严重
Ⅲ 加工、组装工业密集型阶段	普通机械、运输机械	资源负荷减小,生态问题趋缓,环境质量逐步改善
Ⅳ 技术密集型阶段	电子通信设备制造、生物制药	资源使用效率提高,生态问题得以有效控制,环境质量显著提高

资料来源:张健:《泛珠区域产业转移的结构效应与环境效应分析》,广东外语外贸大学硕士学位论文,2009 年。

贵州、青海等西部省份虽然仍属于欠发达、欠开发的区域,生态环境资源开发的空间较大,但是,我们必须吸取经验,贵州、青海的工业化正处于第二个阶段即重化工业化阶段,有着产业能耗大、污染物排放量大的特点,在承接产业转移时,必须谨慎选择那些生态循环型产业,尽量降低生态环境的压力。

第四,提高承接产业转移门槛。当新一轮国际国内产业转移浪潮来临之际,我国西部地区必须做好充分准备,了解转入产业的相关情况,要有预见性地制定较高的生态环境标准,提高承接产业的生态环境准入门槛。在利用外资中,一些外商利用我国环境法规中的漏洞向西部地区转移重污染产业。据调查,外商在中国投资设立的企业中,污染密集型企业占总数的近30%,其中有一半以上集中在西部地区。东部沿海发达地区利用西部开发政策的漏洞,同样将部分能耗高、产品附加值低、污染重但在西部地区仍有存活余地的落后产业转向西部。上述现象大大增加了西部地区生态环境遭受破坏的风险。在西部地区区域内存在同样的情况:那些中心城市在强调主城区产业结构优化布局之际实施产业转移策略,忽略第二产业外迁的承接主体周边农村地区和一些落后小城镇的生态环境利益,急于将污染性工业外迁,引致农村地区成为污染企业聚集地和天然的"垃圾场"。为此,为了降低各种不必要的风险,避免新的生态环境问题产生,应该采取如下措施:

其一,按照生态环境发展规划,设置产业转入的生态环境准入门槛。如果将生态环境要素作为一种资源要素,那么生态环境标准低的国家或地区,其生态环境要素就相对富足,而生态环境标准高的国家或地区其生态环境要素则相对稀缺。这样,生态环境标准低的国家或地区将会密集生产生态环境要素商品即专业化生产污染密集型产品。正因为如此,西部各省、市、县在承接转入产业时,必须充分论证转入项目是否符合区域生态功能定位,区域经济发展与生态环境规划是否相适应,在此基础上提高生态环境准入门槛,严禁国家明令淘汰的落后产能和不符合国家产业政策的高耗能、高污染、高排放等项目进入,避免低水平简单复制及对本已很脆弱的生态环境构成很大压力的项目进入。为此,要做到"四个不接受":不接受单位产品能耗量大、污染环境严重的产业,不接受对于产品周期已经到了末期而又没有开发潜力的产业,不接受以输入资源性产品为目标的产业,不接受设备技术陈旧且技术含量又低的产业。

其二,完善环境监察体制机制,强化承接产业转移生态环境监管。在产业转移需大于供的情况下,有些地方政府片面追求经济增长偏好,急于上项目,造成忽略生态环境保护的现象屡禁不止,生态环境保护部门也形同虚设,起不到应有的监督作用。西部地区在承接产业转移的同时,要努力构筑一道生态屏障,从源头上控制污染产业的转入,制定一套严格的生态环境考评体系,做好生态环境评估,对承接项目严格执行能耗、物耗、水耗、环保、土地等标准,加强承接产业转移中的环境监测。同时,要严格落实生态环境保护责任制度,强化生态环境部门的作用,增强与落实生态环境约束力,有效控制高耗能、高污染的"垃圾产业"转入。

众所周知,产业转移是一项复杂的系统工程,相关问题的处理难度非常大。即便在市场经济高度成熟的国家里,企业进行跨区域转移,也离不开政府的指导和政策支持。因此,对于处于社会主义市场经济初级阶段的我国企业来说,没有政府力量的支持,是难以完成空间大范围转移的。在我国产业转移过程中,国有大型企业往往会受到转入地政府的高度重视,但对于中小型企业特别是民营企业而言,则可能会遇到一系列的困难。因而,从国家层面上制定与完善产业转移规划,对于提高中小型企业转移效率,提升国民经济整体竞争力是具有战略意义的。

东西部地区在实施产业转移时,还应考虑地区之间的地缘优势及经济联系度。虽然贵州等西南地区与珠三角地区、长三角地区经济联系已比较密切,特别是"9+2"泛珠三角区域①经济合作取得了一定的成绩,同时因为历史渊源,贵州等西部地区与长三角区域的合作意愿良好,但东西部地区进一步加强联系的前景仍非常广阔。青海等西北地区过去更多地选择承接京津冀地区及长三角地区的转移产业。目前,京津冀地区产业结构优化升级在望,尤其是北京市在产业发展规划中提出,要将不符合首都产业发展功能定位的产业转移

---

① "9+2"泛珠三角区域是指由广东省、福建省、江西省、湖南省、广西壮族自治区、海南省、四川省、贵州省、云南省等9省及香港、澳门2个特别行政区。

到其他地方去。这对于西北地区而言，承接北京市的产业转移也是一个绝好的发展机会。长三角地区是西部资源输出的终端地之一，与西北地区有着较为密切的经济联系，在本区域产业结构转型升级之际，移出部分产业至西北地区也是必然之事。

总体上看，西部地区企业技术能力弱、技术水平低，曾经热衷于技术引进，却对技术的消化吸收和再创新投入不足，引进与消化吸收创新比就非常高。在此，我们通过对数据的对比分析就可知道，引进与消化吸收创新比，美国的值是1：20，日本是1：10，韩国是1：8，而中国是11：1，西部地区比值就更大了。因此，西部地区应以开发区为载体，建设高新技术产业承接基地和孵化基地，推动区域内产业更新、产业转移，以技术购买、合作、合资等方式引进先进与成熟的技术，并引导技术创新。西部地区除了花大力气承接以信息技术和生物技术为核心的高新技术产业外，还应积极承接发达国家或地区的金融、保险、商务服务等知识密集型产业等。

第八章　西部城市增长中生态屏障建设路径

——以贵阳西宁为例

据相关部门预测,未来 20 年,我国将迎来人口的最高值十五亿左右,其中城镇人口将迅速增加到峰值十亿左右。因此,我国将面临人口规模与人口迁移双峰叠加的问题。这将会对区域尤其是城市的经济社会发展、生态环境承载力带来一系列前所未有的挑战,构建属于国家生态屏障重要组成部分的城市生态屏障自然迫在眉睫。

国外有学者把"中国的城镇化"在 21 世纪人类发展进程中的作用与"美国的高科技"进行媲美,并称二者为两大关键因素。城镇化在经济增长中的作用极为重要。据测算,改革开放后我国能够保持年均 10% 左右的增长率,其中城镇化是一个非常重要的动力因素,它的贡献率占 3 个百分点左右。① 可见,城镇化在经济增长中的作用何等重要。但是,西部城镇化水平较低,远远低于东部地区,也低于全国平均水平。这就决定了西部城镇化正逢其时,城镇化速度应处于快速增长时期。我们有理由相信,城镇化将在相当长一段时期内成为西部地区经济增长的重要增长点。

但是,经济发达国家或地区生态环境恶化问题的产生早已开始由产业增长导致转向由城市增长导致。因为在这些国家或地区,城市经济占据绝对统治地位,城市人口密度和经济密度都已非常高,而城市生态系统代谢的上游端存在引起生态破坏、资源衰竭的风险,下游端则存在导致环境污染的风险。因此,城市增长已经成为城市生态环境压力加大的最重要因素。为了实现城市增长与生态环境保护的协调一致,我们需要将城市生态破坏率、资源衰竭率和污

---

① 孙荫环:《加快城镇化建设　推动可持续发展》,人民网,2013 年 3 月 10 日。

染率控制在可以忍受的极限内。更为重要的是,我们应该通过城市生态资源建设,保护城市生态系统不遭破坏。如果借鉴生态综合体①的观点与方法,就可能协调好城市自然系统、人类系统、社会系统、居住系统和支撑系统等五大系统的关系。事实已经证明,城市化发展并非必然导致城市生态环境恶化,我们只要坚持保护生态环境的基本国策和走可持续发展道路,城市生态环境建设就会步入正常化轨道,城市生态系统就能保持平衡状态。西部地区大多处于生态敏感区,城市在实现增长之际必须以生态环境保护为核心,尤其是当下西部地区诸如贵阳、西宁等城市处于快速增长时期,重视城市生态环境尤其是城市森林的保护与建设,关注城市生态的承载力,实现城市理性增长是必需的,也是可行的。

第一节　城市理性增长理论与实践探索

城市增长分为城市空间增长和非空间增长两个层面。其中,空间增长是指城市土地空间范围扩大、城市边界外移。非空间增长是指城市人口数量增加、产业规模扩大、技术进步、建设资金增大等。现代城市发展趋势表明,城市增长不再只是人口规模、经济规模、土地空间规模的扩大,而是逐渐向内涵式、理性式方向转变,涉及城市基础设施建设概念的转变②。

从表面上看,城市空间增长过程中,城市建设用地与生态保护用地两者之间似乎矛盾不可调和,而实质上只要将两者统一纳入城市土地利用系统中,科学测算双方的供需量,通过逐步逼近、综合协调的方法,可以达到综合平衡的效果。

一、城市理性增长理论

城市增长可以理解为:其内在的驱动机理是城市内的经济活动的空间聚集,其外在表现形式是城市人口规模扩张和城市的经济增长。也就是说,城市

---

① "生态综合体"理论是由我国胡石莫先生提出的,由自然生态系统、人类系统、社会系统、居住系统和支撑系统五大要素组成,通过系统的组合构筑在一个特定区域的人居环境体系。
② 现代城市基础设施建设已经不仅仅是指传统意义上交通、住房等灰色空间的扩展,还包括以森林、水为主体的绿色空间、蓝色空间建设等。

规模主要包括人口规模、经济规模、土地规模三个组成部分。城市增长最终表现为物质存量的变化,且这个变化具有典型的时段性。城市增长中物质存量变化与城市生命周期具有相当的一致性。当城市处在生命力成长阶段,物质生产投入越多,物质财富和人口不断增长速度越快;当城市达到成熟阶段,物质能量流要求进出平衡,如果生产投入一如既往地增加,则意味着城市系统维护稳定的成本增加,①这时城市增长就需要更为理性了。城市增长具有较为明显的层次性,且与其辐射带动作用相匹配。通常而言,中心城市的恢复性增长能带动周边城市群的发展。

第二次世界大战以后,美国等西方发达国家逐渐出现了"城市蔓延"问题。到了20世纪90年代以后,规划界及理论界针对美国几十年的城市郊区化带来的就业问题及居住的低密度问题做出了切实回应,提出了城市理性增长(Smart Growth)理念及理论②。该理论告诉我们,城市理性增长需要通过增加人口密度和单位土地面积产出值,城市增长能够达到一种最优状态。

城市理性增长是建立在科学规划基础上的增长。城市增长需要研究控制增长的边界即增长扩张空间,这个边界是引导城市合理增长规划所确定的边界,这个空间扩张是以保护扩张地的生态系统、森林系统为前提的扩张。

二、城市理性增长实践探索

国际上关于城市理性增长的理论探索已有数十年的时间,并取得了一定的经验。英国城市经济学家约翰·巴顿(John Barton)于1976年在其《城市经济学》一书中利用城市规模的成本效益曲线推算出城市最佳规模或合理规模。事实上,仅从经济角度论证城市最佳规模是远远不够的,城市规模大小是否合理要从城市经济效益和环境生态效益等多角度来衡量。

国内有关这方面的研究成果也不少。黄慧明运用"精明增长"理论及美

① 金涛、梁雪春、陆建飞:《城市增长与地球环境的关系》,《城市问题》2007年第8期。
② 城市理性增长理论明确了城市增长的核心内容:用足城市存量空间,减少盲目扩张;加强对现有社区的重建,重新开发废弃、污染工业用地,以节约基础设施和公共服务成本;城市建设相对集中,密集组团,生活和就业单元尽量拉近距离,减少基础设施、房屋的建设和使用成本。

国城市增长成功的案例,探讨了中国大城市蔓延问题、城市边界管理、土地混合使用等问题,提出了在中国城市应用"精明增长"的策略。① 刘洪彪、甘辉探讨了城市精明增长在重庆市城市规划过程中的指导作用,提出了开发利用城市地下空间特别要关注几个问题。② 梁星等通过实证研究后发现,城市增长中"城市环境参数和城市增长的各曲线拟合均出现两个转折点,第一个转折点出现在城市化水平 35%—40% 之间,第二个转折点出现在 65%—70% 之间。环境变化情况和倒 U 型曲线的理论假设是完全符合的。"③

特别值得关注的是,环渤海湾地区因城市群发展速度过快,已经出现了地面沉降、土地加剧退化、生物多样性加速减少、雾霾天气频频出现等非常严重的生态环境问题,加上人口密度增大,各种用地紧张,该地区已经成为我国主要的生态环境脆弱带之一。

在如何从实践上探索城市理性增长的问题上,城市政府可以发挥更大的作用。为了限制城市的不合理增长,城市公共部门或非营利组织可以通过获取城市开敞空间或土地发展权的方式,将公共征收的土地广泛应用于城市周边地区,形成绿带、公园、森林或其他开敞空间,在城区周边筑成一道环绕的绿色隔离带,借以抑制城市的蔓延式增长和城市绿色空间的减少。

总结多年来我国城市增长的经验发现,各地城市建设的成熟度完全不一样,加上各区域条件差别非常大,未来各地城市增长只能采取不同路径,而非相反。东部地区及东北地区城市群发达,不应再单纯追求空间蔓延,尤其针对特大型城市而言,更应该提高单位土地面积的人口承载量,走集约化发展道路;中部地区城市增长应采取空间适度扩张与人口聚集并举的战略,继续壮大核心城市的规模,积极推进城市群发展;西部地区则要着力培育核心城市,继续扩张城市空间、增加人口聚集度和壮大经济规模,将这些城市打造成西部城市化的"火车头"。

---

① 黄慧明:《美国"精明增长"的策略、案例及在中国应用的思考》,《现代城市研究》2007年第 5 期。

② 《上海城市管理》编辑部:《世界城市"精明增长"的理论与实践》,《上海城市管理》2010年第 2 期。

③ 梁星、郭林、张浩等:《城市增长和城市环境退化的倒 U 型曲线研究——以长江三角洲为例》,《复旦学报(自然科学版)》2004 年第 6 期。

近年来,贵阳、西宁等城市在人口规模、经济规模、国土空间等方面实现了快速增长(详见表8.1)。

表8.1　2000年、2014年贵阳、西宁城市增长情况对照表

年份 城市	人口数量(万人)		增长率 (%)	生产总值 (亿元)		增长率 (%)	建成区面积 (km²)		增长率 (%)
	2000	2014	/	2000	2014	/	2000	2014	/
贵阳	371	453	22	264	2497	846	120	320	167
西宁	185	229	24	92	1066	1059	55	90	64

资料来源:《贵阳统计年鉴》,中国统计出版社2015年版;《贵州省统计年鉴》,中国统计出版社2015年版;《西宁统计年鉴》,中国统计出版社2015年版;《中国城市统计年鉴》,中国统计出版社2015年版。

21世纪以来,贵阳、西宁两市从人口数量、GDP数量、建成区面积等三个指标来看,城市规模扩张速度惊人。贵阳、西宁两城市在增长过程中,是否采取了有效的措施控制城市规模扩张? 这两个城市的增长,是否属于理性的增长呢? 关于这些问题,确实值得我们深入思考。

第二节　贵阳西宁城市承载力评价

城市是经人类高度加工过的典型人工生态系统,是人口分布、资源消耗和环境污染的集中区。城市生态系统的自然因素相对较弱,人为因素则很强,因而城市生态环境常常受人为因素影响而发生急变。人们在研究城市问题时,发现城市承载力问题研究是解决城市问题、实现城市可持续发展问题研究的关键。

所谓承载力(Carrying Capacity),原为物理力学中的一个物理概念,后来人们普遍借用了这一概念研究区域系统。承载力问题后来成为生态学、城市规划、经济学等多学科研究的热点,并出现了"资源承载力"、"环境承载力"、"生态承载力"①、"经济承载力"等概念。城市承载力早期多用作生态学的"最

---

① 1921年,美国社会学家帕克(R.E.Park)和伯吉斯(E.Burgess)在人类生态学领域中首次使用了生态承载力的概念。按照帕克和伯吉斯对生态承载力的定义为:某一特定环境条件下(主要指生存空间、营养物质、阳光等生态因子的组合),某种生物个体存在数量的最大极限。

大种群数量",将其理解为城市的人口最大容量、城市经济最大规模等。随着研究的进一步深入,人们对城市承载力有了更多新的认识,并将其发展为一种维系城市健康和稳定发展的潜在能力。城市承载力的大小取决于两个方面:①城市土地资源、水资源、环境容量、地质条件、生物资源等自然资源环境条件;②人类对自然资源环境的利用、外来资源引进程度、城市基础设施状况、经济发展水平或开发程度以及物质资源的消费状况等。城市承载力涉及范围很广,人口、水资源、交通、环境等承载力是城市承载力综合结构中最为重要的组成部分。

关于城市承载力的研究方法,大多采用定性研究与定量研究两种基本方法。目前学术界有一种倾向,即:过多依靠定量研究方法来研究包括城市承载力等问题,而忽视定性研究方法的运用。我们在此借用诺贝尔经济学奖得主肯尼斯·阿诺(Kenneth Arrow)的论断来评价,"承载力天然就不是固定的、静态的或者简单的关系,仅仅简单地得到承载力的数值是毫无意义的。"①因此,我们在研究过程中,不愿过多地追求承载力的数值并以定量分析方法为主,而确定以定性研究方法为主,适当地结合定量研究方法展开研究。

一、城市水资源承载力②

水资源承载力是一个国家或地区实现可持续发展过程中各种自然资源承载力的最核心部分,特别是对于城市而言尤为如此。因此,研究水资源承载力,对于一个城市而言是一个具有重大意义的课题。关于城市水资源承载力指标的表达问题,国外与国内存在较大差异③。目前,学者们根据实证调查与

---

① Kenneth Arrow,Beet Bolin and Robert Costanza,et al.*Economic growth,carrying capacity,and the environment.*Science,1995,268.

② 城市水资源承载力可以定义为:在一个城市区域范围内,在确保社会发展处于良性循环的条件下,以城市可利用水量为依据,在满足生产、生活及生态用水的前提下,水资源能够持续维持的最大人口数量。

③ 国外学者常常使用可持续利用水量、水资源的生态限度、水资源紧缺程度等指标来表达水资源承载力,且一般直接指天然水资源数量的开发利用极限。国内关于城市水资源承载力研究,则更偏向城市水资源承载力的最大人口数量。如,北京市正在研究以水控人,以水资源作为限制条件,确定城市人口调控目标。

研究提出了区域人均水资源的标准①。据此标准,我们分析贵阳市、西宁市的水资源承载力基本情况。

第一,从人均水资源标准来看。贵阳市属于湿润区,多年平均降水量1095.7毫米,年平均年径流深在400—700毫米之间,全市地下水资源量占水资源总量的30%。全市人均水资源年占有量1371立方米,低于全国年人均水资源年占有量2231立方米,甚至低于人均1700立方米的世界警戒线水平。据此,我们可以判断,贵阳市属于缺水城市,特别是工程性缺水城市。西宁市属于干旱半干旱区,年降水量为549.4毫米,年降水总量为40.81亿立方米。多年平均年径流深174.1毫米,自产地表水资源量为12.93亿立方米,地下水资源量为5.63亿立方米。全市人均占有水资源量仅为600立方米,为全国平均水平的1/3,按照世界通用的缺水程度指标划分,西宁属于严重缺水城市。

第二,从水资源开发利用强度来看。贵阳入境水量为134.4亿立方米,开发利用率为25%左右。这意味着贵阳境内大量的水资源,因水库少而白白流走。加之,贵阳市全年74%的降雨集中发生在5月—8月,雨水一旦降下就形成洪流,因而,在间歇性工程尚未建好之前想把雨水留在城市的难度很大。西宁入境径流量仅为2.90亿立方米,为了城市生产、生活的需要,不得不提高水资源开发利用强度。全市平均水资源抽取使用率达到55.99%,是开发利用程度很高的地区,也就是说已经达到高度压力。② 正是因为如此,近年来,西宁市的贯城河——湟水河河水减量、断流现象越来越严重。

---

① "国际人口行动"组提供的《可持续水:人口和可更新水的供给前景》研究报告提出的人均水资源评价标准为:少于1700立方米为用水紧张国家,少于1000立方米为缺水国家,少于500立方米为严重缺水国家。国家水利部水资源司提出中国水资源紧张指标,即人均年水资源量在1700—3000立方米为轻度缺水,1000—1700立方米为中度缺水,500—1000立方米为重度缺水,小于500立方米为极度缺水。

② 一个地区或流域用水量占可更新水量的比例低于10%为低度压力,10%—20%为轻度压力,20%—40%为中度压力,超过40%为高度压力。参见张镜湖:《世界的资源与环境》,台湾中国文化大学出版部2002年版。1996年第三届国际自然资源会议提出,用自然资源和供水工程的开发建设水平综合考虑,将水资源划分为丰富、脆弱、紧缺和贫乏四个等级,其中人均水资源量在500—1000立方米、水资源使用率在25%—50%,即为紧缺;人均水资源量小于500立方米,水资源使用率大于50%,即为贫乏。

第三,从水资源利用结构来看。水资源利用结构是指各产业或各行业用水量占总用水量的比重关系。一般而言,农业用水比例大小,可以作为水资源利用结构合理与否及衡量水资源压力大小的一个标志。如果工业用水、尤其是生活用水所占比重越大,说明水资源利用结构越合理。世界银行对全世界各国家与地区的水资源利用的研究结果表明,高收入国家用水结构为:农业用水占43%,工业用水占43%,生活用水占14%;欧盟各国农业用水占38%,工业用水占48%,生活用水占14%。也就是说,经济发达国家整体上的工业用水及生活用水所占比重合计达到60%左右,而城市用水结构更为优化。在此,我们利用这种分析方法来分析贵阳市、西宁市城市用水结构。

根据《全国第一次水利普查贵阳市普查成果》显示,2011年贵阳市合计用水7.13亿立方米,其中农业用水3.01亿立方米,工业用水1.56亿立方米,第三产业用水0.90亿立方米,生活用水1.62亿立方米,生态用水0.03亿立方米;2010年,西宁市合计用水7.01亿立方米,其中农业用水3.45亿立方米,工业用水2.35亿立方米,生活用水亿1.11亿立方米,生态用水0.09亿立方米(详见表8.2)。

表8.2 贵阳、西宁城市水资源利用结构 （单位:%）

城市	农业用水占比	工业用水占比	生活用水占比	生态用水占比
贵阳	42.22	34.50*	22.72	0.42
西宁	49.22	33.52	15.83	1.28

资料来源:《全国第一次水利普查贵阳市普查成果》,2012年;《西宁市水利发展第"十二个"五年规划》,2011年。

说明:*处包含工业用水与第三产业用水。

作为大城市,贵阳市生活用水量所占比重大,恰好说明城市人口数量多,城市生活水平较高;而西宁市农业所用水资源量相对较大,正好与蒸发量大[①]、农业灌溉效率低是相吻合的(2010年西宁市农业灌溉水利用率仅仅为

---

① 西宁市蒸发量远远大于降水量,其年蒸发量为700mm—1110mm之间,干旱指数为1.7—3.0左右(该指数为年蒸发量和降水量的比值)。

43%）。可见,贵阳、西宁城市水资源结构还有一定的优化空间。

第四,从水资源处理率来看。水资源处理涉及生活污水处理与循环利用、工业废水处理与循环利用两个方面。贵阳市为了创建"国家环境保护模范城市",确保做到了城市生活污水集中处理率大于或等于80%,工业废水排放达标率超过97%。西宁市废水排放达标率不算低,据统计,2010年,西宁市废水符合排放标准量占总排放量的89%。不过,西宁市工业污水处理能力低,尤其是水循环利用率极低,全市有取水的规模以上工业企业共217家,其中采取水循环利用的只有25家,仅占11.52%,且循环用水超过1000万立方米以上的企业只有3家。为此,西宁市还需加大投入,提高水资源处理率,加大水循环利用。

总之,随着经济的快速发展和人口的迅速增加,以及缺乏长期统一规划和有效管理,贵阳市、西宁市水资源承载力问题是比较突出的,并日益成为严重影响这两个城市可持续发展的重要因素。

二、城市交通承载力

当城市交通日益拥堵,城市大气环境承载力变得非常有限之际,城市交通承载力作为城市承载力的一个专门研究方向已成为必然。城市交通承载力是城市交通系统在现有可供利用资源和环境达标的前提下所能支持的最大交通活动量,包括交通工具数量、交通工具各时段在驶数量等。城市交通承载力涉及城市交通基础设施承载力与城市交通环境承载力两个方面。前者主要指交通用地、路网通行能力、停车位等资源因素,它是城市所能支持的交通活动量的决定性因素。后者主要指交通标识清晰度与交通灯设计合理度、交通道路功能区分度、交通秩序遵守程度与违章处罚成本、交通资源配置方式(如公共交通是否优先配置、公共交通工具占交通工具的比重)、机动车平均行驶速度等。交通承载力的影响因素有很多,包括机动车保有量、机动车在驶量、道路网络资源、道路投资、需求结构、环境要求、公交保有量及人口总量等。

随着工业化、城市化进程的不断加快,贵阳、西宁等西部大中城市拥挤、拥堵现象不断蔓延,城市交通压力越来越大(见图8.1)。

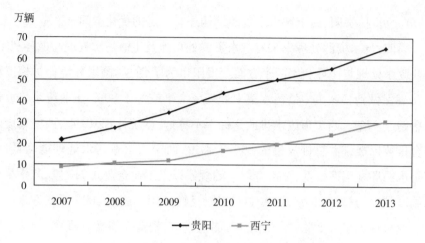

图 8.1　2007—2013 年贵阳、西宁民用汽车数量变化图

资料来源:《贵阳市统计年鉴》(2008—2014);《西宁市统计年鉴》(2008—2014)。

贵阳、西宁城市机动车保有量迅速增加,增长速度大于交通承载力的增长速度,显然已成为这两座城市交通拥堵的重要因素。当然,我们必须承认的事实是:机动车在驶量①是城市交通承载力的决定性因素,我们甚至可以将机动车最大在驶量的临界点称为城市交通承载力。

虽说引起城市交通问题的根本原因是机动车尤其是私家汽车保有量增长过快及机动车在驶量过大,但公共交通工具配置不合理、道路基础设施供给有限,也是导致交通负荷过重甚至交通不通畅的重要原因。现国家住房和城乡建设部(原国家建设部)公布了基本标准,"城市公共汽车和电车的规划拥有量,大城市应每 800—1000 人有 1 辆标准车;城市出租汽车规划拥有量根据实际情况确定,大城市每千人不宜少于 2 辆。"②参照国际上现代化城市人均道路面积为 12 平方米的标准,我国确定该项指标的全面小康目标值也为 12 平方米。现国家住房和城乡建设部(原国家建设部)规定的城市道路用地比例为 10%—20%③。运用这些指标,我们来分析贵阳市与西宁市城市交通承载力情况(见表 8.3)。

---

①　机动车在驶量是同一时刻城市路网上行驶的机动车的数量。

②　原中华人民共和国建设部:《城市道路交通规划设计规范》,1995 年 9 月 1 日。

③　西方发达国家的城市交通用地比例很高,一般城市都在 30% 左右,有些城市高达 40%—50%。

表8.3　2014年贵阳、西宁城市公共交通工具及道路面积　（单位:辆）

城市	公共汽车数/千人		出租车数/千人		交通用地比例（%）		人均道路面积（m²）	
	实际	与规范差	实际	与规范差	实际	与规范差	实际	与规范差
贵阳市	1.24	+0.24	1.66	-0.34	8.16	-6.84	11.32	-0.68
西宁市	2.04	+1.04	2.47	+0.47	10.14	-4.86	9.71	-2.29

资料来源:《中国城市统计年鉴》,中国统计出版社2015年版。

说明:①人均公共汽车按每千人有一辆标准车;②我国目前的城市交通用地比例不高,一般小于15%,
　　　在此,我们以15%作为考量标准。

根据表8.3可以看出,贵阳、西宁城市交通承载力不堪重负。这两个城市除了公共交通工具能够满足市民出行以外,城市交通用地比例及人均拥有城市道路面积远远达不到城市需求,特别是这两个城市交通用地比例的规范差比较大,这势必导致城市交通严重拥堵现象出现。

当然,城市汽车行驶速度是否合适也是引起交通承载力问题的重要因素。詹歆晔、郁亚娟、郭怀成等通过对北京市城市交通承载力的实证研究得出的结论是:行驶速度越低,实际在驶量越高,城市交通承载压力越大。[①]

三、城市生态环境承载力

贵阳、西宁城市生态环境经历了曲折的变化过程,但总体趋势是向好的。早在2000年年末之际,贵阳市建成区绿地率为32.06%,人均公共绿地面积12.67平方米。到2014年,建成区绿地覆盖率增加了11.5%,但人均公共绿地面积却减少了将近1.5平方米。这说明贵阳市城市绿地建设速度赶不上城市人口扩张速度,城市绿地空间受到挤压。贵阳市环境压力经历了由高到低的过程:1996年至2002年,全市因排污总量增加了43.2%,环境质量急剧恶化,贵阳一度成为全国酸雨最严重的三大城市之一,并被列为世界十大污染城

---

①　詹歆晔、郁亚娟、郭怀成等:《特大城市交通承载力定量模型的建立与应用》,《环境科学学报》2008年第9期。

市之一。[①] 经过多年努力,贵阳市环境质量逐渐改善。贵州省环境监测中心站的研究结果表明,"十五"期间贵阳市环境空气质量较"九五"期间有了很大的改善,SO_2 浓度值、NO_2 浓度值及可吸入颗粒物浓度值逐年下降并达到国家环境空气质量标准。[②] 贵阳市终于甩掉了酸雨城市的帽子,高师昀、谭虹的研究成果同样也证明了这一点。[③] "十二五"期间,贵阳市环境空气质量优良率达 90%以上,集中式水源地水质达标率 100%。西宁市生态环境质量总的形势向好。20 世纪 90 年代以后,西宁市生态环境质量受到较大的破坏。从1999 年开始,西宁市加大了环境保护投入,环境质量逐步得到改善。2001—2011 年的 11 年间,西宁市 SO_2 质量浓度未超过国家二级标准但浓度越来越大,NO_2 质量浓度符合国家二级标准,PM10 质量浓度达到国家二级标准,且 NO_2 与 PM10 浓度越来越小。[④] 另外,根据毛富仁的研究成果[⑤]也充分说明,西宁市环境空气质量总体状况向好的方向转化。2005 年末,市绿地覆盖率 30.13%,人均公共绿地面积 6.16 平方米;到 2014 年,建成区绿地覆盖率提高到 40%,10 年间城市绿地覆盖率提高 10%,平均每年提高 1%;人均公共绿地面积增加了 5 个多平方米。"十二五"期间,西宁市全年空气质量优良率达 77.6%,湟水、民和桥水质达标率均达到国家要求的不低于70%的标准。

实际上,贵阳、西宁的城市环境质量变化情况与全国基本一致,大体符合"环境库兹涅茨曲线"假说。正如国务院发展研究中心资源与环境政策研究所一项课题研究报告指出的那样,中国主要污染物排放总体上正进入跨越峰

---

① 刘芳:《用循环经济理念建设生态城市 贵阳告别"酸雨之都"》,《中国青年报》2005 年 4月 22 日。

② 戴刚、高兰兰:《"十五"期间贵阳市环境空气质量状况分析及评价》,《贵州农业科学》2009 年第 7 期。

③ 高师昀、谭虹:《贵阳市环境空气污染状况、原因分析和控制对策探讨》,《贵州环保科技》2001 年第 4 期。

④ 孔维强、祁栋林、李晓东等:《西宁市大气环境质量变化趋势分析》,《青海环境》2013 年第 3 期。

⑤ 毛富仁:《2003—2012 年西宁市空气质量污染现状分析》,《青海环境》2014 年第 2 期。

值并进入下降通道的"转折期",未来5—10年主要污染物排放的拐点将全面到来。①

但是,至于贵阳市、西宁市城市生态环境承载力究竟处于什么样的境况,还需深入研究。我们选择学术界普遍认可的活力、组织力、恢复力、生态系统服务功能和人群健康状况作为评价的5个主要要素,并对所涵盖的内容提出相应的评价指标,将城市生态健康状况划分为病态、不健康、亚健康、健康、很健康5个等级②。我们在此仅选择5个主要要素中的少数几个重要指标作为分析的基础(详见表8.4)。

表8.4 城市生态系统健康评价指标体系及分级标准

具体指标	病态	不健康	亚健康	健康	很健康
建成区绿化覆盖率(%)	20	25	30	40	50
人均生活用水量(L/d)	120	160	210	270	320
人口自然增长率(‰)	13	11	9	7	5
城市人口密度(万人/km²)	3	2.5	2	1.5	1
人均公共绿地面积(m²)	4	7	10	16	20
城市生活污水处理率(%)	30	50	70	90	100
工业固体废物综合利用率(%)	30	50	70	90	100
环保投入占GDP比重(%)	1	1.5	2	3	5

资料来源:陈克龙、苏茂新、李双成等:《西宁市城市生态系统健康评价》,《地理研究》2010年第2期。

利用城市生态系统健康评价指标体系及分级标准,我们结合相关统计资料,对贵阳、西宁的城市生态环境进行定性分析。

---

① 《国研中心报告:环境质量根本性改善还需20年左右》,《人民日报》2015年2月14日。
② 将城市同类指标的全国最低值作为病态的限定值,在前者的基础上向下浮动20%作为健康和亚健康的标准值,在后者的基础上向上浮动20%作为不健康和亚健康的标准值,前后两次确定的亚健康标准值相互调整得到最终值。参见陈克龙、苏茂新、李双成等:《西宁市城市生态系统健康评价》,《地理研究》2010年第2期。

表8.5 贵阳、西宁城市生态环境健康状况

具体指标	贵阳		西宁	
	数值	分级标准	数值	分级标准
建成区绿化覆盖率(%)	44	健康	37	亚健康
人均生活用水量(L/d)	324	很健康	272	健康
人口自然增长率(‰)	8	健康	5	很健康
城市人口密度(万人/km²)	0.6	很健康	0.2	很健康
人均公共绿地面积(m²)	10	亚健康	10	亚健康
城市生活污水处理率(%)	≥80%	健康	90	健康
工业固体废物综合利用率(%)	59	不健康	98	健康
环保投入占GDP比重(%)	2.2	亚健康	2.0	亚健康

资料来源:《中国城市统计年鉴》,中国统计出版社2012年版。

从我们选取的生态环境指标进行分析,可以得出这样的结论:贵阳、西宁城市生态环境总体上处于健康状况,但有些指标仍然处于亚健康状况,两个城市的人均公共绿地面积、环保投入占 GDP 比重两个指标,加上西宁市的建成区绿化覆盖率、贵阳市的工业固体废物综合利用率均不达标,这就为两个城市建设中的公共绿地保护及建设敲响了警钟。如果我们按照"短板效应"原理进行思考的话,贵阳、西宁城市生态环境是属于亚健康甚至不健康状况的。当然,当我们在考察城市生态环境状况时,还需要考虑其他一些指标因素,如,湿地面积的比例及变化情况①,每万元 GDP 废弃物产生量、工业废水排放量、工业废气排放量及水土流失情况等。如,2011 年贵阳市全市水土流失面积2242.76 平方公里,占全市土地面积的 27.92%;西宁市水土流失面积5124.8 平方公里,占总面积的 66.9%,城区总面积 350 平方公里,水土流失面积 280 平方公里,占总面积的 80%。可见,贵阳市、西宁市的城市生态环境状况是令人担忧的。

四、城市人口承载力

城市人口承载力是由这个城市可以提供的就业岗位数量决定的。人口承

---

① 第二次全国湿地资源调查结果显示,到2013年底,中国湿地面积10年减少近340万公顷。

载力定义多种多样①,我们在此采用刘洁等提出的观点,以劳动力就业作为影响城市人口承载力的主要因素进行分析(详见表 8.6)。②

表 8.6　贵阳、西宁城市人口就业能力　　(单位:万人)

年份	2010			2012			2014		
城市＼人数	人口增长	就业增加	城镇登记失业数	人口增长	就业增加	城镇登记失业数	人口增长	就业增加	城镇登记失业数
贵阳	9.81	5.87	2.32	5.84	1.72	2.30	5.22	2.11	2.75
西宁	0.37	1.79	2.56	1.90	1.09	2.35	2.34	3.37	1.76

资料来源:《贵阳统计年鉴》,中国统计出版社 2013 年版;贵阳市统计局:《2014 年贵阳市国民经济和社会发展统计公报》;西宁市统计局:《西宁市统计年鉴》(2013,2015);《中国城市统计年鉴》,中国统计出版社 2015 年版。

根据表 8.6 可知,贵阳市、西宁市城市化水平不断提高。与此同时,虽然两城市也吸纳了大量非农业人口,并且这些人口成为了两市城市人口的重要组成部分和城市人口增长的重要来源,但是两市提供的就业岗位基本满足了劳动力人口的就业需求,城镇登记失业率均在正常范围值之内(通常为 5%)。这说明目前这两个城市人口承载力没有出现问题,且贵阳情况更优于西宁。这要归功于近几年国家西部大开发战略下贵阳与西宁工业及经济的高速发展。

但是,继续增长的城市人口所需求的就业岗位能否得到进一步满足,还不得而知。同时,城市人口急剧增加还会带来其他一系列的问题,诸如,城市建设用地逾越增长边界,城市道路拥挤,城市供水、供电等设施超负荷运行,城市整体环境质量下降等。因此,贵阳、西宁两市在快速城市化的过程中,还须谨

① 人口承载力定义最早是由艾伦(Allen.W)于 1949 年给出的,即"一个区域在一定的技术条件和消费习惯下,在不引起环境退化的前提下,可以永久支撑的最大人口数量。"参见 Allen W, *Studies in African land usage in Northern Rhodesia*, Rhodes Livingstone Papers, 1949(15);刘洁等认为,人口承载力的传统研究与现实情况屡屡相悖,提出以就业为主的经济因素才是区域人口承载力的直接影响因素,而其他因素仅仅作为经济因素的成本要素间接影响着区域人口承载力。

② 刘洁、苏杨、魏方欣:《基于区域人口承载力的超大城市人口规模调控研究》,《中国软科学》2013 年第 10 期。

慎行事,认真思考如何妥善解决城市人口承载力的问题。

第三节　贵阳西宁城市承载力提升路径

西部大开发以来,贵阳、西宁等西部城市实现了快速增长,在增长过程中,"城市病"也不断涌现。当新一轮"工业强市"战略及"龙头"带动战略实施以后,为了医治过去发生的"城市病",避免"城市新病"出现,以贵阳、西宁为代表的西部城市需要保持理性增长,积极探寻各种路径,不断提升城市承载力,实现城市可持续发展。

一、实施空间控制实现城市理性增长

理性设定城市发展合理空间的过程也是构建城市生态安全屏障的过程。日益扩张的城市空间规模,已经成为维护城市生态安全的极大障碍。只有实施城市空间控制,才能真正实现城市理性增长,保障城市生态安全。

1.划定城市边界,实施国土空间控制

城市空间拓展的实质是城市发展中的空间移动,空间拓展可以分为两个层面:水平方向上的移动,表现为城市地域范围的蔓延;垂直方向上的移动,表现为城市空间厚度的增加。我们在此讨论的是前一种情况。

划定城市增长边界是控制城市蔓延的重要手段。贵阳、西宁等西部城市正处于城市化加速期,正处在新一轮城市增长与扩张阶段,城市空间扩展速度较快,出现了类似20世纪晚期美国佛罗里达州实施增长管理中所描述的那种情况,"大面积的低密度和单一功能的跳跃式、放射状、带状或条状开发,使得城市和乡村功能区边界和范围模糊不清;自然资源和农业土地未能得到保护;公共设施未能充分利用,土地利用方式超过了设施的成本等。"[①]城市的这种无约束泛滥式的增长,势必导致"城市病"的出现与加剧。为了有效控制和指

---

① Hasse,J.*A Geospatial Approach to Measuring New Development Tracts for Characteristics of Sprawl.*Landscape Journal,2004(23).

导城市增长,设定增长边界是十分必要的,也是可行的。从地理空间上看,城市增长边界实际上包括城市边界与郊区边界,这两条边界也许重合,也许分离,不一定一致。美国俄勒冈州的波特兰市通过编制理性增长规划,设定增长边界,成功控制了城市的蔓延。自 1975 年至 2000 年,其都市区人口增加了 50%,但建设用地仅增加了 2%(详见表 8.7)。

表 8.7　城市边界与郊区边界模式比较

	城市边界	郊区边界
提出时间及提出者	1900 年左右,城市学家埃比尼泽·霍华德。	1920 年左右,环境学家本顿·麦凯和保罗·乌尔夫。
划定原则	从城市的角度,运用统计学分析划定城市区域,在此之外为郊区。	从自然的角度,运用生态文化的准则来保护某些公共自然空间免受城市化侵占。
空间结构	从地理范围而非密度上来限制城市。边界之外的增长是基于绿地 TND(传统邻里开发)的独立社区。	城市经由这些边界得到疏导,对城市的地理范围没有限制。城市的生长在楔形开放空间之间形成发展廊道。
	由邻里单元组成的明确定义的核心城市通过铁路相互联系,周围环绕着被绿化带隔开的城镇和乡村。理想情况是每个元素相对自给自足。	城市发展廊道通过绿地 TND 准则组织,在廊道沿线指定的交叉点和公交车站位置聚集发展。临时和永久性的保护地系统可以用来防止城市的跳跃式发展。
	因为铁路的出现得到强化。但因为不能频繁停靠,沿着固定的线路产生了点状的聚居区。	电车以廊道的形式在楔形自然保护地之间发展。道路沿着固定的轴线扩展了核心城市的边界,通过到达铁轨的步行距离控制廊道的宽度。但汽车交通进一步削弱了严格限定的廊道边界。
意义	限定了城市化区域来保护乡村,并形成了独立的城镇,但受社区的社会结构的影响最大。	保护了宝贵的开放空间并且让城市化区域类似溪流一样得到疏导,受到生态学因素的影响最大。

资料来源:刘海龙:《从无序蔓延到精明增长——美国"城市增长边界"概念述评》,《城市问题》2005 年第 3 期。

贵阳、西宁等城市在实现空间拓展时,应该借鉴国际经验,划定增长边界。根据研究的需要,从时间长度上以 2020 年为上限,我们可以将贵阳市用地增长边界划分为三个层次:①中心城区用地增长边界。从空间范围上设定中心城区用地增长边界"西至百花山脉及百花湖、阿哈水库水源保护区,东至龙洞堡空港区域,南至环城高速南端周边区域,北至沙文、麦架高新技术开发区,总面积共 770 平方公里"①。②城区的增长边界。城区的增长边界东起南明区永乐乡,西至清镇市红枫湖镇,南起花溪区青岩镇,北至修文县龙场镇、扎佐镇。③市域范围的增长边界。市域范围的增长边界北至息烽、开阳,西至清镇、息烽,南至花溪,东至开阳、乌当(详见表 8.8)。

表 8.8 2009—2020 年贵阳市城市空间规划

边界层次	规划范围	规划面积 (km²)
市域范围	南明区、云岩区、白云区、花溪区、乌当区、小河区、清镇市、修文县、开阳县、息烽县	8034
城市规划区范围	南明区、云岩区、白云区、花溪区、乌当区、小河区及清镇市青龙办事处、红枫湖镇、百花湖乡和修文县龙场镇、扎佐镇	3121
中心城区范围	东起小碧乡、永乐乡、东风镇,西至朱昌镇、金华镇、久安乡、石板镇,南起党武乡、孟关乡,北至麦架镇、沙文镇、都拉乡	1230

资料来源:《贵阳市城市总体规划(2009—2020 年)》,中国城市发展网,2009 年 10 月 15 日。

就西宁市而言,市域范围设定为:城东、城中、城西、城北四区和大通、湟中、湟源三县;中心城市范围设定为:市四区及湟中县的鲁沙尔、甘河滩、汉东、海子沟、多巴、拦隆口、李家山和大通县的景阳和长宁镇部分用地。中心城市空间增长边界设定为:西至西倒一级路和规划南绕路高速交叉口,东至小峡口,南、北至规划外环公路,总面积共 280 平方公里。②

贵阳、西宁城市增长边界需要有长期的控制规划,但增长边界应每隔几年进行审查,根据需要适时进行调整。城市边界扩展特别要做到有令必行,严格把控质量,严格限制在增长区外布置排水等设施系统。只有这样,才会有助于减少在增长边界外围出现的土地投机现象,真正做到控制边界蔓延式增长,确保乡村土地的完整性,更好地保护农业用地、林地、自然区域和开敞空间。

2.划分限制增长区域和禁止增长区域

贵阳、西宁等省域中心城市的增长,同样需要划分功能区。那些城区集中

---

① 《贵阳市城市总体规划(2009—2020 年)》,参见中国城市发展网,2009 年 10 月 15 日。

② 《西宁市 2030 年城市空间总体发展规划》,西宁市人民政府门户网,2012 年 10 月 24 日。

式饮用水源地、自然保护区、风景名胜区、森林公园及其他重要自然资源和生态敏感区域、生物多样性资源丰富的地区、划定的历史文化整体风貌保护区等区域,应该严格限制甚至禁止土地开发,要有目的地建立隔离绿带,防止城市扩张的侵袭,以维护各区域的根本功能。

二、控制增长速度提升城市增长内涵

城市增长除了规模限制以外,还须进行速度[①]控制,城市应保持一种理性的增长速度。西部大开发以来,在人口数量增长与城市建设用地增长方面,不论是贵阳市还是西宁市均可以用高速来描述。关于这一点,我们在前文已经进行过论述,在此不再赘述。贵阳市、西宁市人口增速均大于本省平均人口增长速度,更大于全国平均人口增长速度。按照贵阳市、西宁市对人口的规划,如果不加以控制,在未来很短时间内将超出两市人口承载力范围。

贵阳市、西宁市的建成区面积扩张速度同样惊人,如果不对目前这种高速拓展进行限制,现有规划土地远远不能满足城市扩张之需求,土地空间的压力将继续增大。同时,在城市空间一定的条件下,建设用地增长速度过快,就会快速挤压包括农用耕地、水源保护地、绿色隔离带、自然生态用地及远期发展备用地等城市非建设用地。而且,按照我国规定的《城市用地分类与规划建设用地标准》,贵阳、西宁等人口在 50 万以上的城市其规划人均城市建设用地指标也应该控制在人均 85.1—105.0 平方米以内。

城市高速增长对城市居民而言究竟是福音还是灾难? 在此,我们无意评说。尽管贵阳、西宁两个城市对未来人口增长与建设用地增长均设有既定的目标,但这些目标是否合理? 这就需要分别从两个城市的资源承载力尤其是水资源的承载力及生态承载力等多维度进行评估,绝不能盲目进行城市扩张。

因此,控制城市外延式增长,实行城市内涵式增长意义十分重大。实行城市内涵式增长的主要表现为:产业结构转型升级,经济密度不断提高,经济质量不断提升,教育科技水平及劳动力素质不断提高,城市文化品位不断提升等

---

① 这里所指的速度包括人口增长、建设用地增长速度。

多个方面。作为西部欠发达城市的贵阳市与西宁市,提升城市增长内涵与提升城市竞争力,已成为迫在眉睫的事情。

三、在承载力阈值内保持城市生态环境健康

近年来,贵阳、西宁等西部城市城市化进程明显加快,人口不断增加,工业经济规模迅速扩大,环境污染问题依然严重,城市生态系统面临着巨大压力。因此,保持城市可持续发展,缓解城市未来建设与发展的压力,迫切需要采取相应措施,在承载力阈值内保持城市生态环境健康。

1. 突破水资源瓶颈,提升城市水资源承载力

城市是人口与经济活动高度密集的区域,对水资源的短缺具有高度的敏感性。就西部地区快速发展的城市而言,尤为如此。多年以来,贵阳、西宁等西部城市经济保持两位数增长,人口也快速增长,城市绿化、景观用水逐渐增加,水资源的压力不断增大,甚至超过了城市水资源承载力。因此,对于这些城市的未来发展来说,水资源承载力的有限性明显已经成为其瓶颈。为了解决这个瓶颈问题,我们认为应该采取以下措施:

第一,增加供水量,解决水量不足问题。贵阳城区的取用水量总体上处于南明河流域汇集水量的年均值范围之内①,但还必须考虑城市生产生活用水需求之外的其他因素②。这就告诉我们,南明河季节性的水流量不能满足贵阳的用水需求,需要从南明河流域之外新开辟地表或地下水源,如,每年需要自红枫湖调取大量的水供给城区。西宁市本地水资源供给量非常有限,不能满足城市进一步发展对水资源的需求。有学者对西宁市未来水资源的供求状况进行了预测,得出的结论确实令人担忧。如果按照当前的水生产能力而言,在未来相当长一段时期内,西宁市的总供水量小于总需求量(详见表8.9)。

---

① 秦中、邓潇雅、李金娟等:《贵阳水资源持续利用策略》,《山地农业生物学报》2008 年第5 期。

② 其他因素包括:城市景观用水、洪水损失、水污染、枯水年,乃至供水管网渗漏损失等。

表 8.9　西宁市总需水量与供水量预测　　（单位:亿立方米）

年别	总需水量					总供水量
	生活	工业	生态	农业	合计	
2015	1.4734	4.1371	1.9356	4.3320	11.8781	7.85
2020	1.8048	4.7823	3.1884	4.3110	14.0865	8.59
2025	1.7803	2.0389	5.2532	4.2900	13.3624	9.11

资料来源:杨国英,《西宁市水资源的供需平衡问题研究》,青海师范大学硕士学位论文,2012 年。

　　外源调水保障供应,成为西宁市迫在眉睫的事宜。西宁市不得不规划建设"引大济湟"工程①。根据规划,2020 年西宁市"引大济湟"水量将达 5.1 亿立方米,2030 年"引大济湟"水量将达 7.5 亿立方米。即便如此,西宁市城市发展所需的供水量依然将达不能得到完全满足。

　　第二,提高利用率,使用循环水。西部地区水资源利用率普遍偏低:就农业灌溉而言,2010 年西宁市农业灌溉水利用系数为 0.43,低于当时该系数的全国平均值 0.5 的水平;就工业用水而言,2012 年贵阳市规模以上工业企业万元工业增加值取水量为 73 立方米,西宁市为 57 立方米,二者为先进城市天津的 5—7 倍。

　　贵阳、西宁一些企业作为循环经济试点单位,在生产过程中大量使用了循环水。如,截至 2007 年,贵阳市就有 34 个项目被列入循环经济试点项目,这批项目总投资达 6.4 亿余元。循环试点企业实行清洁生产,物质能量实现循环使用,其中水循环使用是其中的一个重要组成部分。2014 年 11 月,国家发展和改革委员会、财政部、环境保护部等七部委公布了第一批通过验收的国家循环经济试点示范单位名单,贵阳市、贵州翁福(集团)有限公司贵州开磷(集团)有限责任公司、贵州赤天化纸业股份有限公司、贵州茅台酒厂有限责任公司等五企业通过国家循环经济试点示范单位验收。我们在调查中也发现,贵

---

　　①　"引大济湟"工程是青海省内一项跨流域大型调水工程,即从湟水河一级支流大通河上游石头峡建库引水,将 7.5 亿立方米大通河水,经 29.6 公里调水干渠调入湟水河一级支流北川河上游的宝库河,解决湟水两岸山区和干流资源性缺水问题。该工程由石头峡水利枢纽、调水总干渠、黑泉水库、湟水北干渠、湟水南岸提灌工程等组成。

阳市有几家企业①真正做到了水循环使用,只可惜这样的企业数量太少。西宁市在循环经济建设过程中同样取得了可喜的成绩,2008 年,国家将西宁市经济技术开发区列为国家第二批循环经济试点产业园区。该园区发展和引进了一批循环经济项目,但园区内企业水循环利用量还是非常小。

因此,为了解决城市水资源承载力低、水资源约束力有限的问题,贵阳、西宁等城市应该在农业、工业、建筑、商贸服务等重点领域推进节水生产示范,节约、高效用水,控制用水总量,突破水资源瓶颈。首先,发展节水农业,吸引各类资金投入节水农业项目,加大农村水利基础设施建设,减少农业灌溉中最为严重的渗漏水现象,为农业节水和提高用水效率奠定基础。其次,合理调整工业经济结构,鼓励发展低耗水、高效益的企业,提高城市高耗水工业的准入门槛,研究和推广经济实用型水循环技术,实现区域内产业从耗水型产业向节水型产业过渡。最后,利用技术进步降低单位产值耗水量,提高用水管理水平,对企业下达用水量标准,进行有效监管。

第三,运用经济杠杆调整水资源的利用模式,创建节水型城市。贵阳市、西宁市在努力创建生态文明城市的过程中,需要参照 2012 年国家住房和城乡建设部、国家发改委印发的《国家节水型城市考核标准》通知,加强水资源的综合管理,以便科学、合理地利用多种手段,调整水资源利用模式,降低水资源利用量,真正创建节水型城市。

2. 加大交通建设,提升城市交通承载力

城市交通承载力是随着交通设施硬件的完善、交通环境的改善、交通运输效率的提高而不断提升的。因此,要想提升城市交通承载力,既要加强城市交通设施建设,又要提高交通管理水平。

第一,加大道路交通建设,缓解城市交通压力。贵阳、西宁两市的交通压

---

① 如,贵州磷都化工有限公司是一家经国家发改委批准立项,并分别列入"国家高技术产业化示范工程西部专项"、"国家级火炬计划"、"2005、2006 年贵州省重点建设工程"、"贵阳市循环经济重点示范工程",围绕工业下游发展精细化工系列和"三废"综合利用为主的股份制企业。企业生产排出的废水经过两次物理沉淀、两次化学沉淀以后排入一个 5000 立方米左右的蓄水池之中,再经过生物沉淀后供工业生产用水。

力主要源自城市道路面积总量小、道路总长度短、车道数量少、人均拥有量小。目前,贵阳、西宁两城市人均道路面积远远小于国际上现代化城市人均 12 平方米的标准。因此,这两个城市在实施棚户区改造之际,应该更多地考虑拓宽道路,增加公共绿化面积,尽量避免修建更多的高楼大厦。此外,现代城市交通立体化建设应该成为贵阳、西宁城市道路建设发展的目标,也是减轻城市道路承载力的重要举措。

第二,控制城市机动车保有量和在驶量,增加公共交通,优化出行结构。当前,各城市可以采取摇号购车和限号出行等政策,从而在一定程度上控制机动车保有量和在驶量的增长;严格限制载重货车、大车驶入中心城区,适当控制部分外地小汽车或郊区小汽车驶入中心城区的驶入量。

大力发展公共交通,鼓励人们选择公共交通出行,以便于减少机动车在驶量,合理限制私人小汽车和其他机动车辆的出行次数,缓解城市交通压力。贵阳、西宁作为省域中心城市,在道路建设过程中,需要按照国家住房和城乡建设部《城市道路交通规划设计规范》的要求进行规划和发展,公共汽车和电车的规划拥有量应达到每万人 10—12.5 辆的标准,公交平均线网密度应达 $2.5km/km^2$;出租汽车拥有量每万人不宜少于 20 辆。

第三,利用现代科技,合理布局智能化区域管理系统。现代城市的道路交通设施技术要求与智能化程度越来越高。在交通设施管理方面,应利用已有科技成果,重视交叉口信号控制、进口道渠化、设置专用车道、优化交通口失控资源、信号配时等措施增加有效绿灯时间,设置区域信号控制系统以及智能化区域管理系统,实现全城交通的智能化管理。

3. 加大环保投入,提升城市环境承载力

城市过度开发会引起城市环境污染、生态破坏,导致居民健康受到严重威胁,城市环境压力增大。要想缓解城市环境压力,提升环境承载力,就必须做好以下几项工作。

第一,加大环境保护投入。城市环境保护的力度大小直接来自于政府对环境保护的资金投入量大小。如果按照《贵阳生态经济市建设总体规划技术方法研究》中对城市环境保护投入的考核指标进行考量的话,贵阳市、西宁市

环境保护投入离生态城市建设指标(污染防治投资与生态环境保护和建设投资占 GDP 的比重)≥3.5 则有很大的距离①,如果这两个城市想提升城市环境承载力,就必须加大资金投入,重点从节能、节水、资源综合利用、清洁生产等方面争取专项资金,解决城市环境保护中资金短缺的问题,使城市绿化、城市保洁等项目真正落到实处。

第二,控制污染物产生总量。城市是一个巨大的生产消费系统,生产或服务过程中会产生大量的废弃物。为了城市生态环境健康,必须实施污染物排放总量控制,削减存量、控制增量,实现总量持续减少。这就要求城市在生产消费过程中,必须从源头上控制污染物的大量产生,实施严格的环境监管制度,大幅降低重点行业的污染水平;要求企业通过 ISO1400 环境质量管理认证,提高产业转移环境要求门槛;大力推广污染集中控制措施,创新清洁生产技术,控制污染物产生总量。

第三,减少废物排放,完善城市废弃物回收处理系统。提高废弃物回收与利用比率,实现物质循环利用;逐步改善城市环境质量,使得城乡生态系统趋于良性循环。

当然,城市环境承载力问题的解决是需要假以时日的,不可一蹴而就。西方发达国家的经历值得我们借鉴。在经历过长时期的工业发展之后,西方国家在 20 世纪中期爆发了严重的空气污染事件,20 世纪 60—70 年代就开始强化大气污染防治。这些国家先后快速完成了工业化进程,但是他们为了削减大气污染物排放量的 60%—90%,则花了大约 30 年时间,从而使空气质量显著改善。贵阳、西宁等许多西部城市虽然经历了数十年的工业快速发展期,他们已迎来"环境库兹涅茨曲线"的"爬坡"阶段,似乎即将跨越峰值。但是,我们必须清醒地认识到,污染物排放量跨越峰值,不一定意味着城市环境质量好转,相反,有可能意味着城市环境质量开始进入最为复杂的状态。所以,提升城市环境承载力任重而道远。

---

① 邹骥:《贵阳生态经济市建设总体规划技术方法研究》,中国环境科学出版社 2011 年版,第 51 页。

第四节　贵阳西宁城市生态资源空间优化路径

城市生态安全受到城市生态资源空间布局的直接影响,涉及城市生态安全的内容,主要包括人口、产业结构、企业耗能和排放、土地空间结构、绿地面积及结构等方面。我们在此,借鉴国内外城市生态资源建设经验,结合贵阳、西宁两市的实际情况,拟从生态用地布局、农业用地与生态用地红线控制、建设用地面积限制等方面思考,坚持保护与开发兼顾的原则,协调两市的生态功能,确保贵阳和西宁的生态安全。

一、国内外城市生态资源空间优化成功经验

长期以来,世界城市增长中的生态资源建设备受关注。许多欧洲国家在一些废弃的农地、城乡间的空地、工业废弃地逐渐地植入了花草,种上了树木,很好地保护了城市中心、郊区或城市边缘的生态资源。澳大利亚的堪培拉、加拿大的温哥华、挪威的奥斯陆等城市的郊区以及远郊区的森林保护与建设卓有成效,基本形成了森林包围城市的大城市生态发展格局。根据世界主要城市资料的统计分析,城市公园绿地面积平均值为 16.2 平方米/人,绿地面积的平均值为 43.3 平方米/人,绿化覆盖率的平均值为 30.8%。[①]

当前,我国正处于城市化的大发展时期。在城市建设过程中,生态问题日益暴露出来,如何进行生态环境建设被置于战略高度。许多城市正在探索和实践生态文明城市建设,保护和建设城市绿地系统,努力构建人与自然和谐共生的生态环境。为了搞好城市森林建设,2007 年国家林业局颁布了《国家森林城市评价指标》,为国内森林城市建设提出了明确的指标。[②] 截至 2015 年年底,全国绿化委员会、国家林业局授予包括贵阳在内的共 96 个城市"国家森林城市"称号。

---

① 蔡春菊:《扬州城市森林发展研究》,中国林业科学研究院博士学位论文,2004 年。
② 国家林业局:《国家森林城市评价指标》,《中国城市林业》2007 年第 3 期。

压力,形成了森林建设的多中心格局。

二、贵阳西宁城市生态资源空间优化路径

城市生态资源①建设要遵循本地生态系统演进规律,要求做到:按照生态隔离组团方式合理布局城市空间,为生态基地与生态资源发展保留足够的空间,优先构筑稳定的绿地或森林生态屏障。城市生态资源空间布局,涉及城市生态资源在建成区、建设区及道路、工厂、公园、居民区的布局,城市森林的生态效益林、社会效益林和经济效益林等布局。城市生态建设需要通过更高密度、垂直的而非水平增长的方式来保护绿色空间。

国家住房和城乡建设部曾提出我国园林城市中远期绿化发展目标,并从人均公共绿地、建成区绿地率、建成区绿化覆盖率三个方面提出了具体的指标。这些指标可以部分地作为贵阳、西宁两市生态资源建设的重要参考(详见表8.10)。

表8.10 国家园林城市绿化指标

类型	城市所在位置	大城市	中等城市	小城市
人均公共绿地 (m²/人)	秦岭淮河以南	6.5	7.0	8.0
	秦岭淮河以北	6.0	6.5	7.5
建成区绿地率 (%)	秦岭淮河以南	30.0	32.0	34.0
	秦岭淮河以北	28.0	30.0	32.0
建成区绿化覆盖率 (%)	秦岭淮河以南	35.0	37.0	39.0
	秦岭淮河以北	33.0	35.0	37.0

资料来源:国家住房与城乡建设部,2005年。

在此,我们拟从多角度对贵阳、西宁城市生态资源空间优化路径进行

---

① 城市生态资源通常包含市区公园绿地与郊区公园绿地。其中市区公园绿地主要包括城市公园、市内环境保护区、道路及河流沿岸的绿地、机关企业等专用绿地、居民区绿化美化为主体的绿地等;郊区公园绿地主要包括郊区环境保护林、自然修养林、森林公园等城市近郊林及农、林、畜、水产等生产绿地。

分析。

1.城市生态屏障圈生态资源优化路径

优化城市生态资源布局,构建有序的城市空间结构,是构筑城市生态安全屏障的落脚点。根据城市空间区位、经济地位、城市生态位等综合要素,可以将城市生态空间分为三个层级:第一个层级为中心区,这是指城区内的园林、公园、市民休闲绿地及环城林带等绿色网点、河道水系构成的城市生态循环系统,这属于城市生态屏障的关键区、敏感区;第二个层级为核心区,指城郊环城林带保留的有一定规模的农果作物种植基地,这是连接城乡的重要纽带,在此基础上逐步形成城乡大生态格局的生态资源系统,这是城市生态屏障的重点区域,影响至关重大;第三个层级为核心区的外围区,这个区域是指位于城市周边的县市,具有独特的城市生态循环系统,这是城市生态屏障的重要保障区、守护区。中心区生态资源优化主要以园林建设、公共绿地建设与维护为主,这些资源能满足人们休闲旅游、文化消费等多种需求,因此,要将城市中心区功能定位及老城区规划与改造结合起来,提高人均绿地面积拥有量。核心区是城市道路建设、房地产开发的重点区域,也是城市森林分布最为集中的区域。这些资源的存在能在很大程度上限制中心城不断地向外扩展,有利于实现区域协调发展。该区域的生态资源建设重在规划与保护,当然我们也可以合理利用这些生态资源为城市美化及人们休闲旅游服务。核心区的外围生态资源是城市发展最有潜力的资源,这些资源具有很强的视觉效果又具有很高的生态效果,能保护郊区及城区的水源,防止水土流失。

就贵阳都市圈而言,应以"两湖一库"、花溪水库、松柏山水库等城镇重要饮用水源地为重点建设和保护区域,加强环城林带建设与南明河流域综合治理,构建"一点、一网、二环、三圈"的生态资源空间布局结构。"一点"是以中心城区绿地、湿地建设为核心点,构建以城市公园、山体、河流为基础,水库为重点,生态景观相贯通的城市生态网络,力争至2020年,中心城区人均公共绿地面积达到15平方米。"一网"是指南明河及其支流两侧带状公园构成的绿地网。"二环"是指贵阳市第一环城林带和第二环城林带,其中第一环城林带长70公里、宽17公里、总面积13.6万亩,也是贵阳市生态建设和保护的重点;第二环城林带长 304 公里,宽 5 至 13 公里,规划总面积为 322 万亩,是贵阳市成片森林资源面积最大的部分。第一环和第二环林带总面积占全市森林总面积的 43.79%。"三圈"是指贵阳市周边郊区县的乡村森林圈、湿地圈。

西宁市需要加强南北山森林公园、湟水河湿地公园、林业科技产业园、三网绿化及水源涵养林等主要生态工程建设,以实现西宁市创建"国家森林城市"的目标,构建"一点、一网、二屏、三圈"的森林空间布局结构。"一点"是指以城区森林建设为核心点,包括城市公园绿地、街道绿地、社区绿地等。"一网"是指湟水河及其支流两侧带状公园构成的森林网。"二屏"是指南北山的生态绿色屏障,其中大南山生态屏障建设工程到 2010 年已投资 3.4 亿元,完成人工造林 9.4 万亩,绿化总面积达 10.6 万亩,森林覆盖率达到 65%,该工程是西宁市城市生态屏障建设的重点工程;北山生态屏障建设主要在于危岩体综合治理,到 2010 年工程实施绿化 3000 余亩,营造高标准景观林带 2 公里。此外,在南北山前地带还需规划建设 100—300 米的城市防护绿带。"三圈"是指西宁市周边郊区县的乡村森林圈及湿地圈,该圈将成为西宁市森林建设的重点区域。

2. 水网、道路网、农田网生态资源优化路径

贵阳、西宁城市森林建设可以借鉴国内外城市生态资源建设的成功经验,以森林点、线、面相结合的合理布局理念为指导,做到城区、郊区、乡村"三位一体",水系林网、道路林网、农田林网"三网合一",城市、园林、产业"三者融合"。城市生态资源在建设三网的同时,还需做到乔木、灌木、草坪"三头并举",总体上形成"山环水抱,林拥城市,错落有致"的城市生态资源布局。贵阳、西宁最终真正做到"城市融入森林,森林拥抱城市,森林与产业协调发展",生态步入良性循环,成为山水型生态城市。

3. 建成区与建设区生态资源优化路径

建成区生态资源建设应以优化结构和提高质量为重点,为城市居民和森林绿地营造功能更完备的生存空间。贵阳、西宁建成区尤其是老城区面积不大,但生态资源布局不尽合理,用于拓展生态发展的空间非常有限。在这类地区进行生态资源建设,重点是保护现有生态资源不被蚕食,优化结构,充分利

用城市山体、河流、湖泊、水库等自然景观轮廓,利用绿化隔离带和绿地走廊,建立起林水相连的林网化和水网化一体的生态格局。按照城市土地规划,在老城改造过程中,尽量做到见缝插绿、垂直绿化,增加绿色空间。城郊绿化应根据城市建设的土地总体规划,建设环城林带和林苗结合、以林养苗、林圃两用的森林带,实现城市生态资源合理新陈代谢。

建设区生态资源建设需要遵循城市土地总体规划,从城市生态系统和生态景观整体性角度入手,科学布局和合理配置城市生态资源,既要做到城市生态资源布局的匀称性和连通性,又要做到城市生态资源综合功能得到充分发挥和生态效益最大化,具体举措有:在建设区进行地面绿化,提高城市下垫面的绿化覆盖率,建构由"山、湖、河、田、城"构成的环状、辐射状及块状的森林生态体系。

三、贵阳西宁城市森林优化路径

城市森林是城市生态资源的最核心部分,城市森林面积总量及人均森林面积是衡量城市生态承载力的最重要指标。此外,城市森林的结构、布局对于城市生态承载力而言,同样是十分重要并值得研究的重大课题。

1.贵阳西宁城市增长中的森林建设原则

贵阳、西宁城市增长中,要加强城市森林建设,以城市建成区为核心,以周边市郊为重点,把市域内的建成区、郊区、乡村等森林建设作为统一整体,进行区域系统合理布局,精心规划城市森林的边界,保持生物的多样性、丰富性,关注森林资源的存量与增量,不断改善城市生态质量。

第一,统筹规划城乡森林建设。根据有关城市反哺农村理论[①]研究成果显示,2015年,人均GDP为4825美元的贵州和人均GDP达到6677美元的青海两省实现城市反哺与支持农村、工业支持农业、城乡统筹协调发展的转折点

---

① 现有研究成果表明,实现城市反哺农村,城市支持农村,工业支持农业,统筹城乡协调发展转折的定量标识是:人均GDP稳定超过3000美元,单位土地面积上承载的财富总量(经济密度)达到100万美元/平方公里。参见刘荣增:《城乡统筹理论的演进与展望》,《郑州大学学报(哲学社会科学版)》2008年第4期。

已经到来。以此为标准,贵阳、西宁两市的发展转折点早已到来,故两市统筹规划城乡森林建设势在必行。

需要指出的是,贵阳、西宁等城市规划森林建设时,要强调城乡森林建设的统筹性,强调城乡森林建设的一体化。城乡森林建设需要借鉴以森林资源及其生态功能互补的思想,结合森林结构、森林多功能性①进行规划,达到综合平衡;需要加强城乡之间的沟通与协调,市域及市区对应的地带要有专门规划,规划重点适宜放在建成区外。

第二,依法加强城市森林建设。城市增长中的规划应该具有强制性、约束力,需用制度保护生态环境。在城市森林保护和建设方面,需要加强城市森林法律法规体系建设,制定完善的森林保护、治理的各项法律法规,推进森林执法和普法工作,提高森林管理和保护的依法行政能力。适当扩大环保部门执法权力,保障环境立法的权威性和强制力。这就需要落实各级政府及相关部门主要领导干部任期目标责任制,将保护发展森林资源指标作为年度目标考核的重要硬指标。同时,还须严格执行《中华人民共和国森林法实施条例》和《森林资源监督工作管理办法》,建立和完善重大林业案件和营造林质量责任追究制,真正走入依法行政、依法管理的轨道,保障城市森林资源安全。贵阳市还必须充分发挥2007年成立的国内首家环保法庭、环保审判庭的作用,严格查处破坏生态环境的案件。

第三,划定生态保护红线。城市增长过程中,普遍存在的问题是工业用地、城市基础设施建设用地面积越来越大,森林、绿地空间日益受到挤压,人均拥有森林绿地面积十分有限。因此,要想保持城市理性增长,不得不在城市区域内划定生态保护红线,通过建立保护区等方式,保护好城市生态资源。

不断发展中的贵阳、西宁两市应严格按照环保部2014年印发的中国首个生态保护红线划定的纲领性技术指导文件《国家生态保护红线——生态功能基线划定技术指南(试行)》的要求,结合本市的实际情况,划定区域生态保护红线,确保城市绿地、城市森林在城市增长中比例不减少,逐渐增大人均公共

---

① 森林具有生产功能、防护功能、景观功能、游憩功能等多种功能。

绿地面积;对自然保护区等进行严格保护、禁止开发,并严守生态保护红线使其不断在区域层面得到强调和深化;构建以生态功能红线、环境质量红线和资源利用红线为核心的区域生态保护红线体系。

特别要重视的问题是,城市湿地尤其是城乡间的农田是保证整个区域生态环境和生活质量的重要条件。事实上,城市边缘区的农田部分容易遭到侵占,主要原因是用于第二产业、第三产业开发的土地价格远远高于用于第一产业的农业种植部分土地价格。如果任由市场选择,这部分土地极容易被工业或者服务业挪用。

第四,森林建设与保护相结合。伴随着城市规模的不断扩大,城市森林面积特别是人均绿地面积也应逐渐增加。当前,国内许多城市在统计绿地面积的时候,往往只关注新增部分面积,而对破坏或减少部分面积缺少关注。实际上,城市建设只有将森林建设与森林保护相结合,才能确保城市森林面积实现持续增长。

城市森林建设必须坚守森林所补面积大于所占面积、新增森林面积与增加人口数量相协调的原则,使得"新城开发区的绿化覆盖率>核心区现有森林覆盖率,或村镇四旁绿化总面积>征占林地总规模,绿地增长率>人口增长率,控制人口增长规模,逐步建成具有地方特色、生态效应好、景观效果佳的城市森林生态安全屏障"[1]。城市森林建设过程中,重视中心城区的森林建设是必须的,但城郊生态基地建设和保护更应置于优先位置。森林保护是指对已有森林资源的保护,尤其是加强环城林带森林资源和野生动植物资源的保护。对此,应依靠执法机关、借助群众力量,加大森林执法和监督力度,杜绝任何破坏行为,严厉打击违法犯罪行为。

第五,城市森林建设要确保生态性、多样性与地带性[2]。城市森林建设是一项复杂、系统工程建设,必须确保森林建设的"三性"原则,即生态性、多样性与地带性。所谓生态性是指城市系统的生物同环境的统一,即森林类型及

---

① 夏本安、王福生、侯方舟:《长株潭城市群生态屏障研究》,《生态学报》2011年第20期。
② 多样性是指城市区域内所有生物物种及其遗传变异和生态系统的复杂性总称;地带性是指森林资源在地表近于带状延伸分布且沿一定方向递变的规律性。

种型的选择需要符合易生长、易看护及有益于环保、成本低的生态原则。为此,应该坚持绿色植物的乡土化和良种化。贵阳市灌木树种主要有杜鹃、六月雪、蒲葵、金叶女贞、龙爪槐、小叶女贞、大叶黄杨等,乔木树种主要有香樟、三球悬铃木、广玉兰、桂花、银杏等。在西宁市市区采取对主干道绿化带建立以高原特色植物郁金香与灌木、云杉、草坪、仿生植物相结合的种植方式。西宁城市周边农村绿化主要以环村四周为主,栽植品种主要有圆柏、云杉、油松、新疆杨、旱柳、丁香、榆叶梅等。城市森林建设必须坚持多样性原则,因为林木、藤本植物、草本植物具有相容性。城市森林建设需要结合地形地势的特点,在防护林与景观林、街道及工业园区与社区、城市中心区与郊区森林建设时选用不同种型、形状及方式。

第六,城郊森林一体化协调发展。过去那种"重城市轻乡村"的做法已经不符合现代生态城市森林体系建设的要求了,而需要将城乡绿化做统筹考虑。城市森林建设规划应充分考虑城区、郊区建成多林种、多功能的城市森林体系。不过,在构建这种城市森林体系过程中,需要根据各地的需要,营造有特色的森林。一般而言,城市中心区需要建设景观林和公益林,郊区需要建设防护林与经济林。森林建设过程中,要坚持"以城带乡,以乡促城,城乡联动,整体推进"的方针,把扩大森林面积,增加绿地总量作为城乡绿化一体化的建设目标。

2.贵阳西宁城市森林建设优化路径

城市既是经济高密度地,也是人口高密度区。因此,在城市森林建设中就存在经济发展与森林保护、城市空间扩张与森林保护、人口增长与森林保护等各种用地矛盾的问题。我们在给城市建设和人民生活留出空间的同时,也要优先发展城市森林。城市森林建设不仅需要森林数量的扩大、人均面积的增加,而且还应考虑城市森林的布局、类型、群落结构等因素。城市森林布局合理是城市健康发展的保障。为此,需要不断优化城市森林建设路径。

第一,制定城市森林保护性规划与建立健全相关制度机制。贵阳、西宁在做城市森林规划时,可以借鉴美国城市增长中保护生态环境的方法与技巧,使得规划对城市森林系统具有很强的保护性。

　　城市森林规划应该分阶段有步骤地设立目标,以较完善的法规体系来约束。贵阳、西宁可以学习国内城市如杭州的城市森林建设规划的经验,制定近期与远期目标。近期目标主要完善城市森林体系,构建城乡一体化绿色生态网络;远期目标主要建成城市森林生态体系,生态环境进入良性循环。[①] 当城市森林规划实施以后,还必须要制定相应的检查考核制度,执法且要严格有效。

　　第二,构筑城市森林生态网络和多维度体系。城市生态网络需要是多维度的,对于一个城市来说,不管是森林还是湿地都同等重要。如果说森林是"城市之肺"的话,那么河流、湖泊等湿地就是"城市之肾"。中国林业科学研究院彭镇华的研究成果显示,森林与河流、沟渠、湖泊等连为一体,建立林水一体化城市森林生态系统,能够在整体上改善城市环境、提高城市活力。[②]

　　贵阳、西宁通过城市森林建设,可以形成以风景名胜区为核心,以山体绿化、河湖水系为基础,以历史文化遗产为特色,生态景观廊道相贯通的区域多维度生态网络体系。具体发展路径:贵阳市应沿南明河水系、西宁市沿湟水河水系构建生态景观廊道,将碎片化的林地、绿地和环城林带连为一体,走林网化与水网化相结合的现代城市森林建设之路。

　　第三,建立城市景观动态监测系统。利用资源卫星[③]观测城市森林布局及变化情况,可以得到许多的河道变化过程、湖泊的消长演化、水土流失程度、森林覆盖变化、土地利用状况、城镇扩展面积等环境数据。利用所取得的数据,可绘制成特种地图,作为生态环境保护、城市规划的参考依据。

　　第四,城市森林建设融于城市产业增长之中。任何脱离市场行为的单纯依靠政府投入的森林建设很难实现可持续发展。过去,我国城市森林建设主要依靠政府及主管部门的投入,大多是利用行政约束手段完成的,很少依靠社

---

　　① 范义荣、蒋文伟、徐文辉:《杭州森林城市建设总体规划》,《中国城市林业》2008年第4期。

　　② 彭镇华:《林网化与水网化——中国城市森林建设理念》,《中国城市林业》2003年第2期。

　　③ 资源卫星一般运行于700公里至900公里高的圆形太阳同步轨道,10天至30天可观测地球一遍,其遥感图像的分辨率一般为2米至20米。

会力量、企业、市场。这种运行模式往往会导致森林建设的不可持续。只有转变传统运行模式，由单纯依靠政府投入转变到主要依靠市场手段上来，把森林建设上升到生态产业发展的高度，将城市森林建设融于城市产业增长之中，才能够有效改善脆弱的生态环境，才能真正实现城市森林的可持续发展。国内外生态城市建设的经验也表明，城市森林建设确实能发展为绿色产业经济，它涉及生态农业、园林设计、绿地建设、生态产品加工、生态旅游、生态修复等产业。因此，贵阳、西宁等城市的森林建设，既能融入家畜饲养、林果种植、花卉苗木生产与养护等生态农业及园林业；又能融入木材、竹、藤加工等生态加工业，还可融入冬虫夏草、大黄等中医药加工业和羊肉、牛肉、猪肉等肉类加工业，猕猴桃、葡萄、刺藜等无公害饮料和罐头食品加工业及专用机械设备工业等，也可融入观光农业、休闲旅游业，从而用生态屏障理念构筑具有地方特色的生态经济产业群。

生态修复的产业化前景是可观的，城市环境治理产业甚至可以打造成一个经济增长点。随着现代城市发展的转型及建设生态城市的需求，许多城市通过实施生态修复工程，走出了一条生态建设与经济发展良性互动的成功之路。北京市门头沟区在积极修复生态资源的同时，培育生态修复产业及相关产业，形成了包括自然生态修复示范产业、人文生态修复主导产业和经济生态修复引导产业三大产业系统。[①] "门头沟区内生态修复工程完工后，每年将为北京市提供生态经济价值达 25 亿元的生态服务，比修复前增加 7 亿元。"[②]贵阳南明河两岸生态修复工程、西宁湟水河两岸生态修复工程，其年产值也是可观的。城市河流生态修复产业化在许多发达国家也取得了较好的成功经验。关于这一点，我们完全可以借鉴国内外生态修复的经验，利用河流两岸生态修复机会，营造良好的自然景观和人居环境，充分研发生态修复技术，培育生态修复产业及相关产业。治理环境不是靠不消费，就像不能完全推行走路上班

---

　　① 石垚、王如松、黄锦楼等：《生态修复产业化模式研究——以北京门头沟国家生态修复示范基地为例》，《中国人口·资源与环境》2011 年专刊。

　　② 《北京门头沟区推进生态修复工程"修"出高效产业》，中央政府门户网站，2010 年 7 月 20 日。

一样。环境保护必须靠利用新的、先进的、高节能的、绿色的技术,产生社会效益,从而给百姓带来福祉。

城市森林保护与建设中应融入的产业还包括林业硕汇产业。有关实证研究成果表明,每公顷湿地一年吸收二氧化碳达到近 10 吨;每公顷绿地每年吸收二氧化碳 16 吨,释放氧气 12 吨。目前,碳汇交易市场已经启动。中国绿色碳基金二氧化碳的吸收指标卖到人民币 178 元/吨。[①] 据此标准推算,2011 年西宁市完成各类生态造林 30.81 万亩,一年可吸收二氧化碳 32 万吨,[②]碳汇交易市值 5696 万元。如果将城市既有湿地、林地所吸收二氧化碳总量进行交易的话,那么这个交易市值也将是一个非常大的数值。可见,城市林业碳汇产业是一个具有巨大发展空间的朝阳产业。此外,城市森林生态系统提供的服务产品实际上还应包括制氧与空气负离子、涵养水源、保育土壤、调节气候和净化环境、森林景观游憩等,这些服务产品同样可以货币化,这样可以综合体现森林的价值。[③]

环境产业的发展也应寓于城市森林保护与建设之中。在这里,我们所讨论的环境产业主要包括:资源再利用产业和环境维护产业,其中,前者包含物质再利用产业、能量再利用产业及信息再利用产业,后者包含环境污染再治理产业、环境保护恢复和改善产业、环境服务产业。[④]

总之,目前正在努力建设生态文明城市的贵阳、西宁等城市,应朝着现代化的山水园林城市方向发展,形成"城在林中,林在城中,城市嵌于山、水、林中"的居住环境,实现人与城市、人与自然的和谐相处。

---

① 袁秦:《货币换算森林回报率 "森林重庆"三年增产近 184 亿》,华龙网,2011 年 10 月 24 日。

② 《西宁市民人均绿地 9.5 平方米》,人民网,2012 年 5 月 17 日。

③ 关于这一点,我们可以参考重庆森林货币化的经验。2009 年,重庆市林业科学研究院用货币化的形式首次核算出武隆县森林资源综合价值后,该院已初步测算出"森林重庆"综合价值。据初步测算,2008—2010 年重庆新造林成林后新增产出 183.91 亿元,加上原有的森林,重庆森林每年创造的价值高达 934.8 亿元。参见袁秦:《货币换算森林回报率"森林重庆"三年增产近 184 亿》,华龙网,2011 年 10 月 24 日。

④ 曹曼:《论环境产业》,《中国人口·资源与环境》2008 年第 6 期。

第九章　西部生态屏障建设下经济增长极培育的对策建议

西部地区在大发展过程中,始终要守住发展和生态"两条底线"。发展是增进人民福祉、促进社会进步的根本动力。发展是硬道理,只有坚持以加快发展经济为根本任务,才能解决当前的贫困问题,才能解决提高人民生活水平的问题,才能确保人民生活全面步入小康。守住生态底线,保住青山绿水,将各类经济活动限制在生态环境承载力之内,才能确保生态功能不降低、生态面积不减少,才能用生态环境营造发展优势,才能实现可持续发展。"两条底线"不是分割的,而是辩证统一的。只要我们能够正确对待"两条底线"问题,不搞极端主义,发展经济与保护生态双管齐下,就可能推进生态环境保护与经济社会协调发展,从而实现生态文明建设的目标。守住"两条底线"最根本的是要处理好经济发展与生态环境保护之间的关系,最大的难点在于如何找到生态环境保护与经济发展协调推进的均衡点,实现生态、经济、社会高水平发展,建成资源节约型与环境友好型社会。

第一节　树立生态文明理念

生态文明是人类社会高度发展的一个新阶段,是继工业文明之后的高级文明形态。生态文明的建设反映了人类文明的发展方向,也顺应了人与自然和谐相处、协调发展的客观要求。在努力建设生态屏障的背景下大力培育经济增长极,这一举措既符合生态文明建设的方向,又成为生态文明建设的重要路径。

一、树立生态环境保护理念

生态环境质量越高,表明人类赖以生存的物质基础越牢固。如果自然生态这一物质基础没有了,人类文明就失去了存在的根基。历史上的两河流域古巴比伦文明和古楼兰文明,正是因为失去了青山绿水这一物质基础而走向了衰亡。这一历史变迁说明了"生态兴则文明兴,生态衰则文明衰"[①]的道理,同时也警示我们,树立生态环境保护意识刻不容缓。

人与自然是相互依存、相互联系的整体。因此,我们务必清醒地认识到:保护大自然就是保护人类自身,保护生态环境就等于保护生产力。过去,我们以经济建设为中心,在某些地方、某些行业、某些领域没有处理好经济发展与生态环境保护的关系,导致资源过度消耗、生态安全问题越来越突出,甚至还为此付出了沉重的代价。

生态环境保护不仅是政府相关部门的重要工作,也是社会组织、企业及个人应尽义务的事情。因此,全国人民乃至全人类都应该树立生态环境保护理念,积极参与到生态环境保护的行动之中,为经济和社会发展保留足够的生态资源,为子孙后代留下永续发展的"绿色银行"。

二、树立绿色发展理念

当前,我国经济增长正处于中高速("新常态")时期,西部地区则处于后发赶超、经济快速发展时期,全国人民处于共同奔小康的关键时期。在这个阶段,发展依然是硬道理。生态文明是以生态产业为主要特征的文明形态。为了顺应生态文明建设,我们必须树立绿色发展理念,选择生态产业,促进生态经济快速发展。

通过树立绿色发展理念,发展生态经济,我们才能不断盘活非再生资源的存量,扩大可再生资源的增量,大幅提高资源利用综合效益;才能从生产的源头上节约资源、减少废物垃圾的产生,确保国家资源能源安全,减轻环境压力;才能从根本上解决经济发展和生态环境保护这一传统发展模式中的"两难"问题。

通过树立绿色发展理念,发展生态产业,我们才能找到经济增长点,快速培育经济增长极,顺利实现结构转型升级,实现经济社会和谐进步,为生态文

---

① 习近平:《生态兴则文明兴——推进生态建设打造"绿色浙江"》,《求是》2003 年第13 期。

明建设进一步提供物质基础。

三、树立生态文明制度建设理念

生态文明制度建设是关于生态环境保护、建设的制度规范总和，是生态文明建设顺利进行的制度保障。树立生态文明制度建设理念，是确保增强生态环境保护意识、生态意识、资源节约意识，营造全民爱护生态环境、主动保护生态环境良好风气的重要思想基础。

第一，要树立自然资源资产产权制度建设理念，厘清生态自然资源保护责任归属。产权制度建设是落实生态环境资源保护的最重要保障。过去，我们对生态环境等公共产品的产权没有很好地界定，以至于谁保护、谁受益的问题模糊不清。这种情况的存在制约了生态补偿等机制的建立，引致生态环境保护制度建设严重缺位，导致生态环境资源损失。因此，建立产权清晰、责权明确、监督有效的自然资源资产产权制度是当前必须尽快完成的工作。

第二，要树立生态环境资源管理制度建设理念，从全局角度协调控制生态环境保护与建设。生态环境资源保护，从空间上看，需要有前瞻性的科学的空间规划体系，体现全国统一、区域协调、分级管理的原则，达到空间合理治理和空间结构优化的目标；从资源使用上看，生态环境资源是稀缺的，需要运用经济杠杆完善市场体系，需要建立生态环境承载力管理制度和资源全面节约制度；从管理主体上看，需要建立自中央到地方、自官方到民间、全社会参与的管理制度。

第三，要树立责任追究制度建设理念，落实生态环境保护责任。生态环境资源如果遭到损害和破坏，必须追究相应部门及人员责任。但是，我们需要区分范围、区分阶段、区分程度，建立生态环境保护督察工作机制，落实生态环境保护主体责任。为此，需要设计合理的责任追究制度，体现各级领导干部在保护生态环境方面"党政同责"和"一岗双责"要求，体现生态环境资源损害赔偿原则，体现自然资源资产离任审计和资源损害终身追责原则。

第四，要树立法律意识，严格依照《中华人民共和国环境保护法》行事。生态环境保护是一项长期的工程，需要有国家层面、地方层面的法律法规对行为主体进行约束。地方政府可能从本位主义出发，更多地考虑本地的经济利益和社会效益,将局部利益与整体利益割裂开来,这不利于生态环境保护的持续进行。有关这方面的做法,我们需要学习国外成功经验,通过立法提高能源利用效率。[①] 对于企业而言,则更需要用法律法规来约束其行动。企业是否可以加入生态产业链是需要建立严格的审核机制的,即使企业进入生态产业链后也可能会追求自身利益最大化,这就是说,除了需要企业加强自律以外,更重要的是需要政府相关部门加强法律对其的监管力度,保证行业健康发展。当然,个人在处理经济活动与生态环境保护的关系时,同样需要有相应的法律法规约束,否则可能会导致逆向行为的产生。

第二节　构建协调发展联动机制

经济系统与生态环境系统之间存在着复杂的相互作用、相互影响关系,只有当这两大系统相互作用产生协调效应之时,才能推动"经济—生态环境系统"向协调有序的方向发展。协调发展是一种强调系统性、整体性和内在性的发展聚合,它不是简单数量的"增长",而是多系统或多要素的综合发展。协调发展不仅能盘活存量,而且能带来有益的增量。为了实现经济平稳发展、资源合理高效利用及生态环境状况良好有序的目标,我们必须建立一套能适应且能促进"经济—生态环境"系统协调发展的机制。

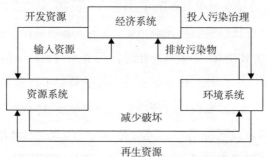

图9.1 "资源—环境—经济系统"协同关系图

---

① 2009年,俄罗斯通过了《俄罗斯联邦关于节约能源和提高能源利用效率法》,旨在通过法律、经济和组织措施促进节约能源和提高能源利用效率。

　　总结国内外城市生态资源保护与建设的成功经验,主要体现在以下几个方面:

　　第一,定位科学与目标明确是城市生态资源建设成功的前提。国外城市生态资源建设之所以能够获得快速发展是因为,一方面,这些城市对城市生态资源定位科学,规划建设统一合理;另一方面,这些城市将生态资源当作有生命的生态基础设施的重要组成部分。1935 年,莫斯科绿地系统规划要求,城市绿地网络由环抱中心城区、多组团的绿带以及森林公园带的森林构成。[①]目前,美国提出城市商业中心区树冠覆盖度达 15%,居民区及商业区外围达到 25%,郊区达到 50% 的发展目标。我国城市森林规划对城市森林建设同样起到了重要指导作用。长春、上海、北京、天津、南京等城市制定及实施城市森林建设规划,森林建设取得一定成效。

　　第二,完善的法律法规约束是城市森林建设成功的保障。英国早在 1938年就颁布了《绿带法》,控制大城市周围绿带土地的使用。日本 1973 年公布《城市绿地保护法》,规定工厂、医院、学校中的绿地应占总面积的 20%—30%。[②] 韩国的首尔,预见性地采取了相应措施,卓有成效地保留了城市的绿带。

　　第三,从空间上把城区和郊区作为整体考虑,从功能上把生态林与产业林统筹起来考虑,是城市生态资源建设成功的关键。从俄罗斯的莫斯科、法国的巴黎、澳大利亚的堪培拉、黄金海岸以及加拿大的温哥华、挪威的奥斯陆等城市森林建设的经验来看,都体现出将城市近郊以及远郊森林保护作为一个整体来考虑的规划思路。近年来,国内城市森林建设逐渐转向建设开放、外向、系统的绿地体系,出现了突破城市建成区限制,逐步向城市郊区扩张,向城乡一体的生态绿地网络体系发展,并向整个区域辐射的趋势。江苏、浙江、重庆三省市的城市森林建设,都突破了省会(核心)城市和郊区的限制,把农村地区的城镇涵括进来,实现了城乡森林建设一体化,缓解了中心城市森林建设的

---

　　① 罗君:《城市快速环路景观设计研究——以成都市三环路景观设计为例》,西南交通大学硕士学位论文,2009 年。

　　② 王成:《国外城市森林建设经验与启示》,《中国城市林业》2011 年第 3 期。

只有这样,才能真正实现经济发展与生态保护协调推进,从而促使各区域形成命运共同体,减少因地方经济发展对生态安全产生的影响,保障区域生态安全。

2. 省级层面的决策机制

自西部大开发以来,西部地区各省获得了许多国家级开发区项目,如重庆经济区、成都经济区、北部湾经济区、黔中经济区、滇中经济区、藏中南经济区、宁夏沿黄经济区、天山北坡经济区、呼包鄂榆经济区等。这些经济区往往以省份中心城市为核心,其范围包括省内的若干个地级市或地级市中的部分区县。它们都是各自省域内的重点发展区域,均发挥着经济增长极的作用。

在经济区域内的城际之间,既存在着利益的共同点,也存在着利益纷争。如何协调城市之间的利益,促进区域协调发展是一个十分重要的课题。为此,我们认为,各省应该以省份为单位,成立一个由某位省委常委领衔和各市某位市委常委共同构成的"重点经济区域开发管理局"。它的职责是统一规划和统一协调管理经济区域内的经济发展与生态环境保护。

3. 专项治理发展的决策机制

西部地区既包含有我国重要的生态专项治理区域,如长江中上游水土流失区、滇黔桂石漠化治理区、青藏高原冻融区和草原"三化"区,又包含有我国脱贫攻坚的重点连片特困地区,如武陵山区、乌蒙山区、滇黔桂石漠化区、秦巴山区、六盘山区、滇西边境山区、燕山—太行山、四省藏区、南疆三地州、西藏区等。对于这些生态脆弱区、连片特困地区,国家近几年连续出台了区域发展规划与脱贫攻坚规划。这些专项治理及发展规划确实发挥了很大的作用,取得了十分明显的效果。[①] 但是,这种由上而下的单一决策机制存在诸多问题。

---

① 自 2012 年至 2014 年,国内连片特困地区农村贫困人口累计减少 2517 万,平均每年减少 839 万人。其中,滇黔桂石漠化区减少 328 万人,乌蒙山区减少 323 万人,武陵山区减少 318 万人,六盘山区减少 293 万人。农村贫困发生率下降 11.9 个百分点,其中西藏区下降 20.2 个百分点,南疆三地州下降 19.9 个百分点,四省藏区下降 18.6 个百分点,乌蒙山区下降 16.7 个百分点,六盘山区下降 15.8 个百分点,滇黔桂石漠化区下降 13 个百分点,滇西边境山区下降 12.5 个百分点,秦巴山区下降 11.2 个百分点。2014 年连片特困地区农村居民收入实际增长 10.9%,居民生产生活条件大为改观。参见国家统计局住户调查办公室:《2015 中国农村贫困监测报告》,中国统计出版社 2015 年版,第 41—44 页。

如,由于地方政府政绩观存在问题及经济短视行为,对森林遭到滥伐、陡坡仍在开荒的行为熟视而无睹,造成长江中上游水土流失依然严重,青藏高原许多地区生态系统遭到破坏、草场退化严重。如何提高决策机制的效果,是一个值得我们深入探讨的课题。

总之,要想发挥联合决策机制的作用,必须做到由政府总体协调,各部门各司其职,按照五大发展理念的要求,充分了解企业选择意愿,论证区际间的比较优势、竞争优势,实现一体化高效发展。监督管理权力由环保部门掌控,环保部门必须充分发挥"规划、协调、监督、服务"的职能,主动参与经济社会发展的宏观决策和调控。根据"谁污染谁治理谁埋单"的原则,企业法人或个人应该对产生的环境污染和其他公害承担防治责任,广大民众应积极参与监督及防治。同时,需要改革政府管理体制,打破行业、地域的局限性,对整个生态环境政策体系进行顶层设计,建立关于跨行业、跨区域的经济发展和生态环境管理的综合协调机制,充分考虑各类环境政策的协同性和互补性,对相关区域经济发展与资源环境问题做出科学决策。实际上,以区域整体(省、市、县)为单元进行环境可持续发展的实践,是 20 世纪 80 年代以来提出来的一种区域发展的新理念和新模式。在实践中,应尽量避免"部门利益化"和利益"碎片化"的倾向,使各种环境政策形成合力。

二、共建规划融入国家"发展战略"

当共建协调机制建立起来以后,最为重要的就是要构建功能清晰、衔接协调的规划体系,重点编制和实施区域规划。共建区域规划需要统筹重大基础设施建设、产业布局和生态环境建设,需要与省、市、县"国民经济和社会发展五年规划"相匹配,与现有各类生态、经济专项规划相衔接。西部地区共建规划,需要遵循国家层面的大规划,需要深度融入国家"发展战略"①和其他发展战略之中。

---

① 党的十八大召开以来,中央提出了重点实施"一带一路"、长江经济带、京津冀协同发展等三大发展战略。这三大发展战略之中,前两大战略与西部地区有着直接的密切相关。

1. 融入"一带一路"

习近平主席访问中亚和印尼之际提出的"一带一路"①战略构想既符合国际社会的根本利益,也体现了当今国际合作以及全球治理的新视野。"一带一路"贯穿欧亚大陆,东连亚太经济圈,西接欧洲经济圈,南贯南亚、东南亚、西亚、东非经济圈。畅通"一带一路"经济走廊,与周边国家或地区推进中蒙俄、新亚欧大陆桥、中国—中亚—西亚、中国—中南半岛、中巴和孟中印缅六大经济走廊及上海丝绸之路战略支点建设具有重大的战略意义。丝绸之路横贯中国西部地区,给西部地区经济发展带来了一次新的机遇,有利于提高西部地区的对外开放水平,有利于充分利用两个市场、两种资源,积极发展外向型经济。

为此,西部地区的发展规划必须融入"一带一路"建设中。首先,应积极参与国家经济贸易规划体系的制定及完善工作,获得话语权。西部地区各省份应该深度融入"一带一路"沿线国家和地区的经济贸易之中,发展更高层次的开放型经济。其次,要采取积极应对措施,主动融入国际经济合作之中。加快推进西部地区对中亚、欧洲等国家相关合作机制和平台建设,加快西部地区沿边重点开发经济区建设,提升边境经济合作区、跨境经济合作区发展水平;利用综合保税区等平台,扩大与沿线沿路国家的进出口贸易;鼓励有竞争力的企业、优势产业、品牌产品"走出去",推动产品、技术、服务的"全产业链出口",培育开放型经济新优势。

当然,"一带一路"经济走廊的建设,无疑也将给西部地区生态环境保护带来一次大挑战。我们应该采取积极谨慎的应对措施,避免经济发展之际生态环境遭到破坏。

---

① "一带一路"是"丝绸之路经济带"和"21世纪海上丝绸之路"的简称。"一带一路"合作方向是指:"丝绸之路经济带"重点畅通中国经中亚、俄罗斯至欧洲(波罗的海);中国经中亚、西亚至波斯湾、地中海;中国至东南亚、南亚、印度洋。"21世纪海上丝绸之路"重点方向是从中国沿海港口过南海到印度洋,延伸至欧洲;从中国沿海港口过南海到南太平洋。共建国际大通道和经济走廊是指:陆上依托国际大通道,共同打造新亚欧大陆桥、中蒙俄、中国—中亚、中国—中南半岛等国际经济合作走廊;海上以重点港口为节点,共同建设通畅安全高效的运输大通道。中巴、孟中印缅两个经济走廊与推进"一带一路"建设关联紧密,要进一步推动合作,取得更大进展。

2.融入长江经济带

长江经济带①建设是中国新一轮改革开放转型实施的新区域开放开发战略。长江经济带发展的理念是坚持生态优先、绿色发展,要维护长江流域的生态安全。按照规划,长江经济带将打造成为中国经济新支撑带。② 西部地区处于长江流域的上游,有四川、云南、重庆、贵州四省市属于长江经济带建设范围内,这些省市为了更好地融入经济带建设中,应该借鉴已有经验制定建设规划③,推进长江经济带协同发展,实现区域一体化发展;通过制定生态保护规划,实施生态建设与修复工程,最终建设成为全国生态文明建设先行示范区、经济发展引擎、综合协调发展带。

3.融入"泛珠三角"经济区及加强与东盟经济共同体合作

初设于 2003 年如今包括大陆 9 个省市及香港、澳门共建的"泛珠三角"经济区④,将成为中国未来经济发展最具潜力的增长极之一。同时,"泛珠三角"经济区内各省资源禀赋差别明显,经济发展极不均衡,经济结构显著不同,经济水平差距巨大。根据世界银行发布的报告显示,到 2015 年初,以广州、深圳为中心的"珠三角"城市群已经超越日本东京,成为世界人口和面积最大的城市群,产业发展水平在国内处于领先状态。相比之下,广西、云南、贵州等西部省份经济发展水平处于滞后状态,但其自然资源十分丰富,资源加工

---

① 长江经济带是具有全球影响力的内河经济带,东中西互动合作的协调发展带,沿海沿江沿边全面推进的对内对外开放带,也是生态文明建设的先行示范带。长江经济带覆盖:上海、江苏、浙江、安徽、江西、湖北、湖南、重庆、四川、云南、贵州共 11 个省市。

② 2016 年国家发展和改革委员会发出的《关于建设长江经济带国家级转型升级示范开发区的通知》要求长江经济带沿线各省市发展和改革委员会加强对转型升级示范开发区建设的指导,以坚持生态优先、转变发展方式、创新体制机制为导向,推进转型升级示范开发区在绿色发展、创新驱动发展、产业升级、开放合作、深化改革等方面探索所有经验、取得实际成效。

③ 2015—2016 年先后制定了《长江中游城市群发展规划》、《成渝城市群发展规划》和《长江三角洲城市群发展规划》。

④ "泛珠三角"经济区,是指在"9+2"框架下形成的中国最主要的规划经济区之一,是增强中国泛珠三角区域的整体影响力和竞争力,促进区域的经济合作与发展的平台,始设于 2003 年底,现有 11 个成员一级行政区。"泛珠三角"包括珠江流域地域相邻、经贸关系密切的福建、江西、广西、海南、湖南、四川、云南、贵州和广东 9 省区,以及香港、澳门 2 个特别行政区,简称"9+2"。

产业较为发达。由此可见,"泛珠三角"经济区内各省市及地区产业可以实现互补,经济发展的合作机会很多。西部地区在做经济发展规划时,应该抓住这一机遇,积极主动与"珠三角"地区进行产业对接,利用"珠三角"产业转移的机会,承接随产业转入的技术、资金及管理人才,实现产业转型升级。

2015 年 12 月 31 日,东盟共同体正式成立,它的成立为中国与东盟合作创造了新机遇。特别是作为东盟共同体三大支柱之一的东盟经济共同体①的形成,极大地推动了中国与东盟在经贸合作、延伸产业链方面向高水平迈进。东盟国家正在积极地参与到"一带一路"建设中来,相应地,中国特别是西部地区应该以主动的姿态更为迅速地加强与东盟经济共同体的全方位合作。首先,加快铁路建设,实现互联互通,促进亚洲基础设施投资银行和丝路基金成为支撑区域基础设施建设的重要平台。其次,尽快启动中国—东盟自贸区升级版和区域全面经济伙伴关系协定谈判。最后,加快澜沧江—湄公河合作等新型次区域合作平台建设。通过合作,实现经济效益、生态效益和社会效益多赢的局面。

三、建立完善生态补偿机制

应该指出的是,国家规划的各主体功能区如按要求实现了各自的功能,则有可能会忽视其他发展机会,特别是生态功能区容易摒弃发展经济的机会。在做好目标考核的基础上,我们需要突破省级、地市级行政区的界限,统筹考虑各方利益,解决先发展与后发展的关系,实现区域协调发展。为此,必须建立完善区域联动生态补偿机制。建立科学合理的生态补偿机制,有利于激发生态保护与建设行为。生态补偿的方式和手段有很多种,从补偿资金来源看,可以区分为政府政策层面的与市场配置层面的;从生态补偿层级看,可以区分

---

① 2015 年 12 月 31 日,包括文莱、柬埔寨、印度尼西亚、老挝、马来西亚、缅甸、菲律宾、新加坡、泰国、越南共 10 国的东盟共同体正式成立。这是东盟一体化建设的里程碑,也是亚洲建成的首个区域共同体。东盟共同体的成立本质上是地区一体化发展模式的一种创新实践,标志着东亚合作水平迈上了新台阶。成员国通过削减贸易关税,降低劳动力、服务、资本流动成本等方式加强经济联系,预期在 2030 年之前,将 2.6 万亿美元的经济总值翻一倍。

为国家层面与区域层面的、跨区域层面与区域内部层面的,加上各类补偿政策、措施等,可以共同构成一个多层次的生态补偿体系(详见表9.1)。

表9.1　生态补偿的主要类型

主要类型	补偿对象及补偿性质
受损补偿	因生态遭受破坏而受损者及能使生态减少损失者进行补偿
增益补偿	因他方实施生态保护而受益者对他方进行补偿
人地补偿	人类直接的生态恢复和环境治理行为
人际补偿	经济社会系统内部不同主体之间利益关系的调节与补偿
国内补偿	一个国家内的区域之间、区域内部的补偿
国际补偿	国家之间发生的生态补偿
政府干预补偿	通过政府财政转移支付方式补偿或引导生态受益者对受损者进行补偿
市场调节补偿	通过市场手段使得受益者与受损者进行谈判、协商,实现生态补偿

资料来源:丁四保、王昱:《区域生态补偿的基础理论与实践问题研究》,科学出版社2010年版。

当然,如果我们对生态补偿机制进行进一步分析就会发现,根据生态建设的力量或资金投入来源进行区分,生态补偿机制分为纵向、横向两个方面:前者是指利用行政力量通过中央财政转移支付方式实现,后者则依靠市场力量通过区域内受益地区的资金补偿、对口协作、产业转移、人才培训及共建园区等方式实现。

从纵向角度来看,中央政府多年以来致力于生态补偿机制的建设。2016年5月国务院办公厅印发了《关于健全生态保护补偿机制的意见》,确定了生态补偿的重点领域主要包括森林、草原、湿地、荒漠、海洋、水流、耕地等七个方面。生态补偿机制的建立反映各地之间对生态系统服务价值、生态保护成本、发展机会成本的认可,体现"谁受益、谁补偿"的原则。同时,中央政府通过财政转移支付方式实施了生态补偿,西部地区特别是河流源区域的生态保护取得了明显成效。

从横向角度来看,尽管全国各地也在积极探索生态补偿机制的建设,但成效不是很理想。西部地区作为长江、黄河、珠江等主要河流的发源地,需要进一步与中东部地区探索开展横向生态保护补偿试点工作,明确生态补偿的主体、对象及服务价值大小。西部各省市内部同样需要探索流域上下游建立

"成本共担、效益共享、合作共治"的生态补偿机制①,合理地运用经济杠杆开展生态保护和环境治理,最终形成流域保护和治理的长效机制。

当然,我们在建立完善生态补偿机制时,完全有必要学习国际上的先行经验。近年来,许多国家尝试的生态补偿做法,如"碳排放交易""排污权交易""生态标记"等在国内局部地区已经付诸实践。其中,有关碳交易市场的问题,我们可以借鉴美国做法②,积极培育国内碳交易市场;排污权交易市场的问题,完全可以参考贵州做法③,进一步完善制度设计,积极培育国内排污权交易市场。

四、建立区域联动的激励与约束机制

为了生态环境保护与经济发展协调推进,必须完善与充分利用多种调控手段,依靠政府与市场的双重力量,扩大环境经济政策的广度和深度,建立有效的排污收费、生态环境补偿费、产品环境调节税等经济调控手段,推进环境政策工具实用化、多元化发展,利用法律、规章、条例、制度和标准等强有力的法制保障手段管理环境,协调经济活动、消费需求与生态环境容量极限值之间的关系,发挥市场机制的作用,促进形成污染减排长效机制,促进经济社会的最大化发展,达到保护生态、改善环境质量的目的。为此,需要建立完善区域联动的激励与约束机制。

1. 共建激励机制

在经济活动中存在着"外部性"④,生产活动的外部经济性导致社会整体

----

① 实际上,西部地区一些省市长期以来都在探索辖区内的生态补偿机制。如,四川省在岷江、沱江干流及重要支流跨过的市(州)和扩权试点县(市)开展断面水质考核,试行跨界断面水质超标资金扣缴制度。贵州省贵阳市和安顺市之间实施红枫湖流域水污染防治生态补偿。

② 美国经验是:建立一个以市场为手段的"上限交易"机制,规定交易总量的上限,对社会所有产业的污染额度进行拍卖,通过碳交易平台,让所有企业能够以竞标方式进行交易,以便于获得在生产过程中所产生的二氧化碳的排放权。

③ "十二五"期间,贵州省制定实施了《贵州省生态文明建设促进条例》,成立了生态环境保护执法机构,在全国率先开展了自然资源资产责任审计并启动环境污染第三方治理和排污权交易改革试点。

④ 所谓"外部性"是指经济主体(包括厂商或个人)的经济活动对他人和社会造成的非市场化的影响。它分为正外部性(或称为外部经济性)和负外部性(或称为外部不经济性),其中正外部性是指某个经济行为个体的活动使他人或社会受益,而受益者无须花费代价;负外部性是指某个经济行为个体的活动使他人或社会受损,而造成负外部性的人却没有为此承担成本。

效益大于私人效益。这使得各地政府采取一致行动并建立联动的激励机制的机会大为增加,进而形成社会利益共同体和命运共同体,最终达到区域之间协同发展。同时,政府可以通过产权制度改革、财政税收补贴、金融支持等经济手段校正外部性,激发企业共建的主动性与积极性。

2. 共建约束机制

约束机制建设必须遵循国家有关生态环境保护的法律、条例及规章制度,在此前提下,需要充分考虑区域之间权利与义务的对等性。为此,需要从产业布局、污染物排放、生态环境影响评价等方面着手,建立区域联动的约束机制。第一,建立产业协调布局机制。根据流域经济发展的规律,我们需要在产业发展方面,对生态环境的要求、适应性及对生态环境的影响度、损害度方面充分考虑,并进行合理布局,体现产业既分工又合作的原则,尽量将化工、冶金、建材等污染物排放大的产业及出口加工产业更多地布局于下游地区,而对于诸如生物制药、精密仪器制造、化妆品及食品等对环境要求高的产业应尽量布局于上游地区。第二,建立污染物排放总量控制机制。企业在排放"三废"时,必须严格依照国家《环境保护法》污染物排放标准及地方污染物排放标准,防止超标超量。一旦有违约现象,地方政府必须协商解决,可以借用"庇古手段"①,对污染行为征收环境税,以利于减少污染行为,控制污染物总量。第三,建立区域联动的生态环境影响评价机制。制定完善规划环评和建设项目环评的制度,必须启动"区域限批"政策②,实施区域联动环评政策,防止一些地方和行业无视大局利益,在局部利益的驱动下违法发展"三高"(高能耗、高污染、高耗水)产业。当然,我们从流域上下游权利与义务对等原则出发,需

---

① 庇古手段主要是利用税收手段、财政手段、收费制度和责任制度进行的,包括排污收费、使用者收费、产品收费、财政补贴、利率优惠、押金—退款制度等。

② 所谓"区域限批",是指如果一家企业或一个地区出现严重环保违规的事件,环保部门有权暂停这一企业或这一地区所有新建项目的审批,直至该企业或该地区完成整改。"区域限批"源起自 2007 年 1 月 10 日国内第三次"环评风暴"。当时,河北省唐山市、山西省吕梁市、贵州省六盘水市、山东省莱芜市 4 个行政区域和大唐国际、华能、华电、国电 4 大电力集团的除循环经济类项目外的所有建设项目被国家环保总局停止审批。这是环保总局及其前身成立近三十年来首次启用"区域限批"这一行政惩罚手段。

要考虑产业布局尽量对上游地区有利的原则,污染物排放及生态环境影响评价则应体现出对下游地区有利的原则。

此外,生态屏障建设及经济增长极的培育需要依靠互联网平台,实现精准建设、精准培育。利用大数据,将区域发展规划、建设用地边界、生态管控边界、建设项目参数等多元化信息进行整合,统一录入数字化空间信息管理平台,实现资源集中共享和动态更新,达到统一管理、协调推进的目标。

第三节　建立科学合理的考评机制

科学合理的考评机制犹如"指挥棒",可以在生态文明建设中形成正确的导向,引导生态环境保护与经济行为朝健康方向发展。科学合理的考评机制还需要体现激励与约束并重的原则,需要体现生态文明建设目标体系的内容,需要体现生态环境保护与经济社会发展同等重要的思想。

一、构建合理的企业综合评价体系

国外有关企业绩效评价问题的研究起步早,成果非常丰富。西方企业绩效评价经历了4个阶段:第一阶段为观察性绩效评价阶段(19世纪以前),第二阶段为统计性绩效评价阶段(工业革命以后到20世纪初),第三阶段为财务性绩效评价阶段(20世纪初至20世纪90年代),第四阶段为战略性绩效评价阶段(20世纪90年代以后)。① 我国国内有关企业绩效的评价也经历了数十年。1992年,国家财政部出台了《企业财务通则》,初步设计了一套财务绩效评价指标体系。在此基础上,财政部于1995年制定了一套企业经济效益评价指标体系,并于1999年联合其他三部委颁布了国有资本金绩效评价指标体系。这些评价指标体系的构建,说明我国对企业绩效评价还处于财务性绩效评价和局部综合评价阶段。

我们在经过较长时间的调研②以后,设计出一套旨在考核产业园区企业

---

① 郭强、孙洪庆:《构建中国式企业绩效评价体系》,《重庆工商大学学报》2003年第1期。
② 作者对贵阳市白云区产业园区(贵阳白云经济开发区)内数十家企业进行了为期近一年的走访、考察及问卷调查以后,设计出一套有关企业综合考核的指标体系。

综合效益的指标体系(详见表9.2)。

表9.2　企业发展评价指标体系

一级指标	二级指标	三级指标	权重分	权重比例
企业发展评价指标	企业实力评价(20%)	总投资	4	7.27%
		年均产值	5	9.09%
		员工数量	2	3.64%
	比较效率评价(30%)	比较增长率	3	4.50%
		比较资本产出率	4	6.00%
		比较土地产出率	2	3.00%
		比较劳动生产率	4	6.00%
		人均比较收入	5	7.50%
		资金周转周期	2	3.00%
	社会环境影响度评价(35%)	年均税收	3	4.38%
		新增就业能力	4	5.83%
		产业增长贡献	3	4.38%
		产业带动力	4	5.83%
		出口创汇	2	2.92%
		市场占有率	3	4.38%
		单位GDP能耗	1	1.46%
		环境达标率	4	5.83%
	发展潜力评价(15%)	产业关联度	2	2.50%
		产业梯度	3	3.75%
		研发投入占产值比重	4	5.00%
		专利授权数	2	2.50%
		拥有知名品牌数	1	1.25%

运用表9.2所示的指标体系,采用层次分析法和主成分分析法,通过计算,可以得出每一家列为考核企业的综合评价值。综合评价值可以作为政府

对企业处罚和追究责任、奖励和扶持及打造主导产业或支柱产业的重要依据，也可以作为承接产业转移设置门槛的依据。

二、建立科学的领导干部绩效考评制度

地方政绩考核体系的构建与考核方式的合理化是推进生态环境保护与经济协调发展的关键。长期以来，中央政府对地方政府的政绩评估实施的是单一的考核体系。在这套考核体系下，人们过多地关注偏向反映经济增长数量和速度的 GDP 等指标，轻视节能减排、生态环境保护等生态环境指标，造成地方领导干部过多地重视 GDP 的增长而轻视质量、重视短期效益而轻视长期效益、重视经济效益而轻视生态效益及社会效益，导致生态环境问题与经济结构问题、经济质量问题长期得不到有效解决。这势必造成经济增长速度越快，生态环境恶化现象越严重。因此，要想改变当前这种发展模式，切实需要在政绩考核方面做出体制性突破，建立一套科学的考核体系，运用绩效问责实施目标导向管理，使得目标导向管理真正取得实效。

1. 绿色 GDP 的考核

在生态文明建设的大背景下，传统 GDP 的计算方法越来越受到质疑，有人甚至将这种 GDP 称为黑色 GDP。因此，理论界认为，在核算国民经济时，应该把环境资源因素纳入核算指标之中，也就是说，通过绿色 GDP 的核算，来反映真实的 GDP 增长情况。

不过，长期以来，国内学者关于绿色 GDP 计算问题并没有达成共识。我们在此采用的是绿色 GDP 估算模型：

绿色 GDP = 统计 GDP - 自然资源价值减少 - 环境损失①

将绿色 GDP 作为现行各级政府及领导干部的考核指标，能在一定程度上避免传统 GDP 核算制度的弊端。按照传统 GDP 的考核方法，各级政府及领导干部只考虑经济运行本身，过多考虑 GDP 的数量规模及增长速度，而往往

---

① 统计 GDP 是指国家统计局发布的 GDP 数值，自然资源价值减少是指 GDP 中消耗当地不可再生的自然资源（主要是矿产资源）而虚增的部分，环境损失是指生产过程中对环境造成的损害所产生的经济代价。

轻视资源与环境损耗问题,这从传统 GDP 的计算过程当中可以反映出来。因为环境污染物排放越多,用于环境保护的支出就越多,传统 GDP 的数值则越大。

2. 差异化的考核指标

我们完全有必要以国家规划的优化开发区域、重点开发区域、限制开发区域和禁止开发区域等主体功能区为基础,对地方经济、社会、生态发展做差异化考核,从而设置各有侧重、各有特色的多层次的地方政府考核指标。对于重点开发区域而言,应侧重考核 GDP 增长数量与质量、产业结构、城市化率、劳动力就业率、城乡居民收入增长等经济指标,至于节能减排等生态环境指标也必须列为硬性的考核指标。对于限制开发区域而言,应强化生态环境保护等指标,弱化经济指标。对于禁止开发的农产品主产区域而言,应采用农业发展优先的业绩考核方式,对这些地区的经济指标不应做重要的考核;对于生态功能区域而言,应优先保护生态,全面评价生态环境,而有关经济指标应尽量不考核。

3. 综合式的考核指标

综合式的考核指标包括经济发展(含重大项目、重点工程建设)主要指标、社会治理和社会事业发展主要指标、生态环境保护与建设主要指标等。综合式的考核指标主要考核各级政府、领导干部综合治理的能力与效果。该指标体系设计的主要思路是逐渐把资源消耗、环境损害、生态效应及社会效应等指标纳入考核指标中来,把质量、效益、社会进步、生态文明建设等指标作为重要的考核评价指标,并逐渐加大资源能源消耗、"三废"排放、生态环境保护等指标的权重,逐渐减少经济增长速度、经济总量等指标的权重。

运用综合式的考核办法,将逐步取消地区生产总值及增长率排名的方法,让地方政府感受到在保护生态环境中发展经济的好处,让考核方式由单纯比经济总量、比增长速度,逐渐转变到比发展质量,比发展方式与发展潜力上来。

三、创新社会化评价机制

随着经济社会的深入发展,各种考核机制也面临着深度转型。创新社会化的评价机制是实现生态环境保护与经济协调发展最有效的保障。近几年来,国内学界及各级政府正在从理论上、实践上探索诸如人才评价、教育评价、领导干部绩效考核等社会化评价机制①。但是,这些社会化评价机制往往只是从某一角度对某一行业的具体内容进行评价,缺少综合性、全面性。我们在此,拟提出全新的全方位的社会化评价机制。这套评价机制涉及评价机构、评价主体、评价信息、评价经费等多个方面。

1. 设置社会化评价机构

生态环境与经济发展协调性的评价,过去我国主要由政府部门组织相关行业机构完成,很少有社会组织的参与。这种评价方式存在诸多问题,为此,现在需要建立社会化评价机构,由社会中介组织完成评价,而政府部门的职能则需要由管理向服务转变。社会中介组织不是行政机构,也不是单纯的民间组织,而是行政机构指导下成立的社会化组织,属于政府与社会的桥梁组织。这种评价机构的设置,既有利于政府所制定的有关生态环境保护、经济发展的政策,以及规划的落实与执行,又有利于社会与相关管理人员的沟通,使得评估结果具有权威性与社会的认同性,有利于提升评估质量。

2. 依靠社会化评价主体

长期以来,国内生态环境质量的评价往往由各级政府林业部门和环境部门的领导充当评估专家,经济发展质量的评价往往由国务院、省、市、县等行政部门领导充当评估专家。这种既当"裁判"又当"运动员"的评价方式以及主要评价指标体系紧扣政府政策导向、领导干部的偏好及地方利益需要等,致使不能客观公正地进行评价,其结果不可能从根本上解决生态环境系统及经济系统存在的问题。

评价主体的社会化则可以打破行政部门、行政区域的界限,针对生态环境

---

① 浙江绍兴逐步摸索出一套对领导干部绩效考核的行之有效的社会化评价机制。新的社会化评价机制引入"两代表一委员"、村(社区)干部、普通群众、新闻媒体、企业和社会组织代表等多方力量,通过细致、科学的绩效量化打分,让全民有序考官、群众理性参政。这就必然要求干部扩大群众参与、增进媒体互动、拓展评议对象范围,向基层机关部门和乡镇(街道)延伸,进一步增强各级领导干部把群众路线作为履职导向的思想和行动自觉。

质量、经济发展质量及生态环境与经济发展的协调性问题,面向社会各个层面遴选行业专家,建成专家数据库,定期随机抽取专家,从维护生态环境系统的稳定性及改善经济结构的角度考虑,制定评价指标体系,依托互联网,采取匿名方式进行综合评价。这样的评价结果才能真正体现公平与公正,才会有利于生态环境系统与经济系统结构的改善。

3. 公开社会化评价信息

过去,国内生态环境质量的评价主要是在封闭的环境下进行的,造成评价本身在公众眼中成为了一项非常神秘的工作。这种评价方式客观地讲不符合公平、公正、公开的社会化评价原则。要使评价做到客观公正,必须公开社会化的评价信息,接受社会大众及专业人士的监督。为此,必须建立健全以衡量区域生态经济效益核算指标体系为核心的信息显示机制与监管机制。信息显示机制能客观及时地公示区域生态环境和经济协调发展的水平,通过客观的核算指标来准确反映区域生态系统和经济系统的运行状态,为区域生态环境与经济协调发展提供真实而全面的信息,便于地方各级政府及时调整相关政策、方案,避免出现决策失误。为了体现评价的公开化,还必须加强监管问责,完善监管机构的内部控制机制,建立健全"自上而下"的内部问责机制,促进信息公开客观化、精准化、及时化,便于协调、纠错。具体步骤为:第一步,公开政府委托社会组织机构取得的生态环境基础数据。第二步,公开评价的指标体系,同时公开指标体系的附注部分。第三步,公开评价的程序,让评价过程在阳光下进行。第四步,公开评价结果,明示评价等级,显示对应的奖惩额度。

4. 筹措社会化评价经费

任何评价活动都会产生成本,生态环境保护与经济发展的协调性评价所需经费需要借用多渠道的社会化方式来完成:政府应该采取多种方式筹措资金以成立专门基金;社会组织则应广泛筹集社会资本,利用服务外包形式,扩大购买服务。合理利用社会化评价经费,一方面可以确保评价活动的正常开展;另一方面可以确保评价主体能独立开展评价工作,摆脱评价活动由行政部门或少数人操作的现象,使得评价结果真正达到客观、公正的目标。

第四节　利用多重力量构建西部生态屏障

西部地区要建设生态屏障,需要坚持保护优先,自然恢复为主,同时也需要大量植树造林,落实完成退耕还林还草等重大生态工程。建立与完善生态环境监测网络,在全国重要生态功能区、保护区设立监测点,通过运用现代技术手段,实现全国联网,达到自动预警的目标。生态屏障建设需要有"政府推动、市场引导"的基本建设思路,要充分依靠市场,大胆相信市场,需要用市场手段解决市场本身存在的问题,政府起着引导、扶持作用,而不是起着包办、干预作用。因为,在国家生态文明建设战略框架下建设生态屏障,对于各级政府而言,既有强烈地参与意愿,又有强大的中央支持力量,依靠政府的推动力是容易形成的。但问题在于,单纯依靠政府力量,还不能足以持续、全面地确保生态屏障建设进行。这就需要依靠市场力量,鼓励社会资本以多种方式进入,实现资本提供主体多元化,形成各区域协同作战、社会各方共同参与、广大民众实施监督的新格局,为生态环境保护提供科学依据。

一、依靠政府主导力量

现实经济活动中存在大量不具备明确产业特征、形体上难以分割和分离、消费时不具备竞争性和排他性的物品,这些物品属于典型的公共物品。许多生态环境物品属于公共物品,或者具有很强的公共物品性质。由于消费时具有非排他性,人们享用这些物品时不用直接付费,每个人都倾向于成为"搭便车"者。私人企业不愿有效提供公共物品,因其投资无法收回也缺乏投资动力。但是,这些公共物品又是增进社会福利实现中华民族永续发展所不可或缺的。因此,生态环境资源保护等公共物品的提供则主要依赖政府投入完成。

事实上,作为负责任的大国,我国政府长期以来非常重视改善生态环境,一直在寻找经济发展与生态环境保护协调发展之路。2002 年,中国政府为了在生态环境保护、建设方面开展基础性工作,首次在全国范围内开展生态功能区划。生态功能区划的目的是为制定区域生态环境保护与建设规划、维护区域生态安全、合理利用资源、科学布局工农业生产及保护区域生态环境提供科学依据。同时,国务院西部地区开发领导小组办公室、原国家环保总局(现国家环保局)组织中国科学院生态环境研究中心专门编制了《生态功能区划暂行规程》,旨在指导各地生态功能区划工作的开展。为了加强生态环境保护与建设,国务院于 2011 年以文件形式印发了两项规划,分别为《国家环境保护"十二五"规划》①和《青藏高原区域生态建设与环境保护规划(2011—2030年)》。2013 年 9 月发布的《推进生态文明建设规划纲要(2013—2020 年)》为我国自然湿地保护划定了红线,即:到 2020 年,全国湿地面积不少于 8 亿亩的湿地保护红线。8 亿亩约合 5300 万公顷,刚好同中国现有湿地面积大致相等。这意味着,在未来数年的建设中,全国湿地面积不能再受到蚕食,总面积不能有所减少。② 湿地保护红线的提出,给全国各地工业化、城镇化战略的实施增加了巨大的压力。党的十八大召开以来,党中央和国务院表示,在经济保持中高速增长的同时,继续努力改善自然环境,积极寻求经济增长和环境保护之间的平衡,力求加强环境保护立法,全方位保护生态环境。2013 年,国家环保部实际增加了 12% 的经费用以更好地改善生态环境。国家环保部编制完成了《国家环境保护"十三五"规划基本思路》,初步提出 2020 年、2030 年两个阶段性目标。2015 年 4 月,中共中央、国务院发布了《关于加快推进生态文明建设的意见》,明确把绿色化纳入我国现代化推进战略中,提出加大生态系统和环境保护力度,推进绿色发展,建设生态文明的途径。

　　未来 5—15 年是生态环境建设的关键时期,西部地区各省、市、县确实需要积极行动起来,通过制定生态建设和环境保护规划,细化与落实中央有关建设规划,依靠政府主导、市场多元化主体参与的方式,为国家经济社会发展构建牢固的生态屏障。

二、利用市场配置资源的决定性力量

　　从理论上讲,私人物品应由私人部门利用市场手段提供,公共物品则应由

---

① 国务院:《国家环境保护"十二五"规划》国环发〔2011〕42 号,2011 年 12 月 15 日。
② 朱宛玲:《我国湿地十年减少 340 万公顷相当于两个北京》,国际在线,2014 年 2 月 2 日。

政府部门以非市场方式提供。但事实上,很难将市场的供给和政府的供给截然分开。如准公共物品①或服务既可以由私人部门提供,也可以由政府部门提供,或是由政府部门给予补助的办法通过市场提供。在生态屏障建设过程中,会出现部分准公共物品。这部分物品出于某些私人物品特性,存在消费上的竞争,但由于其又具有一部分公共物品性质,又存在着消费中的"拥挤效应"和"过度使用"的问题,如:荒山改造与治理,石漠化与荒漠化土地改造与利用,部分湿地保护与利用,地下水流与水体资源保护与利用,山林保护及资源利用等,这些类似的准公共物品的提供完全有必要依靠市场手段完成。

过去,我国在生态环境保护和建设中,主要依赖中央财政专项资金的投入,而商业性、民间性等多渠道资金很难进入该领域,市场活力长期得不到释放。如果我们将生态环境当作一种资源来看待的话,要开发利用好这种资源,则需要更高效的资本配置,而非政府的单一投入。为此,要充分利用生态建设产业化途径,将生态效益与经济效益有机结合起来,启动对森林、草原、湿地、空气、水资源等综合生态价值的测算,通过市场交易,将生态价值转化成经济价值。促进生态功能区产业转型升级,培育新兴产业。大力发展碳汇市场,构建多层级的碳汇基金体系,支持坡改梯、退耕还林还草、植树造林、治理石漠化及荒漠化等。鼓励企业直接融资,探索林业、草地、湿地等资产证券化的可行性,吸收社会资金支持生态屏障建设。

西部地区实施退耕还林还草、防沙治沙等生态建设工程,应该更多地引导企业进入其中,实现生态建设的产业化,唤起农牧民为了长远经济利益而保护生态环境的意识,保证生态屏障建设战略目标的顺利完成。这对于西部地区地方政府是一个非常重要的课题。为此,需要把市场机制引入到生态建设中,依靠市场配置资源,采取谁投资、谁受益的办法,完成从生态建设到生态产业化的转化。从某种意义上讲,发展生态产业是实现区域可持续发展的关键。

值得重视的问题是,生态屏障建设亟须构建和优化适合生态环境保护和

---

① 现实生活中一些物品居于私人物品和公共物品之间,既非纯粹的私人物品,也非纯粹的公共物品;既具有私人物品的特性,又具有公共物品的特性,这些物品被称为"准公共物品"。

建设的投融资体系。可以依靠国家开发银行、中国农业发展银行等金融机构，组建生态专业性银行，开发生态功能专项贷款项目，为生态环境建设提供可持续的资金供给。

三、利用社会组织与民众参与构成监督力量

生态屏障建设是一个惠及全人类及其子孙后代的伟大工程，它涉及范围非常广泛，持续时间是永恒的，需要全社会各方力量共同参与其中，应该充分依靠社会组织、个人自觉筹措资金，捐助劳动力参与建设，监督责任落实与制度落实，参与生态环保维权等。

到目前为止，全国范围内与生态文明建设相关的社会组织大约 44000 多家，其中核心社会组织有 3000 多家。这些组织在筹措资金、参与生态环保建设方面发挥了极大的作用。更为重要的是，这些组织秉持中性立场去监督①责任落实与制度落实，社会效应尤为显著。随着各级领导干部绩效考核的指标体系逐渐增设一系列生态环境指标，生态环境保护的制度建设也日臻完善，如生态建设规划、生态保护监测、生态保护评价、生态承载力评价、生态经济政策、生态底线划定、生态补偿机制、生态环境损害赔偿等制度设计与配套文件已经建立，生态保护法也逐渐得到完善。

制度目标设计固然重要，但是，制度的落实、责任的承担及追究机制则更为关键，正如我们经常所说的"一分部署，九分落实"。因为制度目标在推行过程中，存在执行难度等问题。我们可以将目标完成情况用一个公式表示：目标完成率＝设定目标×难度系数×意愿率×执行力系数②。

社会组织与民众参与生态环境建设应长期坚持，形成制度。因此，作为一项长期、法定的制度，需要向社会公开，以便得到监督、落实。只有责任落实到位，实施零容忍机制，才能让生态保护真正取得实效。为此，我们提出以下建

---

① 过去，生态环境建设的监督职能往往是由上级环保部门执行，实行的是自上而下的监督模式。现在，应该转变为自上而下及自下而上相结合的模式，更大程度地依靠民众力量进行监督。

② 李迅雷：《如何评估政策有效性：一份部署九分落实》，《21 世纪经济报道》2016 年 5 月 16 日。

议:依据相关法律制度,在履职缺位或不到位的情况下,相对应的责任人或组织应该受到处罚;在出现虚报、谎报、瞒报生态保护情况等现象时,相关责任人则应该引咎辞职;在没有完成预期目标任务或出现生态损害的情况下,相关责任人或组织应该受到行政或经济处罚。当然,生态环境保护法律制度的落实,需要接受同级人大的监督,更需要接受千千万万的人民大众的监督。

总而言之,生态环境的保护与建设不是一朝一夕功夫。它是一个历史性的、长期连续不断的建设工程,需要长期稳定的资金投入。然而,生态环境保护与建设工程多属于公共事业属性,在过去环境工程建设资金投入完全依靠各级政府以项目形式形成的专项拨款,项目建设完成以后,再组织后期项目继续建设。这样,工程建设经费并不稳定,长期出现项目建完以后资金链断裂的问题,造成很多工程实施效果不好。因此,建立合理的资金投入长效机制,成为非常迫切的课题。不过,在当前国内生态环境产品市场发育不成熟的条件下,资金投入完全依靠市场来解决也不太现实。因此,应该依靠政府干预,在政府主导下,划分事权,明确责任,确定由政府、企业、社会组织等多元主体共同投资,明确所获得收益共同享有。而且,各方投资主体在资金投入上需要有年初预算、年底审计,通过制度约束来保障资金投入通顺、到位。

第五节　依靠新产业新业态培育新型增长极

现代城市的成长,一开始就必须突出绿色生态的特色,实施绿色生态优势转化工程,不断推进产业生态化,打造以绿色生态为特色的新型增长极。要培育新型增长极,必须发展新产业新业态,快速形成新的增长点,推动经济走上新的增长曲线。新产业新业态的形成,有利于推进增长极产业结构转型升级,提升经济竞争力。

一、发展生态产业,培育绿色增长极

绿色增长极的培育应该秉持绿色发展的理念,借助生态产业的发展来完成。生态产业是指以生态系统承载能力为基础有关生态优化的产业。生态产

业主要涉及生态化的环保产业①、农业产业、绿色产业等。在生态主导产业选择与培育之际,特别要强调生态产业的关联强度,充分考虑经济效益及社会效益,要将传统产业优势和现代科技成果进行有效结合,建立具有高效经济过程及和谐生态功能的、在生态与经济上均实现良性循环的新型产业。

当前,我国生态环境资源市场尚未发育成熟,需要进一步培育。众所周知,由于生态环境资源的公共性,部分生态环境资源没有价格(价格为零),部分资源市场虽然存在,但市场竞争不充分,价格机制在引导资源配置方面发挥不了信号作用,生态环境资源价格往往偏低,导致生态环境资源浪费现象十分严重。

国土面积广大的西部地区是我国重要的生态资源地,一方面生态资源十分丰富,如果不能将其开发利用起来,就不能很好地将资源优势转化为经济优势;另一方面,西部地区又是我国生态脆弱区的集中地,如果不能利用市场因素来加快生态产业发展,就不能从根本上治理好遭到破坏的生态系统。因此,在西部地区,应该积极培育绿色产业群、产品群,将绿色生态优势转化为经济发展优势。而产业的形成机制可以归纳为两种形式,即政府导向型和市场导向型②。"一般而言,企业对市场反应能力快,能够主动吸收新的技术并把握机会,使经济目标和环境目标依靠内部动力而实现。从长远发展来看,生态产业的运行机制首选的应该是市场导向型机制。"③当然,在市场机制发育尚未成熟的条件下,生态型产业发展需要运用政府主导或政府与市场并重的方式;当市场发育成熟之后,生态型产业的发展则主要运用市场主导方式。

培育新型增长极,也亟须大力发展环保产业。世界上许多发达国家为了

---

① 环保产业在国际上有广义和狭义两种解释。对环保产业的广义解释包括生产中的清洁技术、节能技术,以及产品的回收、安全处置与再利用等,是对产品从"生"到"死"的绿色全程呵护;狭义解释则是终端控制,即在环境污染控制与减排、污染清理以及废物处理等方面提供产品和服务。

② 政府导向型是一种"自上而下"的发展模式,产业发展方式上主要依靠各级政府的规划或政策引导以促进产业链的形成。市场导向型则主要利用市场手段,企业根据发展需要自发聚集形成的"自下而上"的模式。

③ 丰立祥:《区域生态产业链的形成与优化研究——以山西能源大省为例》,南京航空航天大学博士学位论文,2008年。

减轻产业发展对环境造成的压力,正致力于环保产业的发展。2009—2014 年美国政府在清洁能源领域累计投入 1500 亿美元[1],目标在于大幅增加太阳能、风能和地热能等无污染、高度清洁、可再生能源的产量。由于新能源产业得到大力发展,美国节能环保产业获得了以前从未有过的发展机会,从而拉动了经济增长,带动了就业岗位增加,提升了国家竞争力。西部地区增长极在发展环保产业之际,应该着重发展包括环保机械设备制造、自然保护开发经营、环境工程建设、环境保护服务等朝阳产业。发展环境产业不仅能为环境保护和生态建设提供技术支撑和物质基础,而且有助于产业结构转型升级,有助于扩大内需、创造就业机会,为城市经济生长出新的增长点。

二、拓展新产业新业态,培育新型增长极

培育新型增长极,切实需要结合《中国制造 2025》,大力发展高端装备制造业、节能环保产业、新材料、新能源汽车等战略性新兴产业,并依靠新技术带动新产业发展。培育新型增长极,还要大力发展大数据、大生态、大旅游等特色优势的战略性产业。西部地区要想通过培育新型增长极,实现后发赶超,就不能走传统的发展道路,需要另辟蹊径,跨区域整合创新资源,构建跨区域创新网络,互联共享创新要素,打造区域协同创新共同体[2];利用信息技术发展的产业化和市场化应用,依靠企业创新和产业创新,防止"僵尸企业"[3]和"僵尸经济"的出现,催生新产业、新业态;培育一批核心能力突出、继承创新能力

---

① 据分析人士估计,联邦政府每 1 美元的直接投资大约能吸引 0.5 美元至 2 美元的私人投资;每 1 美元的税收优惠大约能吸引 2 美元至 4 美元的私人投资;联邦政府提供的贷款和贷款担保能吸引 4 倍至 10 倍的投资额。参见张伟:《美国:新能源战略力推节能环保产业》,《经济日报》2013 年 8 月 21 日。

② 关于这一点,西部城市可以参考沿海发达城市深圳的做法。深圳创新氛围强,每年投入创新的资金数量大、比重高。2015 年,全市社会研发投入超过 700 亿元,占 GDP 比重达到 4.05%,研发强度比肩全球排名第二的韩国。2015 年,全市 PCT 国际专利申请量 13308 件,占全国申请量的 46.9%。

③ 僵尸企业会吞噬经济的活力。过去,日本由于在"僵尸企业"问题上犹豫不决,使大量富有活力的企业丧失机会,并最终吞下苦果。目前,"僵尸企业"在中国时有出现,许多国有企业以及民营企业已经到了严重依赖融资输血才能继续经营下去的地步,通过"借新还旧"勉强维持资金链。但随着流动性逐步收紧,这些僵尸企业和银行暗藏的风险不容小觑。

强、引领重要产业发展的世界一流的创新型企业①。

1. 数字经济和分享经济

近年来,欧洲的数字经济、工业4.0,美国的分享经济②日益发展起来,并成为经济发展新趋势。

数字经济已经成为英国经济增长的重要驱动力,英国在数字经济领域的业务收入占增加值总值的7.4%,约合690亿英镑。预计到2020年,英国数字经济领域将有30万新增就业岗位。③ 现代经济增长极的培育需要实施创新驱动战略,通过制定高科技战略计划,如德国利用"工业4.0"④,创造新产业、新业态,形成经济发展新优势。根据波士顿咨询公司计算,"使用工业4.0新技术,将让中国企业的生产效率提高25%,由此可额外创造6万亿元的附加值,并影响上百万从业人员的工作。"⑤工业4.0是中国制造业实现转型升级的重要政策杠杆,会持续改变工业生产及产品加工的方法,衍生出涵盖产品整个生命周期的智能价值链。因此,对于西部地区各省市而言,如果要想发展产业链经济,尤其是在制造业领域,就应该打造企业内设计、研发、采购、生产、销售、物流、售后服务全产业链。

当前,建立在大数据和云计算基础上的分享经济已经成为经济发展的新

① 关于这一点,可以参考国内以家电制造业为主的大型综合性企业集团——美的集团的做法。近五年,美的集团科技投入累计达到200亿元,在国内同行业排名第一。研发创新成为企业保持优势的主要驱动力。近几年,美的集团出现一种"逆生长"现象。2016年一季度,美的集团营业收入同比下降9.6%,但净利润却增长了14%。

② 分享经济是指将社会海量、分散、闲置资源,平台化、协同化地集聚、复用与供需匹配,从而实现经济与社会价值创新的新形态。分享经济强调的两个核心理念是"使用而不占有"和"不使用即浪费"。

③ 郭信言:《聚焦中英数字经济合作系列四:英国数字经济发展现状》,见中国经济网,2015年10月21日。

④ 2013年4月,汉诺威工业博览会正式推出工业4.0概念以来,德国就一直努力将它打造成自己的新名片,希望在全球范围内引领新一轮的工业革命。工业4.0的核心理念是跨界整合、高度自动化并优化生产过程。就横向方面而言,意味着企业内设计、研发、采购、生产、销售、物流、售后服务各部门的整合。就纵向方面而言,意味着企业层面、工厂管理层面、运营控制层面、管控层面和一线层面的整合。

⑤ 波士顿咨询公司:《工业4.0将让中国生产效率提高25%,创造6万亿元附加值》,《21世纪经济报道》2016年5月18日。

理念、新趋势。① 发端于美国的"分享经济",其历史才四五年时间。美国也理所当然成为"分享经济"发展最快的国家,分享经济在其国内所占的市场份额已相当大。但是,据尼尔森咨询公司调查,中国却是全球最渴望"分享经济"的国家。"分享经济"将主要集中于公共、个人等交通资源分享、房屋资源分享、生产能力整合、生活服务闲置资源、知识技能与智力资源等领域。绿色发展是分享经济的重要特征,发展分享经济能有效地减少投入和节约成本。分享经济的内在要求是协调发展,通过互联网平台,轻而易举地突破地域、城乡等各种因素的限制,让人人均可以参与分享经济的活动。西部地区发展分享经济具有巨大的潜力,可以与东部发达地区处于平等竞争状态,甚至可能处于全国先进水平。

2. 系列"+"新经济

培育壮大新动能,大力发展新经济已经成为国内经济发展转型升级的新亮点。新经济发展的一个显著特征是经济活动中由主要依赖开发自然资源转向主要依靠开发劳动力资源转变。作为西部地区,要想培育新型增长极,就需要抓住历史性的机遇,大力发展各种类型的新经济。

在互联网时代,新的经济模式和新业态不断产生。为了实现产业协同,企业首先只有通过在供应链上的互联网化,实现互联网与现代制造业、生产性服务业等的融合创新,才可以围绕自身业务形成自己的生态,或者融入互联网生态中。通过互联网服务平台,可以带动传统实体经济转型升级,实现区域经济快速协调发展。目前,系列"+"新经济主要反映在以下几个方面。

"互联网+"经济新业态。当今时代,创新早已成为引领发展的第一动力,当它与互联网融合在一起时,新的经济形态就生长出来了。为此,西部城市完全可以制定产业多元化发展措施,建立新兴产业园区,依托实体经济,借助

---

① 2016年2月,互联网协会分享经济委员会发布的《中国分享经济发展报告2016》显示,中国分享经济市场规模去年就已达到19560亿元,中国参与分享经济活动总人数目前超过5亿人。报告预测,未来五年分享经济年均增长速度在40%左右,到2020市场规模占GDP比重将达到10%以上。未来十年,中国分享经济领域有望出现5—10家巨无霸平台企业,甚至会改变现在的中国互联网格局。

"互联网+"形态,发展电子商务、供应链物流、互联网金融等新兴业态。就西部各省的省会中心城市而言,它们大多建有国家级综合保税区及其他对外开发区,完全有条件发展跨境电子商务;也有条件发展成为全国互联网约车企业的注册地、结算中心和产业基地,可以运用类似的商业模式产生聚集效应。

"文化+"实体经济。西方发达国家的文化产业正日益融入实体经济,并且显示出两个典型的特征,即上游端越来越重视内容创意,下游端越来越关注从"产品"向"服务"的转变。当前,我国也非常重视文化产业的发展,并已探索出"文化+"实体经济的基本路径。2014年出台的《国务院关于推进文化创意和设计服务与相关产业融合发展的若干意见》就明确对文化创意和设计服务深度融入实体经济进行了部署,并提出了它们与装备制造业、消费品工业、建筑业、信息业、旅游业、农业和体育产业融合发展的重点任务。西部地区的产业发展应该学习西方发达国家的经验,贯彻落实国务院关于推进文化创意和设计服务与相关产业融合发展的基本精神,积极探索"科技+文化"、"文化+传统产业"的新业态,深度拓展文化产业链条,带动相关产业发展,充分发挥文化产业在增长极经济转型升级中的战略支撑作用。

"生态+"产业。"生态+"可谓一种全新的发展理念,它要求把生态建设融入到经济、文化、社会建设的各方面和全过程。"生态+"传统产业完全可以衍生出新的产业形态,是实现从传统工业文明向生态文明转型过程中的必经之途。"生态+"产业既能在经济发展与生态环境保护之间找到平衡点,又能把环境资源转化为发展资源、把生态优势转化为经济优势。西部地区需要走"生态+"产业发展之路,借此真正发挥比较优势,加快新型增长极的培育进程。

3. 大数据产业

大数据信息是具有战略意义的资源,也是未来创新社会最重要的生产资料,通过一定的技术手段将这些信息进行处理,数据价值可以实现"增值"。大数据与各个行业进行深度融合,将产生不可估量的社会和商业价值。大数据产业属于典型的消耗资源少的新兴的绿色产业。西部地区许多城市海拔均在1000米以上,夏季平均气温较低,可以节省大量用电量,天然适宜做数据存储中心。也就是说,西部地区发展大数据产业有着独特的气候优势。地处云贵高原的贵阳,天然适宜发展大数据产业。贵阳市充分利用气候优势、自然资源优势、生态优势、丰富的劳动力资源优势及水电火电并济稳定可靠的优势,大力发展大数据产业,并明确自身定位为"数据之都"。大数据企业及创业者自全国各地涌来,国内三大电信运营商、华为、阿里巴巴、富士康及微软公司等国内外知名企业正在抢滩"云上贵州",入驻贵阳;贵阳货车帮科技有限公司也趁势移位贵阳[①];贵州本土企业诸如朗玛信息技术股份有限公司等企业也悄然兴起。经过数年的发展,贵阳市已经在大数据标准、立法的制定和技术的实验、应用的创新等方面进行了积极的探索,且在一些领域已经走在全国前列。到 2015 年底,贵阳市大数据关联产业规模总量达到 916 亿元,年均增速在 35%以上。[②] 贵州全省大数据电子信息企业达到 1.7 万家,以大数据引领的电子信息产业增加值 2015 年同比增长 80%以上。"十二五"期间,贵州省大数据信息产业年均增长 37.7%,旅游总收入年均增长 27%,服务业增加值年均增长 12.5%。[③] 可见,在西部地区发展大数据产业前景十分广阔。

4. 生产性服务业

生产性服务业[④]以人力资本和知识资本作为主要投入品,贯穿于制造业企业的上游(如可行性研究、风险资本、产品概念设计、市场研究等)、中游(如质量控制、会计、人事管理、法律、保险等)、下游(如广告、物流、销售、人员培

---

① 作者在调研时得知,贵阳货车帮科技有限公司是一家高科技公司,总部现已自北京迁至贵阳。贵阳货车帮科技有限公司作为目前中国公路物流信息化领跑者和货车综合服务一站式服务平台,是一家"互联网+"及大数据运用的典型企业,在全国设有线下直营服务网点达 472 家,现有员工约 2500 人。贵阳货车帮科技有限公司的诞生,彻底改变了国内货运车辆大量空使乱跑、趴窝等待、货运信息交易效率低等现状,为货主与车主提供了最直接的沟通平台。该公司对资源的整合,极大减少了公路物流上的资源浪费。据统计,2015 年,贵阳货车帮科技有限公司为中国节省燃油 500 亿元。

② 陈刚:《把握大数据的时代脉搏》,载蔡定荣、叶春阳主编:《大数据·贵阳——领导干部读本》,中共中央党校出版社 2016 年版,"序"第 1—2 页。

③ 张曙红、熊丽、王新伟:《守住底线走新路——贵州省融入长江经济带发展纪实》,《经济日报》2016 年 4 月 15 日。

④ 生产性服务业是指为保持工业生产过程的连续性、促进工业技术进步、产业升级和提高生产效率提供保障服务的服务行业。它是与制造业直接相关的配套服务业,是从制造业内部生产服务部门独立发展起来的新兴产业。

训等)的各个活动环节中,能够将专业化的人力资本和知识资本引进制造业领域,实现二三产融合,能够提升劳动和其他生产要素的生产率。因此,生产性服务业已经成为世界经济中增长最快的行业,也成为西方发达国家投资的重点行业。据统计,在"经济合作和发展组织"国家中,金融、保险、房地产及经营服务等生产性服务行业的增加值占国内生产总值的比重均超过了1/3。为此,西部地区在培育新型增长极的时候,需要借鉴西方发达国家的成功经验,逐渐淘汰生产工艺落后、环境污染严重的企业,大力发展生产性服务业并逐渐形成完整的产业链,推动产业转型升级,提升城市竞争力。

此外,西部地区在培育增长极之际,需要高度重视关系国家安全和长远发展的重点领域①,攻克关键核心技术,开发重大战略性产品,培育新兴产业。

三、利用产业协同,培育多层级增长极

西部地区面积广大,经济的内向性、产业的资源性特征明显,作为各地区域性中心城市、中小城市的产业正处于快速发展时期,对于这些城市的产业选择而言,如何确立各自的经济发展重点,通过实施区域协同发展战略,避免重复投资,实施错位发展,合理布局产业,实现产业协调发展,达到优化配置区域产业资源、培育具有国际竞争力的产业集群、最终提高产业整体经济效益的目标已成为迫切需要解决的重大问题。

西部地区的大城市、核心城市数量不多,但其产业发展因定位各有侧重而具有一定特色。一批中小城市本身就属于资源型城市,城市主导产业、产品差异明显。基于此,西部地区在培育多级增长极的时候,需要持续推进区域之间、城市之间的产业对接协作,形成区域、城市间产业合理分布和上下游联动机制;将城市"点"的发展与"面"的扩张有机结合起来,要以线串点、以点带

---

① 按照中共中央、国务院印发的《国家创新驱动发展战略纲要》,面向2020年的重大专项,攻克高端通用芯片、高档数控机床、集成电路装备、宽带移动通信、油气田、核电站、水污染治理、转基因生物新品种、新药创制、传染病防治等方面的关键核心技术。面向2030年的重大科技项目和工程,尽快启动航空发动机及燃气轮机重大项目,在量子通信、信息网络、智能制造和机器人、深空深海探测、重点新材料和新能源、脑科学、健康医疗等领域充分论证,把握方向,明确重点,再部署一批体现国家战略意图的重大科技项目和工程。

面,创造联动发展新模式。具体而言,就是要以核心城市为引擎,推进周边城市群建设,实现都市圈同城化发展;城市需要凝练具有资源优势的产业,形成差异化产业集群的集中和集聚,形成产业协同发展局面,迅速推动增长极发展。

我们要特别重视的问题是,当前西部地区已经成为承接国内外产业转移的重点区域。承接外来产业转移需要突出以国家级产业转移示范区为主体的思路,坚持科学合理有序地承接产业。西部地区城际之间产业转移问题也是值得高度关注的。关于这一点,我们可以借鉴京津冀经济区产业协调发展中好的做法。京津冀经济区按照《京津冀协同发展规划纲要》合理规划,经过多年的努力,三地互相投资,逐渐实现了产业协同(详见表9.3)。

表 9.3　京津冀产业协同发展情况

地名	投资领域	投资地集聚	产业协同发展及升级
北京	研发和资本环节投资倾向天津,制造环节倾向河北	投资的热点地区是滨海新区及唐石廊保	科技、文创成为吸资重点,产业层次趋向高端化
天津	对河北的投资主要投向房地产业和制造业	对河北的投资主要流向秦保衡等地	先进制造和现代金融为吸资重点,升级步伐加快
河北	对天津投资主要集中在商务服务和金融业	对天津的投资集中流向滨海新区	制造业成吸资重点,产业转型升级稳步推进

资料来源:首都经济贸易大学京津冀大数据研究中心:《京津冀产业协同发展的新进展和新动向》,《经济日报》2016 年 5 月 12 日。

国内城市产业发展规律显示,大多数核心城市中心城区伴随着产业结构升级,工业企业相继从中心城区陆续迁出,更多利用区域金融中心的区位优势,发展现代金融业;利用区域总部驻地资源优势,大力发展总部经济;利用区域研发中心、结算中心、房地产、电子商务、文化创意等现代服务业发展优势,大力发展现代高端服务业。

四、依靠产业结构优化培育高水平增长极

城市是产业聚集地,产业结构优化可以有效提高城市各种资源的使用效

率,减少对城市生态环境的破坏。产业结构优化过程就是产业结构合理化、高级化、生态化的过程。产业结构的合理化、高级化、生态化三者之间是相互融合、有机统一的。产业结构高级化是建立在合理化的基础上,产业结构合理化和高级化是生态化的前提。产业结构优化以各产业构成比例、产业梯次转移为主要框架,以产业部门间的协调发展为重要方式,依靠技术进步和创新发展为动力,以大力发展生产性服务业来提高产业结构的高级化为趋势。可见,西部地区要想培育高水平增长极,只有走产业结构优化的战略之路。

1. 产业结构合理化能够推进产业协调发展及提高资源效率

产业结构合理化要求产业结构与城市经济发展阶段、经济发展水平相匹配,要求产业分工合理,产业结构内部实现部门间数量、质量、地位等多方面的协调,生产要素配置更加优化,在既定的资源技术条件下由于产业内部合理分工、产业间协调发展而取得良好的结构效益。原因在于,随着资源在产业内不同部门及产业间的流动,那些资源使用效率高的部门和产业能获得更多的资源,与此相反的是,那些资源使用效率低的部门和产业则逐渐流失应有的资源,最终退出市场。

利用市场配置资源的方式也可以推进产业结构逐步优化。从资源配置的角度来看,产业结构调整可以看成是一个资源投入产出的"转换器",当资源的投入量一定时,产出量主要决定于产业结构水平,即合理的产业结构通过"转换器"就能生产出所需的产品,实现价值的增值。产业结构合理化表现为产业结构向高技术化、高集约化和高附加值演进。相反,不合理的产业结构容易导致结构性污染,破坏当地生态环境,制约城市可持续发展。前面研究结果告诉我们,不恰当的产业经济活动是生态环境遭到破坏的最大根源。

2. 产业结构高级化能够提高产业附加值及实现高技术化和高集约化

产业结构高级化首先需要打破原有低水平的产业结构相对均衡的状态,要求主导产业和支柱产业能尽快成长、更替,实现个别或少数高技术、高效率的产业快速发展并带动相关产业朝高精尖方向发展,逐渐推动以产业结构技术进步为主要内容的层次提升,从而提升产业整体水平。根据已有发展经验可知,产业高级化是在企业技术密集度提高的背景下实现的,一旦实现就有助于提高产业附加值;产业高级化是高技术在产业中普遍应用后完成的,一旦完成就有利于提高产业发展水平;产业高级化还有利于产业提高集约化程度和加工深度,产业从中能获得较高的经济效率和规模效益。产业结构优化的重要目标之一就是提升产业素质。从产业素质提升的逻辑来看,当一种新技术出现并得到广泛应用之时,各产业部门产出能力和效率不断提升,产业结构升级换代势不可当。那些不适应城市经济发展要求和生态环境要求、缺少创新力的旧产业逐渐被淘汰,而那些在技术化、服务化、加工深化方面存在明显优势的新兴产业开始兴起和壮大,并发展成为城市新的主导产业,最终引起整个城市产业竞争力的提升。

产业结构高级化主要通过三个指标体现出来①,即第三产业增加值占GDP 的比例高,高技术产业产值占制造业总产值的比重大,制造业总产值占工业总产值的比重大等。此外,产业之间的关联水平也是体现产业结构优化的基本内容。近年来,西部地区增长极产业结构高级化趋势比较明显,但与中东部地区比较起来,依然具有较大差距。因此,西部地区只有紧紧围绕上述指标,逐渐实现城市产业结构优化,才能从真正意义上培育出高水平的增长极。

3. 产业生态化能够实现经济价值与生态价值的统一

现实经验已经证明,生态+增长极是一种最高水平的增长极。不过,这种高水平的增长极只有依托产业生态化才能完成。国内外生态城市建设的实践经验也表明,城市生态屏障建设应该融于绿色产业发展之中。要想实现产业生态化,就必须做到:低能耗产业产值、低污染产业产值占工业总产值比重逐渐增大,生态效益不断提高。实际上,生态文明视域下,城市产业结构优化要求各产业逐步实现生态转型,从根源上改变过去那种粗放型经济增长方式,做

---

① 关于产业结构高级化的表现,不同学者提出不同的看法。本书认为,产业结构高级化表现在产业结构演进方面呈上升趋势,具体体现在三个方面:第一,产业结构从第一产业为主依次演变为以第二产业为主再演变为以第三产业为主的方向发展;第二,产业结构由劳动密集型产业为主依次演变为以资本密集型和以技术密集型为主的方向发展;第三,产业结构以生产初级产品的产业为主向以生产高级复杂产品的产业为主转变。

经济系统内部同样也存在着协调发展问题。当今时代,任何一个国家或地区的发展,都离不开全球生产分工,离不开互利共赢、合作共赢的大局。合作共赢是世界经济发展的内在要求,也是破解我国区域发展不协调的密码和形成平衡结构、增强发展整体性的钥匙。区域之间要想构建社会利益共同体和命运共同体,实现共享式发展,只有建立起良好的协调发展机制。正所谓"一花独放不是春,百花齐放春满园",随着各区域之间联系日益紧密、利益相互交融,需要优势互补,通过资源共享、产业协同、市场统一,达到共保绿色家园的目标;通过区域之间对口援建及技术输出平衡地区之间的差异,实现经济生态发展共赢目标。

一、构建协调发展综合决策机制

协调涉及多个方面,不仅涉及政府之间的协调,还涉及政府与企业之间的协调,涉及企业之间的协调。在生态屏障建设及增长极培育过程中,为了降低体制性成本[①],提高行政办事效率,达到区域功能定位准确和产业经济发展合作共赢、公共服务和基础设施共建共享、生态环境建设统筹协调的目的,实现区域之间生态环境更优美、经济更协调、市场更统一的目标,我们需要依靠行政力量,建立一套自上而下的各区域共建共享的全国生态环境保护与经济发展协调推进的综合决策机制。在此,我们认为综合决策机制可以区分为三个层级。

1. 国家层面的决策机制

随着区域开发的梯级推进和各种类型的经济开发区及专项发展项目的相继设立,中央政府原来在国家层面设置的有关开发管理机构,已经不能很好地适应发展管理的需要,应该将一些管理机构进行改革、整合。如,应该设立"国家区域开发管理局",下设"西部开发司"、"东北等老工业基地振兴司"、"长江经济带建设司"及"专项治理及发展司"等,作为区域经济协调发展机构、区域生态环境协调保护机构。原在西部省际之间设立的经济带,诸如成渝经济区、关中—天水经济区、兰州—西宁经济区等,应该纳入国家区域开发管理局,实行统一协调管理。

---

① 所谓体制性成本,就是指在现行体制下,经济活动对市场机会做出反应需要付出的成本。它通常包括四大类,即法定成本、市场主体对市场机会做出反应付出的成本、市场主体对市场机会做出反应获得关键要素的成本及市场主体对市场机会做出反应需要谈判、协调付出的成本。

到既关注经济效益,又重视生态效益。

近几年以来,全国各地相当大数量的一批城市,都在倾其全力打造成生态文明城市,实现城市科学增长。西部地区也不例外,各城市高度重视生态文明建设,纷纷走产业生态化之路,努力提高生态效益与经济效益,但成效不是很显著。为此,我们必须从以下两个方面下工夫:第一,创新技术,提升效率。产业发展中不断改进生产方式提高资源使用效率,降低生态环境治理成本,提高生态效益。在可持续发展目标下,生态效益是经济效益得以持续获得的重要基础。第二,精耕产业链,实现产业、产品生态化。产业结构生态化要求人们在经济活动过程中遵守生态规律,以科技创新为驱动力,推动三大产业向高端产业层次和产业生态链条延伸,发展产业链经济,消化过剩产能,实现产业结构、产品结构的升级换代。与此同时,精耕产业链,占据价值链的高端①,增加产业附加值,提升经济效益。第三,发展生态产业,统筹兼顾生态系统与经济系统的稳定性。通过构建资源能源节约、生态环境保护的产业分工体系与产业组织形态,发展生态产业,促进经济增长方式转变,提高资源利用效率,减少碳排放,缓解经济增长的资源环境压力,维护生态系统稳定性,实现生态安全,最终实现经济系统与生态系统和谐共处。

第六节　推进生态环境保护与经济增长平衡协调

在传统经济学那里,生态环境保护与经济社会发展是一种悖论,无论是"经济增长决定论",还是"零增长论"都不能很好地解决这一问题。我们拟从可持续发展理论的视角入手,基于经济再生产过程与自然再生产过程相互影响的逻辑关系,深入分析生态环境对经济活动具有一定的承载能力,探究利用

---

①　我国东部发达城市在此方面做得比较成功,如中国首个获得联合国教科文组织授予"设计之都"称号的城市——深圳,其工业设计市场占据全国逾60%的份额。而西部城市的情况完全不一样,如我们在调查中发现,贵阳煜兴车轮制造有限公司加工生产汽车轮毂,加工技术水平仅仅达到国内中端水平,但产品设计端则委托广州、深圳的设计公司完成,产品研发环节则需要与四川、北京、广州等地研究团队合作完成。

生态环境的自我修复、自净能力及自然资源的再生能力来发展经济的方式,探寻生态环境与经济协调发展的具体路径,为实现可持续发展提供新的思路。

一、评估生态环境与经济发展协调度

经济发展与生态环境保护协调推进的状况又可以区分为许多种。前文采取定量分析方法分析了区域生态环境承载力与区域综合经济发展水平之间的作用程度,对西部地区各地生态环境与经济发展的协调度进行了分析。

其实,尽管定性研究成果具有更大的不确定性和模糊性,关于区域生态环境与经济发展协调度评估问题,在适当的情况下,也可以运用定性分析方法分析二者之间的协调程度。虽然将协调度数值作为生态环境系统与经济系统协调发展的指标值是一种比较客观的评价方法,但是协调度数值的大小实际上无法完全客观地反映出经济发展与生态环境建设协调发展的整体状况。因为数值大的协调度既可能是低水平的协调发展,也可能是高水平的协调发展。而且,在不同的阶段,生态环境与经济的协调可能出现相同的协调度值,协调度的内涵却存在很大差异。在经济发展的初级阶段,一个协调度值可能显示出两者所达到的协调状态是以一方的衰退为代价的,是一种经济与生态环境不同步的初级协调发展状况。而在“经济发展的高级阶段,同样的协调度值则表明经济与环境的协调发展状况可能实现了最优,达到了经济与环境同步的优质协调发展。”①这种发展是一种兼顾经济增长与生态环境保护的发展,是一种能实现生态效益与经济效益“双赢”的共同发展(详见表9.4)。

表9.4 生态环境建设与经济增长的协调性判断一览表

经济增长状况		生态环境状况	是否协调
经济发展,经济效益高	人民生活水平提高	生态环境破坏严重,生态效益低	不协调

---

① 张秀梅:《区域生态环境与经济协调发展评价研究——以镇江市为例》,南京大学硕士学位论文,2011年。

续表

经济增长状况		生态环境状况	是否协调
经济没发展,经济效益低	人民生活水平没提高	生态环境破坏严重,生态效益低	极不协调
经济没发展,经济效益低	人民生活水平没提高	生态环境没遭破坏	低质量协调
经济发展,经济效益高	人民生活水平提高	生态环境虽遭破坏,但限于承载力范围内	中等质量协调
经济发展,经济效益高	人民生活水平提高	生态环境改善,生态效益高	高质量协调

　　表9.4表明生态环境建设与经济增长之间存在的几种关系,非常直观地反映出二者之间的协调性质、协调种类。当不同区域不同发展阶段情况不断发生变化时,我们利用定性分析方法,更容易对区域生态环境建设与经济增长之间的协调等级做出判断,更有利于进行分类研究,更有利于直接抓住反映事物特征的主要方面、更加全面地反映出客观真实情况。

　　不可否认的是,综合运用定量分析与定性分析相结合的分析方法,能对区域生态环境与社会经济协调发展度进行客观、公正地评价,有利于全面认清区域生态环境与社会经济协调发展的状况。在此基础上做出的区域经济发展和生态环境保护规划才更加具有针对性和时效性。

　　当然,我们要想准确地测量一个国家或地区的"生态环境—经济"协调发展水平的话,不但需要考察经济发展总体水平和社会文明发达程度,而且需要考察生态、环境质量,需要建立一套能综合反映生态环境与经济社会协调发展的指标评价体系。

二、找到生态环境与经济发展协调推进的均衡点

　　经济与生态环境协调的目标是:经济增长对生态环境的影响能够控制在生态环境承载力范围之内,随着经济发展水平的提高,生态经济系统逐渐处于良性循环状态。工业化、城镇化在极大程度上丰富了人类的物质财富,改善了人们的生活状况,同时也给我们的地球带来了重负,导致生态环境问题频频出现。但是,从人类历史的进程来看,发展是一个永恒的命题。况且,世界上贫

困与落后①现象依然严重。为了实现生态环境保护与经济发展协调推进,迫切需要找到解决问题的两个关键点。

第一,经济增长与生态环境保护协调推进的均衡点。可持续发展强调的是经济、社会、生态环境的协调发展。它要求人类在发展中必须重视经济效率、关注生态系统平衡和追求社会公平,实现人的全面发展。可持续发展需要处理的核心问题是经济系统与生态系统如何均衡的问题。但是,经济活动是人类生存和发展的起点,发展经济理当成为首要任务。只有经济充分发展了,人民物质生活水平才能提升。但是,社会生产和再生产所需的一切物质和能量都源自于自然生态系统,人类经济活动不过是人与自然关系联系的纽带。

这个由生态和经济两个子系统相互交织、相互作用而成的统一复合系统——生态经济系统,其内部究竟是一种怎样的状态?有关如此,实际存在着两种结果完全不一样的状态。② 为此,在生态经济系统中,人类经济活动应该在不断追求自身利益最大化的过程中,追求生态效益的最大化,使整个社会的经济、生态资源得到最合理的配置,既不能因为需要保护生态环境而实现"零增长",使得贫困人口大量存在、人民生活水平普遍得不到提高,又不能因为发展而破坏生态环境系统。为了生态经济系统协调有序,人类经济活动就不能超越生态经济系统承受的限度,在此基础上,才能保证生态环境与经济活动协调推进,实现"帕累托最优"。

第二,市场配置与政府管理合力形成聚焦点。生态环境这类公共产品在人们生活中的地位越来越重要。世界上许多国家已认识到,政府是生态环境

---

① 贫困和落后已经成为引起资源闲置和浪费的主要原因,环境最大的压力就是源自贫困和落后。

② 生态经济系统内部存在的两种不同的状态为:第一种情况,生态经济系统处于良性循环状态。如果经济系统和生态系统两个子系统之间及系统内部各要素之间,能够按一定比例、合理的结构及秩序组成一个有机整体,且这个整体配合得当、运转有效,就说明达到了经济与生态环境的协调状态。从另一个角度来看,如果人类的经济活动排入生态环境的污染物的数量、结构及分布与自然环境的分解、消耗量刚好处于对称状态,即与生态环境承载能力相匹配的话,同样达到了经济与生态环境的协调发展状态。第二种情况,生态经济系统处于恶性循环状态。如果经济系统的调节机制破坏了生态系统的生物资源结构,破坏了环境布局及自我更新能力,那么生态系统就将遭到破坏,经济系统本身也就会陷入恶性循环之中。

等公共服务产品提供的主体,生态环境的恶化阻碍了人们生活水准的提高,也影响了人们的身体健康。政府在发展经济的同时提供生态环境公共产品的重要作用是毋庸置疑的。即便如此,市场在提供生态环境公共产品方面的作用也绝不可以轻视。实际上,依靠市场手段与政府力量形成合力是解决问题的关键。我们将从市场、政府两个角度对此做进一步分析。首先,需要关注市场配置与市场失灵问题。从经济学的角度看,生态环境这种公共物品不具备明确的产权特征,消费者在享用这类公共物品的时候,收取的价格为零。正是由于公共物品具有消费的非排他性,每个消费者都相信自己付不付费都能享受公共物品的好处,自然就不会产生自愿付费的动机,而倾向于成为"搭便车"者,从而导致公共物品的投资无法收回,而作为以利润为导向的企业自然也不会提供这类产品。这就是说,一方面,市场经济条件下,利益主体多元化和自身利益最大化是普遍存在的;另一方面,公共物品具有消费的非排他性。当二者与生态环境资源公共性和外部性结合在一起的时候,市场机制在该领域资源配置方面就会起到消极作用,最终酿成经济快速增长导致生态环境急剧恶化的后果,这也就是所谓的"市场失灵"现象。其次,需要重视政府主导与政府失灵问题。市场失灵意味着对一些生态环境产品和服务很难建立起市场或者市场很难正常运行。当市场失灵之际,政府干预成为一种解决问题的办法,即政府能有效纠正市场失灵。在社会实践中,生态环境公共物品的供给主要由政府来提供,已经成为解决生态环境问题的共识。政府主导为什么能够减少市场失灵呢?因为政府具有立法权、征税权、管制权及一定的交易成本优势,从一开始就是以弥补市场缺陷的身份出现的。政府可以通过各种行政行为、经济手段和法律手段来协调、处理各个微观经济主体之间及地区之间的经济利益关系。但是,政府处理此类问题不是万能的,甚至存在许多盲点、死角。如,对生态环境"损—益"价值评估,将生态环境效益纳入生产费用和投资的"损—益"分析中,目的在于刺激生产积极性,将对生态环境带来的危害减到最低。这样一件非常有意义的工作,单纯依靠政府的力量却很难完成,而需要市场与政府共同努力才能完成。况且,由于政府对信息的掌握不可能十分完全,制定的政策措施难免存在一些偏颇,造成那些与生态环境无关的政策可能比生态环境政策对生态环境的影响更大,政府政策的效果在很大程度上取决于人们对政策的反应。在这些因素共同作用下,政府干预往往不能纠正市场失灵,反而会把市场推向进一步扭曲的边缘。可见,生态环境恶化不仅是市场失灵的结果,也是政府政策失灵的结果。

在处理经济与生态环境关系的问题时,怎样才能在政府与市场力量之间找到一个恰当的着力点呢? 我们应该清晰地认识到,政府与市场在发展经济和保护生态环境问题上不是根本对立的,政府的作用不能取代市场,市场解决不了的问题需要借助政府来完成。政府的主要职责应该明确产权归属,依靠经济、法律和行政等多种手段①对生态环境资源配置进行合理地干预,弥补"市场失灵"带来的效率损失。但政府对生态环境资源配置不能过多地进行干预。根据"科斯定理"可知,只要产权清晰,如果没有政府的干预,人们也能自愿地联合起来,也可以解决外部性问题。市场通过配置生态环境资源、充分肯定生态环境的商品特性等手段,能够减少因"政府失灵"带来的效率损失,避免过分强调"环保靠政府"的局面出现。因为经济的外部性造成的对环境的破坏可以通过市场机制调控,主要利用激励的治理、消减环境破坏的价格手段,把环境破坏问题的经济外部性内化到各层次的经济活动中。

从这一角度来看,西部地区只要能够使市场和政府共同发挥有效作用,推进经济增长与生态环境保护协调发展,就能建设好具有战略意义的生态屏障。

三、实现生态环境与经济增长高水平协调发展

生态环境子系统的可承载容量制约着经济子系统的发展规模和发展水平;反过来说,经济子系统是生态环境子系统发展的控制中枢和催化剂。生态环境和经济之间可以实现相互适应、相互满足的发展,两个子系统的协调发展既表现在质量方面的协调,又表现在数量方面的协调。表9.4中的内容表明,

---

① 我们所讨论的行政手段、法律手段包括环境政策制定和监督以及环境道德教育、制定污染物排放标准与合理的排污缴费政策及配套法规和标准等。经济手段包括税收、补贴及惩罚性费用等多种手段,其中环境税收手段又称为庇古手段,主要是利用税费制度、财政手段和责任制度进行的。

生态环境与经济协调发展可以在低水平上实现,也可以在高水平上实现。

从生态环境状况和经济增长状况所表现出来的协调度来看,西部地区许多省份似乎呈现出一种协调发展状态,但实际上是一种低水平的协调,并非是高水平协调状态。当经济增长速度由超高速转入中高速或新常态以后,经济发展将转型为以低碳经济、生态经济为主,逐渐实现高质量发展。这时,我们所期待的既注重经济发展数量增大、经济发展质量及经济效益提升、突出人民生活水平不断提高,又体现生态环境改善、生态效益与环境效率提高的高水平协调目标才可能实现。

在西部地区进入深入开发、深度发展的过程中,我们不能囿于传统经济学视角下那种经济发展与生态环境保护是一种悖论的论调,要善于分析各种增长理论,运用新的研究成果、新的技术和方法推进生态环境保护与经济增长协调发展。要知道,“经济增长决定论”只考虑到生态环境对经济发展的承载作用,而忽视生态环境对经济发展的负面反馈作用。与此相对的“零增长论”,则仅仅考虑到经济增长和技术进步对生态环境的负面作用,并发出警告:要使人类免于灾难,必须实现零经济增长率,以便保持世界范围内的生态平衡,而忽视经济增长和技术进步对生态环境保护与建设的积极作用。实际上,按照生态经济学的观点,生态环境与经济协调发展是一种相互影响、相互促进的过程。尽管已有研究结果表明,生态环境对于污染物的容纳能力是一常量,经济增长具有极限性。但是,也有一些研究成果显示,生态环境容纳污染物的能力与污染物的积累量之间存在另外两种关系:“第一,环境吸收和降解污染物的能力随着污染物的积累量增加而增加;第二,环境吸收污染物的能力是污染物积累量的严格凹函数。如果第一种关系成立,那么污染物积累量不构成对经济增长的威胁,而如果第二种关系确乎成立的话,则仅当污染物积累量超过某一阈值时,才可能制约经济增长”[①]。也就是说,只要我们正确处理好生态环境保护与经济发展之间的关系,就能使二者建立起相互配合协作耦合而成的具有和谐关系的良性循环态势。正如美国学者梅多斯在其《超越极限》一书

---

① 蔡宁:《国外环境与经济协调发展理论研究》,《环境科学进展》1998 年第 2 期。

中所言,在经济、社会、生态及其他诸多条件发展改变的情况下,人们对于经济"零增长"的悲观态度是可以改变的,生态环境恶化的现象是可以避免的。这需要我们在平衡长期与短期发展目标的基础上,制定科学合理的经济环境政策,发展循环经济、绿色经济和生态经济,推行低碳环保消费方式。经过长时期的努力,就可以超越极限,实现生态环境保护与经济增长的高质量协调。

参考文献

一、中文及中译参考文献

[1]《中国统计年鉴》(2005—2014),中国统计出版社。

[2]《中国区域经济统计年鉴》(2010—2014),中国统计出版社。

[3]《中国城市统计年鉴》(2008—2014),中国统计出版社。

[4]《中国县域统计年鉴》(2008—2014),中国统计出版社。

[5]《中国县(市)社会经济统计年鉴》(2010—2014),中国统计出版社。

[6]《中国高技术产业统计年鉴》(2012—2014),中国统计出版社。

[7]《中国高新技术产业开发区年鉴》(2012—2014),中国统计出版社。

[8]《贵州统计年鉴》(2005—2014),中国统计出版社。

[9]《青海统计年鉴》(2005—2014),中国统计出版社。

[10]《贵阳统计年鉴》(2005—2014),中国统计出版社。

[11]《西宁统计年鉴》(2005—2014),中国统计出版社。

[12]《贵阳年鉴》(2010—2014),中国统计出版社。

[13]《贵州省主体功能区规划》,国家发展改革委网站,2014 年 4 月 24 日。

[14]《青海省主体功能区规划》,中央政府门户网站,2014 年 4 月 17 日。

[15]《贵州省国民经济与社会发展第十二个五年规划纲要》,2010 年。

[16]《青海省国民经济与社会发展第十二个五年规划纲要》,2010 年。

[17]《贵州省"十二五"工业布局及重点产业发展专项规划》,2014 年。

[18]贵州省经济和信息化委员会:《〈贵州省"十二五"工业布局及重点

产业发展规划〉中期评估报告》,2014 年。

[19]《青海省"十二五"工业和信息化发展规划》,2011 年。

[20]《贵州省"十二五"产业园区发展规划》,2011 年。

[21]2010—2014 年贵州省国民经济和社会发展统计公报。

[22]2010—2014 年青海省国民经济和社会发展统计公报。

[23]2006—2014 年贵阳市国民经济和社会发展统计公报。

[24]2006—2014 年贵阳市国民经济和社会发展统计公报。

[25]方创琳、鲍超、乔标等:《城市化过程与生态环境效应》,科学出版社 2008 年版。

[26]张忠孝:《青海地理》,科学出版社 2009 年版。

[27]潘玉君、武友德、张谦舵等:《省域主体功能区区划研究》,科学出版社 2011 年版。

[28]林毅夫:《发展战略与经济发展》,北京大学出版社 2004 年版。

[29]陈秀山:《中国区域经济问题研究》,商务印书馆 2005 年版。

[30]孙久文:《区域经济规划》,商务印书馆 2004 年版。

[31]吴敬华、祝尔娟、臧学英等:《中国区域经济发展趋势与总体战略》,天津人民出版社 2007 年版。

[32]林凌:《培育中国经济新的增长极 共建成渝经济区》,经济科学出版社 2009 年版。

[33]严汉平等:《区域协调发展:大国崛起的必然选择》,中国经济出版社 2011 年版。

[34]刘秉镰、杜传忠等:《区域产业经济概论》,经济科学出版社 2010 年版。

[35]陈文晖、马胜杰、姚晓燕:《中国循环经济综合评价研究》,中国经济出版社 2009 年版。

[36]丁成日:《城市增长与对策——国际视角与中国发展》,高等教育出版社 2009 年版。

[37]王丽萍:《环境与资源经济学》,中国矿业大学出版社 2007 年版。

［38］中国科学院可持续发展战略研究组:《2012 中国可持续发展战略报告》,科学出版社 2012 年版。

［39］陆晓文、郁鸿胜:《城市发展的理念:和谐与可持续》,上海三联书店 2008 年版。

［40］董旭、张胜帮、张更权:《青海湟水流域生态保护与建设发展战略研究》,中国林业出版社 2008 年版。

［41］［美］Rodney R.White 著,沈清基、吴斐琼译:《生态城市的规划与建设》,同济大学出版社 2009 年版。

［42］［美］理查德·瑞吉斯特著,王如松、于占杰译:《生态城市重建与自然平衡的城市》,社会科学文献出版社 2010 年版。

［43］［美］康妮·小泽主编,寇永霞、朱力译:《生态城市前言:美国波特兰成长的挑战和经验》,东南大学出版社 2010 年版。

［44］［美］James Riedel、金菁、高坚:《中国经济增长新论:投资、融资与改革》,北京大学出版社 2007 年版。

［45］席玮:《中国区域资源、环境、经济的人口承载力分析与应用》,中国人民大学出版社 2011 年版。

［46］刘荣增等:《中国城乡统筹:城市增长管理视角》,科学出版社 2013 年版。

［47］郑明高:《产业融合:产业经济发展的新趋势》,中国经济出版社 2011 年版。

［48］赵宗福:《2012 年青海经济社会形势分析与预测》,社会科学文献出版社 2012 年版。

［49］赵宗福:《2014 年青海经济社会形势分析与预测》,社会科学文献出版社 2014 年版。

［50］宋涛:《城市产业生态化的经济研究》,厦门大学出版社 2010 年版。

［51］刘颖琦:《西部生态脆弱贫困区优势产业培育》,科学出版社 2010 年版。

［52］李裴:《贵州通道经济发展新思路》,贵州人民出版社 2011 年版。

[53]内蒙古自治区环境保护局:《绿色内蒙古——祖国生态屏障》,远方出版社 2003 年版。

[54]洪名勇:《黔中经济区发展战略研究》,贵州大学出版社 2011 年版。

[55]姚旻:《生态文明理念下的产业结构优化——以贵州为例》,经济科学出版社 2010 年版。

[56]马洪波:《青海实施生态立省战略研究》,中国经济出版社 2011 年版。

[57]郑明高:《产业融合:产业经济发展的新趋势》,中国经济出版社 2011 年版。

[58]毕世杰:《发展经济学》,高等教育出版社 2005 年版。

[59]王建军、曲波:《资源型企业与区域经济可持续发展研究——以青海省为例》,民族出版社 2009 年版。

[60]王建军、陈雪梅、曲波:《青海省战略性新兴产业发展研究》,民族出版社 2012 年版。

[61]刘肇军:《贵州石漠化防治与经济转型研究》,中国社会科学出版社 2011 年版。

[62]王锡桐:《建设长江上游生态屏障对策研究》,中国农业出版社 2003 年版。

[63]周婷:《长江上游经济带与生态屏障共建研究》,经济科学出版社 2008 年版。

[64]史宝娟:《城市循环经济系统构建及评价方法》,冶金工业出版社 2007 年版。

[65]彭建:《贵州石漠化片区经济社会发展与旅游减贫研究》,中央民族大学出版社 2014 年版。

[66]章铮:《环境与自然资源经济学》,高等教育出版社 2008 年版。

[67]严耕、林震、杨志华 等:《中国省域生态文明建设评价报告(ECI2010)》,社会科学文献出版社 2010 年版。

[68]邹骥:《贵阳生态经济市建设总体规划技术方法研究》,中国环境科

学出版社 2011 年版。

[69]谢丽霜:《西部生态环境建设的投融资机制——主体维度分析》,中央民族大学出版社 2006 年版。

[70]杨学义、丁德科、高全成等:《西北部产业结构生态化建设研究》,西北工业大学出版社 2009 年版。

[71]丁生喜:《环青海湖少数民族地区特色城镇化研究》,中国经济出版社 2012 年版。

[72]郭丕斌:《新型城市化与工业化道路——生态城市建设与产业转型》,经济管理出版社 2006 年版。

[73]徐坚:《山地城镇生态适应性城市设计》,中国建筑工业出版社 2008 年版。

[74]王旭:《美国城市发展模式:从城市化到大都市区化》,清华大学出版社 2006 年版。

[75]王旭:《美国城市史》,中国社会科学出版社 2000 年版。

[76]肖良武、蔡锦松:《生态经济学教程》,西南财经大学出版社 2013 年版。

[77]清华大学生态环境保护研究中心:《中国西部生态现状与因应策略》,《中国发展观察》2009 年第 7 期。

[78]周洁敏、寇文正:《中国生态屏障格局分析与评价》,《南京林业大学学报(自然科学版)》2009 年第 5 期。

[79]王瑜:《增长极理论与实践评析》,《商业研究》2011 年第 4 期。

[80]王晓雨:《中国区域增长极的极化与扩散效应研究》,吉林大学博士学位论文,2011 年。

[81]夏艳清:《中国环境与经济增长的定量分析》,东北财经大学博士学位论文,2010 年。

[82]张兵兵:《经济增长与环境保护双赢的理论与实证分析——以兰州市为例》,兰州商学院硕士学位论文,2011 年。

[83]吴跃明、郎东锋、张子珩等:《环境——经济系统协调度模型及其指

标体系》，《中国人口·资源与环境》1996年第2期。

[84]谢卓然、宗刚：《环境成本内部化与我国对外贸易环境竞争力》，《经济与管理》2003年第4期。

[85]陈红蕾、陈秋峰：《我国贸易自由化环境效应的实证分析》，《国际贸易问题》2007年第7期。

[86]陈文晖：《不发达地区经济振兴之路》，社会科学文献出版社2006年版。

[87]任保平、陈丹丹：《西部经济和生态环境互动模式：产业互动视角的分析》，《财经科学》2007年第1期。

[88]盖凯程：《西部生态环境与经济协调发展研究》，西南财经大学博士学位论文，2008年。

[89]罗仲平：《西部地区县域经济增长点研究》，四川大学博士学位论文，2006年。

[90]清华大学生态环境保护研究中心：《西部生态现状与因应策略》，《中国发展观察》2009年第5期。

[91]刘勇：《2011—2012年我国区域经济发展态势分析》，《发展研究》2012年第10期。

[92]衷纳宇：《西部经济可持续发展问题研究》，四川大学硕士学位论文，2006年。

[93]魏后凯、高春亮：《中国区域协调发展态势与政策调整思路》，《河南社会科学》2012年第1期。

[94]李胜芬、刘斐：《资源环境与社会经济协调发展探析》，《地域研究与开发》2002年第1期。

[95]李仁贵：《增长极思想在世界各地的实践透视》，《甘肃社会科学》1995年第4期。

[96]王楠：《东北经济区产业转移研究》，东北师范大学博士学位论文，2009年。

[97]黄坡良：《产业转移与欠发达地区创新体系构建研究》，华南理工大

学硕士学位论文,2011 年。

[98]娄晓黎:《产业转移与欠发达区域经济现代化》,东北师范大学博士学位论文,2004 年。

[99]魏攀:《珠三角地区产业转移与区位选择研究》,广东商学院硕士学位论文,2010 年。

[100]毛广雄:《区域产业转移与承接地产业集群的耦合关系》,华东师范大学博士学位论文,2011 年。

[101]郑庄:《增长极视角下江苏沿江发展研究》,上海海事大学硕士学位论文,2006 年。

[102]夏本安、王福生、侯方舟:《长株潭城市群生态屏障研究》,《生态学报》2011 年第 31 卷第 20 期。

[103]郭湘闽:《美国都市增长管理的政策实践及其启示》,《规划师》2009 年第 8 期。

[104]刘海龙:《从无序蔓延到精明增长——美国"城市增长边界"概念述评》,《城市问题》2005 年第 3 期。

[105]苍铭:《南方喀斯特山地及高寒山区生态移民问题略论》,《青海民族研究》2006 年第 3 期。

[106]崔献勇、海鹰、宋勇:《我国西部生态脆弱区生态移民问题研究》,《新疆师范大学学报(自然科学版)》2004 年第 4 期。

[107]郑治伟、孟卫东:《次级经济中心的选择与发展——以重庆直辖市为例》,《经济与管理》2010 年第 3 期。

[108]张引、庞景超:《韩国城市空间拓展特点及对中国城市化的启示》,《城市观察》2010 年第 4 期。

[109]张颢瀚、张超:《地理区位、城市功能、市场潜力与大都市圈的空间结构和成长动力》,《学术研究》2012 年第 11 期。

[110]邓清华、朱拵:《重庆经济发展与次中心城市培育》,《重庆大学学报(社会科学版)》2006 年第 6 期。

[111]马红翰:《中国西部区域经济格局研究》,兰州大学博士学位论文,

2009 年。

[112]朱兵:《基于"点—轴系统"的兰州—西宁城镇密集区发展研究》,西北师范大学硕士学位论文,2007 年。

[113]王必达:《后发优势与区域发展》,复旦大学博士学位论文,2003 年。

[114]卢焱群:《高新技术产业增长极机理研究》,武汉理工大学博士学位论文,2004 年。

[115]吴彦艳:《产业链的构建整合及升级研究》,天津大学博士学位论文,2009 年。

[116]王昱:《区域生态补偿的基础理论与实践问题研究》,东北师范大学博士学位论文,2009 年。

[117]丰立祥:《区域生态产业链的形成与优化研究——以山西能源大省为例》,南京航空航天大学博士学位论文,2008 年。

[118]李国祥:《延长产业链——关于江苏盐业做大做强的思考》,《中国井矿盐》2007 年第 5 期。

[119]杨荣芳、赵先进:《贵州省水资源综合规划回顾与思考》,《人民长江》2011 年第 18 期。

[120]申俊华:《基于多层次增长极的我国区域金融结构研究》,湖南大学博士学位论文,2007 年。

[121]毛超:《中国区域经济多极增长格局分析》,暨南大学硕士学位论文,2012 年。

[122]汪海:《以京沪港渝为增长极构造中国经济发展新格局》,《中国软科学》2010 年第 7 期。

[123]李仁贵:《增长极思想在世界各地的实践透视》,《甘肃社会科学》1995 年第 4 期。

[124]马红瀚:《中国西部区域经济格局研究》,兰州大学博士学位论文,2009 年。

[125]郑江绥:《区域主导产业选择:一个新指标及其实证研究》,《工业技

术经济》2007 年第 11 期。

[126]杨戈宁、刘天卓:《区域主导产业概念辨析及选择指标的探讨》,《科学学研究》2007 年增刊。

[127]邵昶:《产业链形成机制研究》,中南大学硕士学位论文,2005 年。

[128]贺丹:《基于生态经济的产业结构优化研究》,武汉理工大学博士学位论文,2012 年。

[129]张伟、吴文元:《全球价值链下我国资源型产业链升级研究——以贵州中部瓮福磷化工产业链为例》,《研究与发展管理》2010 年第 6 期。

[130]姜照华、李鑫:《生物制药全产业链创新国际化研究———以沈溪生物制药产业园为例》,《科技进步与对策》2012 年第 23 期。

[131]李致宁:《发挥贵州煤资源优势加快煤化工的发展》,《贵州化工》1996 年第 2 期。

[132]肖良武:《在青山绿水中发展经济》,《贵阳学院学报(社会科学版)》2012 年第 4 期。

[133]肖良武:《强抓机遇构建黔中经济区核心增长极》,《贵州日报》2011年 4 月 26 日。

[134]肖良武:《市场发育过程的行为经济学分析》,《贵阳学院学报(社会科学版)》2014 年第 6 期。

[135]肖良武:《生态文明城市建设的非正式制度分析》,《商业时代》2010年第 24 期。

[136]薛泽海:《中国区域增长极增长问题研究——基于对地级城市定位与发展问题的思考》,中共中央党校博士学位论文,2007 年。

[137]国家统计局住户调查办公室:《中国农村贫困监测报告——2015》,中国统计出版社 2015 年版。

[138]中国科学院可持续发展战略研究组:《2015 中国可持续发展报告——重塑生态环境治理体系》,科学出版社 2015 年版。

[139]黄臻、肖良武、严军:《产业聚集、要素流动与空间工资差异研究——基于中国 28 省市面板数据的实证研究》,《经济问题》2013 年第 8 期。

[140]赵忠璇、肖良武:《基于 SSM 模型的贵州主导产业选择》,《商业经济研究》2015 年第 5 期。

[141]郑江绥:《区域主导产业选择:一个新指标及其实证研究》,《工业技术经济》2007 年第 11 期。

[142]赵斌:《中国西北地区主导产业选择研究》,北京交通大学博士学位论文,2011 年。

[143]宋慧娟:《江苏省战略性新兴产业发展策略研究》,江苏大学硕士学位论文,2012 年。

[144]边疆:《对培育和发展战略性新兴产业的思考——以内蒙古鄂尔多斯市东胜区为例》,内蒙古大学硕士学位论文,2012 年。

[145]侯朝璞:《中原经济圈的经济发展及生产力布局研究》,重庆工商大学硕士学位论文,2009 年。

[146]张孝锋:《产业转移的理论与实证研究》,南昌大学博士学位论文,2006 年。

[147]喻春光、刘友金:《产业集聚、产业集群与工业园区发展战略》,《经济社会体制比较》2008 年第 6 期。

[148]王骞:《区域经济增长极与产业结构关系研究——以天津滨海新区为例》,天津师范大学硕士学位论文,2007 年。

[149]资娟:《长株潭经济一体化中的区域增长极研究》,湖南大学硕士学位论文,2009 年。

[150]郑庄:《增长极视角下江苏沿江发展研究》,上海海事大学硕士学位论文,2006 年。

[151]生态屏障、功能区划与人口发展课题组:《科学界定人口发展功能区 促进区域人口与资源环境协调发展——生态屏障、功能区划与人口发展研究报告》,《人口研究》2008 年第 3 期。

[152]清华大学生态环境保护研究中心:《西部生态现状与因应策略》,《中国发展观察》2009 年第 5 期。

[153]清华大学生态环境保护研究中心:《中国西部生态现状与因应策

略》，《中国发展观察》2009年第6期。

[154]王思远、刘纪远、张增祥等:《中国土地利用时空特征分析》，《地理学报》2001年第6期。

[155]黄季焜、朱莉芬、邓祥征:《中国建设用地扩张的区域差异及其影响因素》，《中国科学》2007年第9期。

[156]郑伟元:《统筹城乡土地利用的初步研究》，《中国土地科学》2008年第6期。

[157]王万茂、王群、李俊梅:《城乡土地资源利用的合理规划研究》，《资源科学》2002年第1期。

[158]汪凤英:《青海省中小企业集群发展研究》，兰州大学MPA学位论文，2010年。

[159]马生林:《加快发展以西宁为中心的东部综合经济区的思考》，《青海社会科学》2008年第1期。

[160]"青海对全国发展的重要贡献研究"课题组:《青海对全国发展的重要贡献研究》，《青海社会科学》2011年第5期。

[161]马生林:《青海生态保护区后续产业发展研究》，《青海社会科学》2011年第5期。

[162]马生林:《三江源区生态移民后续产业发展研究》，《鄱阳湖学刊》2011年第3期。

[163]马生林:《河湟谷地生态环境综合治理对策研究》，《水利经济》2004年第5期。

[164]张忠孝:《青海综合经济区划探讨》，《青海社会科学》2006年第3期。

[165]孙发平、张伟、丁忠兵:《青海转变经济发展方式思路、任务及对策》，《青海社会科学》2010年第2期。

[166]孙发平、詹红岩:《柴达木循环经济试验区发展现状及启示》，《青海科技》2007年第2期。

[167]李建平:《西部生态环境问题及对策研究》，《内蒙古科技与经济》

2005 年第 21 期。

[168]高吉喜:《西部生态环境问题及对策建议》,《环境科学研究》2005年第 3 期。

[169]张文娟、高吉喜:《中国西部地区生态环境问题》,《环境教育》2001年第 3 期。

[170]张巧显、柯兵、刘昕:《中国西部地区生态环境演变及可持续发展对策》,《安徽农业科学》2010 年第 5 期。

[171]周毅:《西部生态脆弱与资源约束型贫困》,《贵州工业大学学报(社会科学版)》2003 年第 4 期。

[172]朱震达:《中国的脆弱生态带与土地荒漠化》,《中国沙漠》1991 年第 4 期。

[173]尚虎平:《我国西部生态脆弱性的评估:预控研究》,《中国软科学》2011 年第 9 期。

[174]张黎丽:《西部地区生态文明建设指标体系的研究》,浙江大学硕士学位论文,2011 年。

[175]彭珂珊:《西部生态安全与退耕还林(草)》,《世界林业研究》2004年第 6 期。

[176]盖凯程:《西部生态环境与经济协调发展研究》,西南财经大学博士学位论文,2008 年。

[177]赵跃龙、刘燕华:《中国脆弱生态环境分布及其与贫困的关系》,《地球科学进展》1996 年第 3 期。

[178]陈怀录、姚致祥、苏芳:《中国西部生态环境重建与城镇化关系研究》,《中国沙漠》2005 年第 3 期。

[179]范红忠、赵晓东:《西部生态移民问题及中东部地区在其中的作用》,《农村经济》2003 年第 7 期。

[180]冯之浚、刘燕华、周长益:《我国循环经济生态工业园发展模式研究》,《中国软科学》2008 年第 4 期。

[181]郭晖、彭晖、李忠斌:《西部地区工业竞争力的实证研究》,《黑龙江

民族丛刊》2008年第1期。

[182]石惠春、刘伟、何剑等:《一种城市生态系统现状评价方法及其应用》,《生态学报》2012年第17期。

[183]陈克龙、苏茂新、李双成等:《西宁市城市生态系统健康评价》,《地理研究》2010年第2期。

[184]夏本安、王福生、侯方舟:《长株潭城市群生态屏障研究》,《生态学报》2011年第20期。

[185]王丹、陈爽:《城市承载力分区方法研究》,《地理科学进展》2011年第5期。

[186]文宗川、崔鑫、任慧等:《呼和浩特生态城市承载力分析及其建设策略研究》,《内蒙古环境科学》2009年第1期。

[187]刘洁、苏杨、魏方欣:《基于区域人口承载力的超大城市人口规模调控研究》,《中国软科学》2013年第10期。

[188]吕斌、孙莉、谭文垦:《中原城市群城市承载力评价研究》,《中国人口·资源与环境》2008年第5期。

[189]曾玉萍:《中国西部城镇化的现实分析与道路选择》,东北财经大学硕士学位论文,2002年。

[190]何康军:《西部城镇环境保护对策研究》,西南交通大学研究生学位论文,2008年。

[191]杨国英:《西宁市水资源的供需平衡问题研究》,青海师范大学硕士学位论文,2012年。

[192]韩轶:《城市森林建设理论及城市森林综合评价的研究——以包头市为例》,北京林业大学博士学位论文,2004年。

[193]王成:《国外城市森林建设经验与启示》,《中国城市林业》2011年第3期。

[194]温全平:《城市森林规划理论与方法》,同济大学博士学位论文,2008年。

[195]袁士保、甘敬、彭强:《北京城市森林体系的建设与发展》,《中国城

市林业》2009 年第 4 期。

[196]蔡春菊:《扬州城市森林发展研究》,中国林业科学研究院博士学位论文,2004 年。

[197]吴澜、吴泽民:《欧洲城市森林及城市林业》,《中国城市林业》2008年第 3 期。

[198]安世宏、郭国民:《贵阳市主城区行道树调查研究》,《中国城市林业》2012 年第 2 期。

[199]彭镇华:《林网化与水网化——中国城市森林建设理念》,《中国城市林业》2003 年第 2 期。

[200]陈乃玲:《南京城市森林生态价值研究》,南京林业大学博士学位论文,2008 年。

[201]李慧婷:《西宁市"十一五"期间绿地系统现状调查与分析》,西北农林科技大学硕士学位论文,2010 年。

[202]袁寒、张志斌:《西北地区中心城市空间发展战略研究——以西宁为例》,《未来与发展》2007 年第 8 期。

[203]李凤桐、朱春来:《西宁市园林城市建设研究》,《河北农业科学》2009 年第 11 期。

[204]王乾、张德门:《贵阳市环城林带建设、保护与城市生态可持续发展探讨》,《贵州林业科技》2011 年第 3 期。

[205]包玉:《城市森林与城市绿地系统初探》,《贵州林业科技》2005 年第 3 期。

[206]刘延惠、张喜、崔迎春等:《贵州开阳喀斯特山地几种不同植被类型的地表径流研究》,《贵州林业科技》2005 年第 2 期。

[207]金涛、梁雪春、陆建飞:《城市增长与地球环境的关系》,《城市问题》2007 年第 8 期。

[208]李文石:《基于区域经济增长点培育的技术发展模式选择与评价研究》,吉林大学博士学位论文,2008 年。

[209]席鹭军、邓燕萍:《生态与经济协调发展视角下鄱阳湖生态经济区

产业布局构想》,《九江学院学报(哲学社会科学版)》2011 年第 1 期。

[210]蔡宁:《国外环境与经济协调发展理论研究》,《环境科学进展》1998年第 2 期。

[211]李金昌:《市场经济与环境保护》,《管理世界》1994 年第 2 期。

[212]谢琦:《西部地区经济与生态环境互动发展的路径选择》,《商业研究》2008 年第 3 期。

[213]黄奕龙、王仰麟、卜心国等:《城市土地利用综合效益评价:城际比较》,《热带地理》2006 年第 2 期。

[214]张良、陈克龙、曹生奎:《青海东部主要农业区县域农业生态系统健康评价》,《干旱地区农业研究》2012 年第 1 期。

[215]曹曼:《论环境产业》,《中国人口·资源与环境》2008 年第 6 期。

[216]张翔:《西宁市生态环境与社会经济协调发展分析》,《兰州大学学报(社会科学版)》2013 年第 4 期。

[217]田维渊:《雅安市生态环境遥感动态监测及景观格局变化分析》,成都理工大学硕士学位论文,2009 年。

[218]张秀梅:《区域生态环境与经济协调发展评价研究——以镇江市为例》,南京大学硕士学位论文,2011 年。

[219]贺丹:《基于生态经济的产业结构优化研究》,武汉理工大学博士学位论文,2012 年。

[220]杨士弘:《广州城市环境与经济协调发展预测及调控研究》,《地理科学》1994 年第 2 期。

[221]宋玉斌、汤海燕、倪才英等:《南昌市生态环境与经济协调发展度分析评价》,《环境与可持续发展》2007 年第 1 期。

[222]李胜芬、刘斐:《资源环境与社会经济协调发展探析》,《地域研究与开发》2002 年第 1 期。

[223]曹新:《经济发展与环境保护关系研究》,《社会科学辑刊》2004 年第 2 期。

[224]《经济日报》2013—2016 年。

［225］《南方周末》2016 年 5 月 12 日。

［226］《当代贵州》(特刊)2016 年第 23 期。

二、英文参考文献

［1］Antonio Ciccone,*Agglomeration Effects in Europe*.European Economic Review. 2002(2).

［2］Antonic Cicccne,Rchert E.Hall.*Productivity and Density of Eccncmic Activity*,American Economic Review. 1996(1).

［3］David N. Bengston, Jennifer O. Fletcher and Kristen C. Nelson. *Public Policies for Managing Urban Growth and Protecting Open Space*:*Policy Instruments and Lessons Learned in the United States*. Landscape and Urban Planning, 2004(69).

［4］William E.Rees,*Economic Developmentand Environmental Protection*:*An Ecological Economics Perspective*. Environmental Monitoring and Assessment, 2003(86).

［5］Randolph J.,*Environmental Land Use Planning and Management*.Island Press,2004.

［6］Leontief W.,*Environmental Repercussions and the Economic Structure*:*An Input-Output Approach*.The review of Economics and Statistics,1970(32).

［7］Barbier,E.B.Economics,*Natural-Resource Scarcity and Development Conventional and Alternative*.London:Earthscan,1989.

［8］Meadows, H. Donelk, et al. *Beyond the limits*. London: Earthscan Publications Limited,1992.

［9］Brundtland H.,*Our Common Future*.Oxford University Press,1987.

［10］Leontief W., et al. *The Future of the world Econony*. Oxford University Press,1977.

［11］Zhen Huang,Liang Xiao.*A Study of Psychologicial Contract's Influence on Management Staff Outcome*. WIT Transactions on Information and

Communication Technologies, Vol. 49, 2014 WIT press.

[12] Rondinelli D A. *Secondary Cities In Developing Countries: Policies For Diffusing Urbanization.* Beverly Hills: Sage Publications, 1983.

组稿编辑:洪　琼

文字编辑:王　淼

图书在版编目(CIP)数据

西部生态屏障建设与经济增长极的培育/肖良武 著. —北京:人民出版社,
　2018.7

ISBN 978－7－01－018896－6

Ⅰ.①西…　Ⅱ.①肖…　Ⅲ.①生态环境建设-关系-西部经济-区域经济
　发展-研究　Ⅳ.①X321.2②F127

中国版本图书馆 CIP 数据核字(2018)第 027060 号

西部生态屏障建设与经济增长极的培育

XIBU SHENGTAI PINGZHANG JIANSHE YU JINGJI ZENGZHANGJI DE PEIYU

肖良武　著

人民出版社 出版发行

(100706　北京市东城区隆福寺街 99 号)

北京中科印刷有限公司印刷　新华书店经销

2018 年 7 月第 1 版　2018 年 7 月北京第 1 次印刷

开本:710 毫米×1000 毫米 1/16　印张:21.75

字数:340 千字

ISBN 978－7－01－018896－6　定价:69.00 元

邮购地址 100706　北京市东城区隆福寺街 99 号

人民东方图书销售中心　电话 (010)65250042　65289539